エネルギー	E	ジュール	J	$= \text{N·m} = \text{m}^2\text{·kg·s}^{-2}$
		電子ボルト	eV	$= 1.602176 \times 10^{-19}$ J
仕事率, 電力	P	ワット	W	$= \text{J/s} = \text{m}^2\text{·kg·s}^{-3}$
絶対温度	T	ケルビン	K	(SI基本単位)
熱容量	C	ジュール毎ケルビン	J/K	$= \text{m}^2\text{·kg·s}^{-2}\text{·K}^{-1}$
物質量	n	モル	mol	(SI基本単位)
電流	I	アンペア	A	(SI基本単位)
電気量	Q, q	クーロン	C	$= \text{s·A}$
電位, 電圧	V	ボルト	V	$= \text{W/A} = \text{m}^2\text{·kg·s}^{-3}\text{·A}^{-1}$
電場の強さ	E	ボルト毎メートル	V/m	$= \text{N/C} = \text{m·kg·s}^{-3}\text{·A}^{-1}$
電気容量	C	ファラド	F	$= \text{C/V} = \text{m}^{-2}\text{·kg}^{-1}\text{·s}^4\text{·A}^2$
電気抵抗	R	オーム	Ω	$= \text{V/A} = \text{m}^2\text{·kg·s}^{-3}\text{·A}^{-2}$
磁束	Φ	ウェーバー	Wb	$= \text{V·s} = \text{m}^2\text{·kg·s}^{-2}\text{·A}^{-1}$
磁束密度	B	テスラ	T	$= \text{Wb/m}^2 = \text{kg·s}^{-2}\text{·A}^{-1}$
磁場の強さ	H	アンペア毎メートル	A/m	
インダクタンス	L	ヘンリー	H	$= \text{Wb/A} = \text{m}^2\text{·kg·s}^{-2}\text{·A}^{-2}$

主な物理定数

名称	記号と数値	単位
真空中の光速	$c = 2.99792458 \times 10^8$	m/s
真空中の透磁率	$\mu_0 = 4\pi \times 10^{-7} = 1.256637\cdots \times 10^{-6}$	N/A^2
真空中の誘電率	$\varepsilon_0 = 1/c^2\mu_0 = 8.8541878\cdots \times 10^{-12}$	F/m
万有引力定数	$G = 6.67428(67) \times 10^{-11}$	N·m^2/kg^2
標準重力加速度	$g = 9.80665$	m/s^2
熱の仕事当量(≒1gの水の熱容量)	4.18605	J
乾燥空気中の音速(0℃, 1atm)	331.45	m/s
1molの理想気体の体積(0℃, 1atm)	$2.2413996(39) \times 10^{-2}$	m^3
絶対零度	-273.15	℃
アボガドロ定数	$N_A = 6.02214179(30) \times 10^{23}$	1/mol
ボルツマン定数	$k_B = 1.3806504(24) \times 10^{-23}$	J/K
気体定数	$R = 8.314472(15)$	J/(mol·K)
プランク定数		J·s
電子の電荷(電気素量)		C
電子の質量		kg
陽子の質量		kg
中性子の質量		kg
リュードベリ定数		m^{-1}
電子の比電荷	$e/m_e = 1.758820150(44) \times 10^{11}$	C/kg
原子質量単位	$1u = 1.660538782(83) \times 10^{-27}$	kg
ボーア半径	$a_0 = 5.2917720859(36) \times 10^{-11}$	m
電子の磁気モーメント	$\mu_e = 9.28476377(23) \times 10^{-24}$	J/T
陽子の磁気モーメント	$\mu_p = 1.410606662(37) \times 10^{-26}$	J/T

*( )内の2桁の数字は, 最後の2桁に誤差(標準偏差)があることを表す.

講談社
基礎物理学
シリーズ 2

二宮正夫・北原和夫・並木雅俊・杉山忠男 | 編

長谷川修司 | 著

振動・波動

講談社

推薦のことば

　講談社から創業100周年を記念して基礎物理学シリーズが企画されている。著者等企画内容を見ると面白いものが期待される。

　20世紀は物理の世紀と言われたが，現在では，必ずしも人気の高い科目ではないようだ。しかし，今日の物質文化・社会活動を支えているものの中で物理学は大きな部分を占めている。そこへの入口として本書の役割に期待している。

益川敏英
2008年度ノーベル物理学賞受賞
京都産業大学教授

本シリーズの読者のみなさまへ

「講談社基礎物理学シリーズ」は，物理学のテキストに，新風を吹き込むことを目的として世に送り出すものである。

本シリーズは，新たに大学で物理学を学ぶにあたり，高校の教科書の知識からスムーズに入っていけるように十分な配慮をした。内容が難しいと思えることは平易に，つまずきやすいと思われるところは丁寧に，そして重要なことがらは的を絞ってきっちりと解説する，という編集方針を徹底した。

特長は，次のとおりである。

- 例題・問題には，物理的本質をつき，しかも良問を厳選して，できる限り多く取り入れた。章末問題の解答も略解ではなく，詳しく書き，導出方法もしっかりと身に付くようにした。
- 半期の講義におよそ対応させ，各巻を基本的に12の章で構成し，読者が使いやすいようにした。1章はおよそ90分授業1回分に対応する。また，本文ではないが，是非伝えたいことを「10分補講」としてコラム欄に記すことにした。
- 執筆陣には，教育・研究において活躍している物理学者を起用した。

理科離れ，とくに物理アレルギーが流布している昨今ではあるが，私は，元来，日本人は物理学に適性を持っていると考えている。それは，我が国の誇るべき先達である長岡半太郎，仁科芳雄，湯川秀樹，朝永振一郎，江崎玲於奈，小柴昌俊，直近では，南部陽一郎，益川敏英，小林誠の各博士の世界的偉業が示している。読者も「基礎物理学シリーズ」でしっかりと物理学を学び，この学問を基礎・基盤として，大いに飛躍してほしい。

二宮正夫
前日本物理学会会長
京都大学名誉教授

まえがき

　振動・波動現象は，身近に目にする現象はもちろんのこと，目には見えないミクロな世界でも多く存在し，極めて多種多様である。

　しかし，現象の多様性にもかかわらず，その裏にある法則性は驚くほど共通で単純である。その基本さえ理解してしまえば，あとは個々の現象に固有の「味付け」をするだけで多様性を理解できる。それゆえ，振動・波動に関する教科書の多くは，その基本を表すために，数式で書き表すことと数式の展開に重きを置いている場合が多い。実際，三角関数や指数関数，偏微分方程式など，登場する数学は，それほど難しいものでない。

　しかし，本書では，その数学的な展開は必要最小限にとどめ，現象の多様性を楽しめるよう配慮したつもりである。そのため，マクロな現象だけでなく，目には見えないミクロな現象，あるいは工学の応用分野まで，さまざまな題材を例として取り上げた。振動・波動現象は，物理学や化学など自然科学だけでなく，材料工学や振動工学，音響学，通信など，技術的な応用分野でも重要なテーマである。必要なバックグランドとなる知識は，脚注などを利用して，必要なところで簡単に復習しながら進めている。

　筆者は，電子の波動性を利用した実験手法，電子回折や電子顕微鏡によってナノメータスケールの物質の研究を行っている。そのため，回折や共振などの振動・波動現象に馴染みが深い。最先端の研究でも，本書で学ぶ基礎事項を頻繁に使っているのである。

　本書の執筆にあたっては巻末に挙げた多数の類書を参考にした。それぞれの本はそれぞれに特徴を持ち，学ぶところが多かった。本書は，週1回の講義で半年間で学べるよう，内容を厳選したつもりである。その制限から，個人的には興味深いいくつかの現象の例を取り入れられなかった。それらは，光学や量子力学，固体物理学，流体力学など，それぞれの講義で学ぶことになると思う。

　最後に，本書の執筆の機会を与えてくださり，また，さまざまなアドバイスをいただいた本シリーズ編集委員の先生方に感謝いたします。

　また，計算のチェックをしていただいた野添嵩氏に感謝いたします。

2009年5月　長谷川修司

講談社基礎物理学シリーズ
振動・波動 目次

推薦のことば　iii
本シリーズの読者のみなさまへ　iv
まえがき　v

第1章　さまざまな振動・波動現象　1

1.1　身近な振動・波動現象　1
1.2　なぜ，振動・波動を勉強するのか　3

第2章　単振動　5

2.1　ばね振動子　5
2.2　単振り子　9
2.3　単振動のエネルギー　11
2.4　2原子分子の熱振動　15
2.5　電気回路での振動　18
2.6　実体振り子：メトロノーム　19

第3章　減衰振動　28

3.1　抵抗を受けるばね振動子　28
3.2　電気回路での減衰振動　31

第4章　強制振動と共振　35

4.1　強制単振動　35
4.2　過渡現象　40
4.3　電気共振　41
4.4　地震計　44

4.5 パラメーター励振：ブランコ　47
4.6 自励発振：バイオリン　50

第5章　連成振動　56

5.1 連成ばね振動子　56
5.2 2重振り子　61
5.3 3重連成ばね振動子：分子振動　63
5.4 N 個の連成ばね振動子：結晶格子　68

第6章　連続体の振動　79

6.1 弦の振動　80
6.2 モードの重ね合わせとフーリエ級数　86
6.3 膜の振動　90

第7章　1次元の進行波　97

7.1 進行波　97
7.2 波動方程式　100
7.3 進行波と定在波　103
7.4 波のエネルギーとその流れ　106

第8章　波の性質　109

8.1 波の重ね合わせ　109
8.2 端での反射　114
8.3 境界での反射と透過　117

第9章　波のフーリエ解析　124

9.1 パルス波とフーリエ変換　124
9.2 波束と群速度　129

第10章 2, 3次元の波　138

10.1　3次元での波動方程式　138
10.2　平面波と球面波　140
10.3　反射と屈折　143
10.4　ホイヘンスの原理　149

第11章 媒質を伝播する現実の波　157

11.1　水面波　157
11.2　音波　162
11.3　地震波　166

第12章 波と量子　172

12.1　光波　172
12.2　光の本質は波動か粒子か　177
12.3　ドップラー効果　185
12.4　物質波　190

第13章 回折とフーリエ変換　199

13.1　ホイヘンスの原理から
　　　 フレネル–キルヒホッフの回折理論へ　200
13.2　フレネル回折とフラウンホーファー回折　204
13.3　レンズとフーリエ変換　207
13.4　レンズの分解能　214

章末問題解答　221

第 1 章

身の回りで起こっているさまざまな振動・波動現象，あるいは目には見えないミクロの世界での振動・波動現象。それらは実は共通の物理の言葉で理解できる。

さまざまな振動・波動現象

1.1　身近な振動・波動現象

よく目にする振動と波動

　公園にあるブランコ，夏祭りの夜店で買った水ヨーヨー風船，大きな音を出しているときの太鼓の皮やスピーカーの振動板，バイオリンの弦，地震など，さまざまな振動を日常的に体験しているだろう。このような振動現象は，力学でおなじみの直線運動や落下運動とは違い，周期的な往復運動にもとづく。その意味で円運動と関連が深い。

　今，ブランコに子どもが乗っている風景を想像してみる。ブランコが1回振れるのに何秒かかるか，あるいは振れ幅が大きいかのか小さいのか，といった情報が振動現象を特徴づける。さらに面白いことは，たとえば子どもが乗っているブランコの隣で，父親がブランコに乗っている風景を想像してみよう。その2つのブランコは同じ調子で一緒に振れているのか，あるいは逆向きに触れているのか，はたまた，一緒に振れていたと思ったら，いつのまにか逆向きに振れるようになるなど，さまざまな状況が起こる。ブランコの振れ方は何が原因で違うのか, そもそもブランコはなぜ「こげる」のだろうか，などさまざまな疑問がわいてくる。

　このような振動現象を物理学では「周期」，「振動数」，「振幅」，「位相」な

どの概念を使って正確に記述することができる。小さな子どもは，水ヨーヨー風船をうまく突いて遊べない。そのコツは何なのか。実はそれも物理なのである。音楽のリズムを刻むメトロノームは，おもりの位置を変えるとテンポが速くなったり遅くなったりする。柱時計の振り子は何のためについているのか。クォーツ時計はなぜ振り子がないのか…。

　海岸に打ち寄せる波や，静かな池に小石を投げ込んだときに同心円状に拡がる波，このような水面の波が最もよく目にする波動現象であろう。この現象を特徴づけるには，波頭と波頭の間隔，1つの波がやってきた後何秒後に次の波がやってくるか，波が高いか低いかなどの情報が役に立つだろう。ここでも振動現象を記述するのと同じ「周期」，「振動数」，「振幅」などの概念が使われるが，波特有の「波長」という概念も出てくる。海岸に打ち寄せる波を見て，なぜ，いつも海岸に向かって平行に打ち寄せてくるのか，海岸に沿って横方向に進む波はなぜ見かけないのか，疑問に思ったことはないだろうか？

　この波動現象の特徴は，波の伝播にともなって，水が移動しているわけでない，ということである。それは，たとえば，水面に浮かんだ木の葉を観察していると，波が来ても上下運動するだけで，波の伝播とともに水面上を移動するわけではないことから想像できるだろう。波とは，それぞれの場所で水が上下動をしているだけで，その上下動が次々と隣の場所に伝わっていくだけなのである（水面の波の場合，厳密には，単純な上下動ではなく前後動も混ざっている）。だから波動現象と振動現象は密接に関連している。さらに面白いことに，静かな池に小石を1個投げ込んだ後，すぐにもう1個の小石をその近くに投げ込むと，同心円状に拡がる波が2つでき，それらが重なって複雑な模様を描く。それは，2個目の小石を投げ込むタイミングや位置を変えれば違った模様になる。これは波特有の「干渉」という現象であり，ここでも「位相」の概念が重要な役割をする。

役に立つ振動と波動

　このように目に見える振動・波動だけでなく，実は，目に見えない振動・波動現象がたくさんあり，しかも私たちの生活に役立っている。車のサスペンションは，道路の凸凹の振動を人体に伝えないようにするはたらきが

あるが，これは「共振」という現象を学ぶと理解できる。振動を加えられても，一緒に振動しない硬さ（やわらかさ）のばねを使う。地震計でも同様な原理が利用されている。地震計の中には，地面とともに振動している部分と，地面が振動しても振動しない部分があり，それらの相対位置の変化を記録している。また，高層ビルを地震の揺れから守るための設計指針としても利用されている。

物質をミクロに見ると原子や分子から構成されているが，それらは熱エネルギーのために絶えず振動している。物質の温度が高いということは，原子の振動が激しいことであり，冷えるということは，その振動がおさまっているということなのである。また，原子はその種類に固有の質量を持っており，それらが互いに結合しているので，特定の振動数で振動する。赤外線と結合して振動しやすい二酸化炭素は，地球から熱が宇宙空間に放射されるのを邪魔する「温室効果ガス」として有名である。地球温暖化も振動現象と密接に関連している。

声や音は，音波という波となって空気中を伝わり，私たちの耳に届く。その音波をマイクで「拾う」と電気信号に変換でき，その電気信号を再びスピーカーで音に変えている。音の大小や高低だけでなく，楽器特有の音色まで正確にスピーカーから再現される。子どものころに遊んだ糸電話では，紙コップがマイクとスピーカーのはたらきをし，間をつなぐ糸が振動して声を伝えていた。ラジオや携帯電話では，音の情報を電波に乗せて送っている。電波も光も総称して電磁波という波の一種である。遠くで打ち上げられた花火の炸裂音は，花火が開いてから少し間をおいて耳に届く。光の波の速さと音波の速さが違うためである。しかも，花火の音は花火が見えない裏庭でも聞こえる。これは音波が障害物の陰にまで回り込んで伝播するからである。光波は，その「回折」という現象が小さい。

1.2　なぜ，振動・波動を勉強するのか

このようなさまざまな振動現象や波動現象は，振動するもの，振動するスケールなどバラエティに富んでいるが，実は共通の考え方にもとづいて整理して理解できるのである。その基本を本書で学ぶことになる。「単振

動」や「波動方程式」といった物理学の道具で一般性を失わずに表現し，特徴づけることができる．

　光は光学や電磁気学，音は力学や熱力学，音響学，マクロな物体の振動や波動を扱う地震学や振動工学，流体力学など，さまざまな学問分野に関連している．また，電子が実は波動性を持つという事実から構築された量子力学や固体物理学，さらには弦理論といわれる素粒子物理学など，さらに高度な物理学ともつながっている．だから，振動と波動現象を分野横断的に勉強することは，それぞれの現象を違った角度から理解する非常に良いトレーニングとなる．振動・波動は，いろいろな理工系の分野を結ぶ横糸となる極めてユニークな科目である．

　振動と波動現象は，実は数学的にきれいに表現でき，それゆえ，さまざまな分野に適用できる考え方を教えてくれる．その最も重要なものがフーリエ変換である．本書では，どんな振動でも，系特有の「固有振動モード」に分解できることをフーリエ級数展開という形で学ぶ．それは音でいえば「音色」をつくり出すもとになり，周波数スペクトルの表現法が生まれる．また，波の伝播に関してフーリエ変換を学び，波の「回折」現象を記述する．周波数スペクトルは時間と周波数の間の変換であるが，回折パターンは長さと波数（長さの逆数の次元を持つ）の間の変換である．試料物体に光やX線，電子線などの波を照射してできる回折パターンから，その物体の形や構造の情報を得ることができるのである．回折パターンでの観察は，実像として観察するより精度が高く情報量が多い場合もある．だから，物質のミクロな構造を調べるX線構造解析や電子回折として，物質科学の分野では広範に利用されているのである．有名なDNAの2重らせん構造は，波長の極めて短い電磁波であるX線の回折パターンから解明された．本書で学ぶ回折は，そのような先端の科学と技術の基礎となる．

　物理学に限らず，さまざまな科学・技術の分野に進んで，振動や波動現象に関連する現象や問題にぶつかったとき，必ず本書で学ぶ基礎事項が役に立つ．その意味で，振動・波動の勉強は理工系の基礎科目として必須といえる．

第 2 章

単振動は，振動・波動現象を理解する出発点。はじめに振幅，位相，周期，振動数などの基礎事項を学ぶ。

単振動

この章では，振動・波動現象の基本となる最も単純な「単振動」について学ぶ。その代表選手が中学校から習っている振り子である。「単振動」は極めて単純で無味乾燥なので面白くないと思うかもしれないが，さまざまな物理現象を記述する重要な概念なのである。後続の章で学ぶように，振り子やばねのような力学的な振動だけではなく，光の電磁場の振動や原子の熱振動など眼に見えない現象をモデル化して理解するときにも「単振動」は頻繁に使われる重要な概念である。その意味で「単振動」は振動・波動現象の出発点といえる。

2.1　ばね振動子

図 2.1(a) に示すように，ばねにおもりを静かに吊るすと，ばねが少し伸びて静止する。その平衡状態でのおもりの位置を，鉛直上向きにとった z 軸の原点とする。その位置からおもりを少しひっぱって下げ，そっと手を放すとばねが伸び縮みして振動を始める。その時間変化を模式的に描いたのが図 2.1(b) である。平衡位置からのおもりの変位が z のとき，**フックの法則**より，おもりには z に比例する力

$$F = -\kappa z \tag{2.1}$$

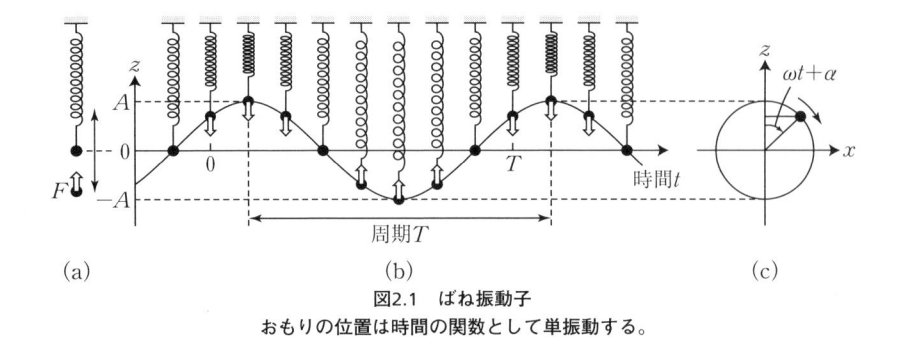

図2.1　ばね振動子
おもりの位置は時間の関数として単振動する。

がはたらく。ここで比例係数 κ (カッパ) はばねの硬さを表す量であり，**ばね定数**と呼ばれ，その単位は N/m である[1]。

　右辺で負号がついているのは，おもりの変位と逆向きに力がはたらくことを意味している。つまり，ばねが伸びたとき ($z<0$) にはばねを縮ませようとする上向きの力となり，ばねが縮んだとき ($z>0$) にはばねを伸ばそうとする下向きの力となることを意味している。これは，おもりが平衡位置から離れると平衡位置に戻そうとする力である。このような力を一般に**復元力**と呼ぶ。復元力によっておもりは平衡位置まで戻るが，運動の慣性のため，平衡位置を通り過ぎて反対側に行き過ぎてしまう（ガリレオの慣性の法則）。そうすると，逆向きの復元力が生じて，またおもりを平衡位置まで戻そうとする。この繰り返しで振動が持続する。もちろん，空気の抵抗やばねの中でのエネルギーの散逸のために，現実の振動は次第に減衰するが，今はそれを無視して考える。

　おもりについてのニュートンの運動方程式（質量）×（加速度）＝（力）は，おもりの質量を m とすると

$$m\frac{d^2z}{dt^2} = -\kappa z \tag{2.2}$$

と書ける。変数 z は平衡位置からの変位を表すので重力は考えなくてよい。この式は数学的には 2 階の常微分方程式と呼ばれる形であり，その一般解は，

---

[1] ばね定数は通常 k を使うが，のちに波数にも k を使うため，本書では，ばね定数を κ と書くことにする。

$$z = A\cos\left(\sqrt{\frac{\kappa}{m}}\cdot t + \alpha\right) = \mathrm{Re}\left[Ae^{i\left(\sqrt{\frac{\kappa}{m}}\cdot t + \alpha\right)}\right] \quad (2.3)$$

と書ける。余弦関数を時間 t で2回微分してみれば，(2.2) 式を満たすことが容易に示せる。また，図 2.1 を見れば，おもりの位置が三角関数で表される周期的な変化をしていることが実感できるだろう。ここで，定数 A と α は**初期条件**で決まる任意定数である。一般に2階の微分方程式の解には2個の任意定数が含まれる。A は**振幅**と呼ばれ，おもりの変位の最大値を表す。余弦関数の引数 $\left(\sqrt{\frac{\kappa}{m}}\cdot t + \alpha\right)$ を**位相**という。時刻 $t = 0$ のときの位相が α であり，これをとくに初期位相と呼ぶ。

また，右辺ではあえて指数関数を使った複素数で表記している。指数関数と三角関数の関係を示すオイラーの定理

$$e^{\pm i\theta} = \cos\theta \pm i\sin\theta \quad \text{（複号同順）} \quad (2.4)$$

から，余弦関数は複素指数関数の実部であり，記号 Re[ ] は実部をとることを意味する。三角関数を使うより指数関数で計算して，最後にその実部をとったほうが，計算が楽な場合が多いので，このように表記することもある。また，位相を $\pi/2$ だけずらせば，余弦関数は正弦関数に等しいので ($\cos\theta = \sin(\theta + \pi/2)$)，初期位相をずらして解を正弦関数で書き表してもよい。

このように，おもりの位置は三角関数で表される周期的な変化をする。このような運動を**単振動**または**調和振動**という。三角関数の周期性により，時刻 t から時間 T が経過して，位相が 2π だけ変化すると元の状態にもどる。その時間間隔 T を単振動の**周期**という。つまり，

$$\sqrt{\frac{\kappa}{m}}\cdot (t+T) + \alpha = \sqrt{\frac{\kappa}{m}}\cdot t + \alpha + 2\pi \quad (2.5)$$

なので，

$$T = 2\pi\sqrt{\frac{m}{\kappa}} \quad (2.6)$$

となる。この式から，おもりが軽い (m が小さい) ほど，あるいはばねが硬い (κ が大きい) ほど，短い周期で小刻みに振動することがわかる。周期の代わりに

$$\omega = \sqrt{\frac{\kappa}{m}} \left(= \sqrt{\frac{復元力を表すパラメーター}{慣性を表すパラメーター}} \right) \tag{2.7}$$

で定義される**角振動数**（または**角周波数**）を使うことが多い（単位は，rad/sec）。なぜなら，これを使うと (2.3) 式は，

$$z = A\cos(\omega t + \alpha) = \mathrm{Re}[Ae^{i(\omega t + \alpha)}] \tag{2.8}$$

と簡単な形に書けるからである。周期は $T = 2\pi/\omega$ と書ける。また，

$$\nu \equiv \frac{1}{T} = \frac{\omega}{2\pi} \tag{2.9}$$

で定義される ν を単に**振動数**（または**周波数**）と呼ぶ。単位はヘルツ（Hz）で，秒（sec）の逆数である。これは 1 秒間に振動する回数を意味する。(2.7) 式で定義される角振動数と，(2.9) 式で定義される振動数は，2π 倍だけ違うので，実はどちらも振動数と呼ぶ場合が多いが，文脈をたどれば混同することはない。この本の中でも ω を単に振動数と呼ぶこともあるが，混同する心配はないだろう。

この（角）振動数は，ばね定数（復元力を表すパラメーター）とおもりの質量（慣性を表すパラメーター）だけで決まる値なので，とくに**固有（角）振動数**と呼ぶこともある。つまり，振動数は，おもりを振動させるのに最初に引っ張り下げた量や重力の大きさに依存せず，ばねとおもりの特性だけで決まる値なのである。実は，この原理を利用して，ばね振動の振動数（または周期）を測定して，無重力状態になっている宇宙ステーションの中で，宇宙飛行士は自分の体重を測定している。

円運動と単振動

図 2.1(c) に示したように，単振動は円運動からも理解できる。つまり，(2.8) 式を見ると，等速円運動する質点の位置を z 軸に投影することを意味していることがわかる。このとき，位相 $(\omega t + \alpha)$ は z 軸から測った角度であり，ω が円運動の角速度，そして，この円の半径が振動の振幅 A に対応する。この質点が円運動する平面を複素平面と考えると，(2.8) 式の複素数の複素平面上の位置が，質点の位置を表していることがわかる。

等速円運動する質点は，円の接線方向に大きさ $A\omega$ の速度を持つが，その z 軸への投影は $-A\omega\sin(\omega t + \alpha)$ である。これは (2.8) 式を t で 1 回

微分した結果と一致する。等速円運動する質点にはたらく力は中心に向いていて，大きさが $mA\omega^2$ なので (向心力)，その z 軸への投影は，$-mA\omega^2 \cos(\omega t + \alpha)$ となる。

今までは，等速円運動する質点の z 軸への投影を考えたが，x 軸への投影は $x = A\sin(\omega t + \alpha)$ と書けるので，z 軸への投影と $\pi/2$ だけ位相がずれていることがわかる。逆にいうと，等速円運動は，直交する2つの軸上で位相が $\pi/2$ だけずれている2つの単振動の組み合わせであるといえる。

以上で振動を表す基本的な物理量が出そろった。つまり，振幅，位相，そして周期および振動数である。

2.2 単振り子

単振り子とは，図2.2 に示すように，長い糸の一端を固定して支点とし，他端におもりを吊るして，左右に振動するようにしたものである。支点からおもりの重心までの長さを L とする。おもりの最下点の位置を原点にとり，水平右向きに x 軸をとる。糸が鉛直方向から θ の角度だけ傾いた瞬間のおもりの座標を x とする。このとき，おもりには鉛直下方へ重力 mg（g は重力加速度の大きさ）が，糸に沿って支点の向きに糸の張力 S がはたらいている。

以下では，角 θ は十分小さい（$|\theta| \ll 1$）とする。そうすると，おもりは鉛直方向へはほとんど動かないので，鉛直方向の力はつり合っているとみなすことができる。

おもりの鉛直方向の力のつり合いと水平方向（x 軸方向）の運動方程式は，

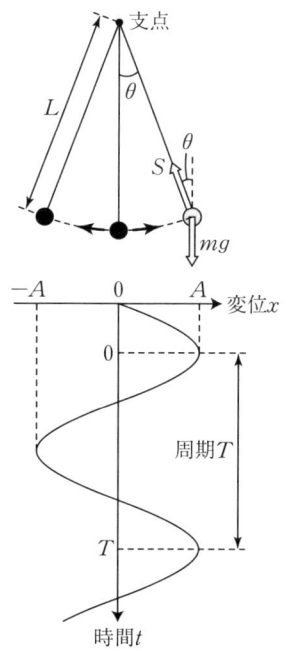

$$S\cos\theta = mg \qquad (2.10)$$

図2.2 単振り子とおもりの位置の時間変化

第 2 章　単振動

$$m\frac{\mathrm{d}^2 x}{\mathrm{d}t^2} = -S\sin\theta \tag{2.11}$$

と書ける。(2.11) の右辺に負号がつくのは，$x > 0$ ($\theta > 0$) のとき，おもりにはたらく力の向きが負となり，$x < 0$ ($\theta < 0$) のとき，正となることを示している。これが前節で述べた単振動を引き起こす復元力となる。$|\theta| \ll 1$ のとき，$\cos\theta \approx 1$ であるから，$S \approx mg$ となり，また，$\sin\theta = \dfrac{x}{L}$ であるから，結局，運動方程式 (2.11) は，

$$m\frac{\mathrm{d}^2 x}{\mathrm{d}t^2} = -\frac{mg}{L}x \tag{2.12}$$

となる。これは (2.2) 式と同じ形なので，ばね振動子と同様の単振動となる。このときの角振動数 ω および周期 T は，それぞれ

$$\omega = \sqrt{\frac{g}{L}}, \quad T = 2\pi\sqrt{\frac{L}{g}} \tag{2.13}$$

と書ける。この結果は興味深いことを意味している。振り子の振れの角が大きいほど，つまり振幅が大きいほど周期が長くなるように思えるかもしれないが，実は振幅には無関係に周期は一定なのである。これはガリレオが発見した**振り子の等時性**と呼ばれる性質である。振り子の振動が減衰して振幅が小さくなっても周期は一定なのである。実は，振り子に限らず，前節で扱ったばね振動子でも等時性が成り立つ。つまり，(2.6) 式や (2.7) 式を見ると，振幅に依存せずに振動数（すなわち周期）が一定であることは明らかである。

　また，単振り子の周期はおもりの質量には依存しない。重いおもりを吊るしたほうがゆっくり振動するように思えるが，実はそうではない。振動の周期は振り子の長さ L だけに依存するのである。

　逆に，L のわかっている単振り子の周期を正確に測ることにより，重力加速度 g の値を正確に求めることができる。精密な測定をすると，たとえば標高による g の値のわずかな違いを振り子の実験から見出すことができる。また，重力加速度の値は，1 kg の質量と地球の間にはたらく万有引力の強さであるから，地球の半径の値がわかっていれば，地球の質量

---

2)　質量 m の物体にはたらく重力は，地球の質量と半径を M および R，万有引力定数を G と書くと，$mg = G\dfrac{mM}{R^2}$ (2.14) と書ける。よって，地球の質量は $M = gR^2/G$ となる。

を求めることもできる[2]。標準の重力加速度は，約 9.81 m/s^2 である。

例題2.1　重力加速度の差の測定

$L = 1 \text{ m}$ の単振り子の周期を測定し，海抜 0 m での重力加速度と標高 $h = 3776 \text{ m}$ の富士山の山頂での重力加速度の違いを検出するのに必要な周期測定の精度を見積もりなさい。ただし，地球の半径 R は 6400 km とする。

解　海抜 0 m でのこの単振り子の周期を $T_0 (= 2\pi\sqrt{1/g} \approx 2.01 \text{ sec})$，富士山頂での周期を T_1 と書くと，脚注の (2.14) 式より，$g \propto R^{-2}$ なので，(2.13) 式から振り子の周期 $T \propto R$ となる。よって，

$$\frac{T_1}{T_0} = \frac{R+h}{R} = 1 + \frac{h}{R} \tag{2.15}$$

よって，

$$T_1 - T_0 = \frac{h}{R} T_0 = \frac{3.776}{6400} \times 2.01 = 0.0012 \text{ sec} \tag{2.16}$$

この周期の違いを検出できる時間測定の精度が必要である。■

例題2.2　単振り子の周期

$L = 1 \text{ m}$ の単振り子の周期は，赤道上で測定した場合と南極で測定した場合で，どのぐらい違うか計算せよ（**ヒント**　地球は角速度 $\omega (= 360°/1 \text{日} = 7.27 \times 10^{-5} \text{rad/sec})$ で自転しており，それによる遠心力のため，実効的な重力加速度は緯度によって異なる）。

解　地球の半径を R，自転の角速度を ω とする。南極と赤道上でのこの単振り子の周期をそれぞれ T_0, T_1 とすると，遠心力 $\ll$ 重力 なので，

$$\frac{T_1}{T_0} = \sqrt{\frac{g}{g - R\omega^2}} = \left(1 - \frac{R\omega^2}{g}\right)^{-\frac{1}{2}} \approx 1 + \frac{1}{2}\frac{R\omega^2}{g} \tag{2.17}$$

よって，数値を入れて計算すると，$T_1 - T_0 = 0.0035 \text{ sec}$ となる。■

2.3　単振動のエネルギー

単振動をしているときにエネルギーは散逸しないので，このときはたらいている復元力の (2.1) 式や (2.11) 式は**保存力**と呼ばれる。つまり，おもりの位置 z や x だけでポテンシャルエネルギーが決まり，したがってその微分で書ける力も位置座標だけで決まる。そこに至る履歴（途中の経

路)には依存しない力である。逆に非保存力とは、たとえば、摩擦を考えると、同じ位置に達するのにも経路が異なれば散逸するエネルギーの量も違うので、位置座標だけで決まるエネルギーおよび力の場とはいえない。

単振動の復元力の (2.1) 式はポテンシャルエネルギー $V(z)$ を使うと一般に

$$F(z) = -\frac{dV(z)}{dz} \tag{2.18}$$

と書ける。ポテンシャル $V(z)$ の勾配に比例し、ポテンシャルの低い方に向かって力がはたらくことを意味している。坂道を転げ落ちるときを想像してみれば実感できるだろう。$z = 0$ の地点をポテンシャルエネルギーの原点 ($V(0) = 0$) に選んでこの式を積分すると、

$$V(z) = -\int_0^z F(z')dz' = \int_0^z \kappa z' dz' = \frac{1}{2}\kappa z^2 \tag{2.19}$$

となる。これは、ばねを z だけ伸ばしたとき (あるいは縮めたとき) に蓄えられる弾性エネルギーである。

一方、(2.2) 式の両辺に dz/dt を掛けて左辺に移項すると、

$$m\frac{d^2z}{dt^2} \cdot \frac{dz}{dt} + \kappa z \cdot \frac{dz}{dt} = 0 \tag{2.20}$$

と書き直せる。さらにこの式は

$$\frac{d}{dt}\left[\frac{1}{2}m\left(\frac{dz}{dt}\right)^2 + \frac{1}{2}\kappa z^2\right] = 0 \tag{2.21}$$

と変形できる。これは、[ ] 内の量が時間変化しないことを意味している。つまり、

$$\frac{1}{2}m\left(\frac{dz}{dt}\right)^2 + \frac{1}{2}\kappa z^2 = \text{一定値}\, E \tag{2.22}$$

と書ける。左辺第 1 項が運動エネルギー $K(z)$ であり、第 2 項が (2.19) 式で与えられるポテンシャルエネルギー $V(z)$ であるので、これは、**力学的エネルギー保存則**を表している。単振動の一般解 (2.8) 式を使うと、それぞれのエネルギーを具体的に書くことができる。

$$K(z) = \frac{1}{2}m\left(\frac{dz}{dt}\right)^2 = \frac{1}{2}m\omega^2 A^2 \sin^2(\omega t + \alpha) \tag{2.23}$$

$$V(z) = \frac{1}{2}\kappa z^2 = \frac{1}{2}\kappa A^2 \cos^2(\omega t + \alpha) \tag{2.24}$$

たとえば，位相 $\omega t + \alpha = 0$ のときは，振れが最大となり，おもりが止まるが ($K(z) = 0$)，ポテンシャルエネルギー $V(z)$ が最大となる。また，位相 $\omega t + \alpha = \pi/2$ のときには，ポテンシャルエネルギーはゼロだが運動エネルギーが最大となる。これは，おもりが振動の中心点にあるときである。このように，振動の 1 周期の間で 2 つのエネルギーが入れ替わって変化していることがわかる。しかし，両者の和である全力学的エネルギーは，(2.7) 式を利用すると，

$$E = \frac{1}{2}\kappa A^2[\sin^2(\omega t + \alpha) + \cos^2(\omega t + \alpha)]$$
$$= \frac{1}{2}\kappa A^2 = \frac{1}{2}m\omega^2 A^2 \tag{2.25}$$

となり，時間に依存しない一定値となる。このように，確かに力学的エネルギーは保存されていることがわかる。その値は，

$$(単振動のエネルギー) \propto (振動数)^2 \times (振幅)^2 \tag{2.26}$$

である。

(2.19) 式のように，位置 z の 2 次関数として書けるポテンシャルを一般に**調和ポテンシャル**といい，そこで振動する系を一般に**調和振動子**という。ばね振動子や単振り子に限らず，さまざまな物理現象が調和振動とみなせる。実は，どんな形のポテンシャルでも，ポテンシャルの極小点付近で系が振動しているときには調和振動子として近似できるので，物理学のいろいろな場面で頻繁に登場する。たとえば，図 2.3(a) に示したような地形の谷底付近で振動するボールの運動は，振動の振幅が十分小さいなら，

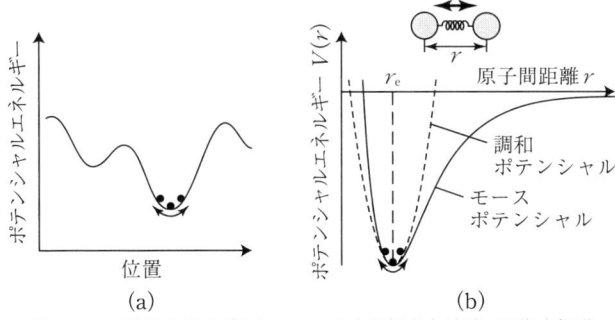

図2.3 (a) 任意の形のポテンシャルの中の極小点付近での微小振動
(b) 2 原子分子の原子が感じるポテンシャルの模式図

第2章 単振動

ポテンシャルの谷底を2次関数で近似できるので，調和振動とみなしてよい。

例題2.3 単振り子のエネルギー

単振り子のポテンシャルが調和ポテンシャルになっていることを示し，さらに単振り子でのエネルギー保存則を示しなさい。

解 (2.19)式と同様に，復元力を積分してポテンシャルエネルギーを計算する。単振り子の場合の復元力は，(2.12)式から $F(x) = -mgx/L$ なので，ポテンシャルエネルギーは，

$$V(x) = -\int_0^x F(x)\,\mathrm{d}x = \frac{mg}{2L}x^2 \tag{2.27}$$

と書け，これは x^2 に比例するので調和ポテンシャルとなっていることがわかる。一方，(2.12)式の両辺に $\mathrm{d}x/\mathrm{d}t$ を掛けて整理すると，

$$\frac{\mathrm{d}}{\mathrm{d}t}\left[\frac{1}{2}m\left(\frac{\mathrm{d}x}{\mathrm{d}t}\right)^2 + \frac{mg}{2L}x^2\right] = 0 \tag{2.28}$$

と書ける。これは(2.20)式と同じように，[ ]内の量が時間変化しないことを意味している。第1項は明らかに運動エネルギーであり，第2項は上で求めたポテンシャルエネルギーなので，全力学的エネルギーが保存されていることがわかる。

ポテンシャルエネルギーは別の考察から導くこともできる。図2.2に示したように，単振り子の最下点(振動の中心)からの振れの角度が θ の瞬間を考える。このとき，おもりは最下点から高さ $L(1-\cos\theta)$ だけ上にきているが，このときの位置エネルギーは，$\theta \ll 1$ なので $\cos\theta \approx 1 - \theta^2/2$，および $\theta = x/L$ を利用すると，

$$mgL(1-\cos\theta) = \frac{mgL\theta^2}{2} = \frac{mg}{2L}x^2 \tag{2.29}$$

となり，(2.27)式と同じになる。ばね振動子の場合のポテンシャルエネルギーはばねの弾性エネルギーであったが，単振り子の場合には重力に対する位置エネルギーがポテンシャルエネルギーとなる。■

2.4　2原子分子の熱振動

　窒素分子（N_2）や一酸化炭素分子（CO）のように原子2個からなる2原子分子の運動は，重心の並進運動，重心まわりの回転運動，および分子軸に沿う伸縮振動運動の3つに分解される。2つの原子間のポテンシャルは，図2.3(b)に示したように，原子間距離rに関して非対称な形をしている。rが小さい領域では原子核同士の反発力のためポテンシャルが急峻に立ち，rが大きいところでは原子同士の引力が比較的遠くまで及ぶのでポテンシャルが緩やかに上昇している。ポテンシャルの極小点に対応するrが平衡核間距離r_eである。有限温度では熱エネルギーのため，この平衡距離の近傍で2つの原子は伸縮振動している。

　このポテンシャルをモデル的に表す関数形として，次の**モースポテンシャル**がよく用いられる。

$$V(r) = V_0(1 - e^{-a(r-r_e)})^2 \quad (2.30)$$

ここでV_0は平衡位置でのポテンシャルの深さ，すなわち，分子を解離させて2個の原子をバラバラにするのに必要なエネルギーを表し（厳密には零点エネルギーの補正がいる），aがポテンシャルの谷の鋭さを表す。ポテンシャルの谷付近での振動は，このポテンシャルを調和ポテンシャルとして近似することによって単振動とみなせる。$r = r_e$の周りで(2.30)式をテイラー展開[3]すると

$$V(r) = V(r_e) + V'(r_e)(r - r_e) + \frac{1}{2}V''(r_e)(r - r_e)^2 + \cdots \quad (2.32)$$

と書けるが，$V(r_e) = V'(r_e) = 0$であり，$V''(r_e) = 2a^2V_0$なので，

$$V(r) \approx a^2V_0(r - r_e)^2 \quad (2.33)$$

と近似できる。これは，(2.19)式と同じように，位置座標の2次関数である。そうすると，この単振動の復元力は，(2.18)式より$F = -dV/dr$

---

[3]　xの関数$f(x)$が無限回微分可能であるとき，$x = a$近傍で，この関数は

$$f(x) = \sum_{n=0}^{\infty} \frac{1}{n!} \frac{d^n f(a)}{dx^n}(x-a)^n = f(a) + \frac{df}{dx}\bigg|_{x=a}(x-a) + \frac{1}{2}\frac{d^2 f}{dx^2}\bigg|_{x=a}(x-a)^2 + \cdots \quad (2.31)$$

と級数展開して近似できる。これをテイラー展開という。多変数の場合にも偏微分を用いて同様に展開できる。普通，高次の項（大きなnの項）ほど微小な値になるので，最初の数項だけをとって近似することが多い。

$= -2a^2 V_0 (r - r_e)$ となるので，この分子振動は，ばね定数 $\kappa = 2a^2 V_0$ のばねの単振動とみなせる。よって，この固有角振動数 ω は，(2.7) 式より $\omega = a\sqrt{2V_0/\mu}$ と書ける。ここで μ は**換算質量**であり，等核2原子分子の場合には1個の原子の質量の半分である（例題2.4 参照）。

温度が上がると，調和振動近似の範囲内では，(2.25) 式が示すように固有振動数はそのまま変化せずに，振幅のみが大きくなって振動エネルギーが増大する。しかし，現実のポテンシャルの形を見るとわかるように，振動の振幅が大きくなると上述の調和ポテンシャル近似からずれ，ポテンシャルの非調和性が現れてくる。つまり，r が大きいところでポテンシャルの勾配が緩やかなので，振動の振幅が増大すると振動数がやや低下する。それと同時に，振動の中心点が，図 2.3(b) のポテンシャルの中で核間距離が増大する方向にずれる。これが熱膨張である。

例題2.4　2原子分子

2原子分子を構成している2つの原子の質量をそれぞれ M_1 および M_2 とする。この2つの原子がばね定数 κ のばねで結合されているとして，そのときの伸縮振動の角振動数を求めよ。また，エネルギー等分配則によって，温度 T の熱エネルギー $k_B T/2$ が振動エネルギーになっているとすると，そのときの振幅を求めよ（k_B はボルツマン定数）。

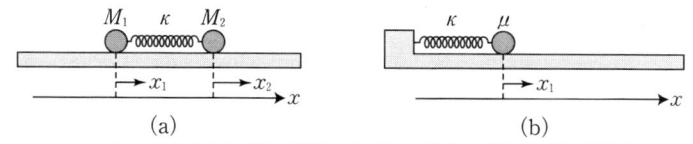

図2.4　(a)2原子分子の模型　(b)それと等価な単振動ばね振動子

解　図 2.4(a) に示すように，それぞれの原子の位置の平衡状態からのずれを x_1，x_2 とする。$x_2 > x_1$ のとき，ばねは $x_2 - x_1$ だけ伸びているので，左の原子には右向きの力がはたらき，右の原子には同じ大きさだが左向きの力がはたらく。よって，それぞれの原子の運動方程式は

$$M_1 \frac{d^2 x_1}{dt^2} = \kappa (x_2 - x_1) \tag{2.34}$$

$$M_2 \frac{d^2 x_2}{dt^2} = -\kappa (x_2 - x_1) \tag{2.35}$$

この式は $x_2 < x_1$ でも成り立つ。この2つの式を辺々足すと，

$$\frac{d^2(M_1x_1 + M_2x_2)}{dt^2} = 0 \tag{2.36}$$

となる。$M_1x_1 + M_2x_2$ を全質量 $M_1 + M_2$ で割った量は，重心の平衡位置からの変位を表している。したがって，(2.36)式は，この分子の重心は静止しているか等速直線運動をしていることを意味している。これは，この分子には外力がはたらいていないので当然である。そこで，この分子の重心は静止しているとしても一般性を失わないので，$M_1x_1 + M_2x_2 = 0$ とする。そうすると，$x_2 = -x_1M_1/M_2$ なので，これを(2.34)式に代入して整理すると，

$$\frac{M_1M_2}{M_1 + M_2}\frac{d^2x_1}{dt^2} = -\kappa x_1 \tag{2.37}$$

と，x_1 だけの方程式となる。これは，(2.2)式と同じ形をしているので，図2.4(b)に示すように，質量が $\mu \equiv M_1M_2/(M_1 + M_2)$ のおもりが，ばね定数 κ のばねで単振動しているときと等価である。この μ が換算質量である。よって，その固有振動数は，(2.7)式から $\omega = \sqrt{\kappa/\mu}$ と書ける。そうすると，この振動のエネルギーは(2.22)式で書ける。この全エネルギーが熱エネルギー $k_BT/2$ に等しい。最大振幅のときにはおもりは静止して運動エネルギーがゼロとなり，全エネルギーはばねの弾性エネルギー $\kappa x_1^2/2$ だけになるので，

$$\frac{1}{2}\kappa x_1^2 = \frac{1}{2}k_BT \tag{2.38}$$

と書ける。よって，求める振動の振幅は $x_1 = \sqrt{k_BT/\kappa}$ となる。つまり，温度が上がると，振動数は固有振動数のままで変化しないが，振幅が温度の平方根に比例して増加するのである。 ■

ちなみに，ここで考えた分子振動は古典的なばね振動子とみなしている。しかし，実際の物質ではフォノンと呼ばれる量子化された振動が起こっているが，それは量子力学と固体物理学で学ぶ。その場合でも，温度が上がっても固有振動数は変わらず，振幅の増加は，励起される振動量子（フォノン）の数の増加として記述される。

2.5　電気回路での振動

図 2.5 に示すように，コンデンサーとコイルをつないだ，いわゆる LC 回路を考える。はじめにスイッチ S を右側に倒し，コンデンサー（静電容量 C）に乾電池で十分長い時間充電して電荷 $\pm Q_0$ を蓄える。次にスイッチ S を左側に倒すと，その瞬間からコンデンサーに蓄えられていた電荷が電流となって流れ出すので，時間 t だけ経過した後，回路に流れる電流 $I(t)$ は，

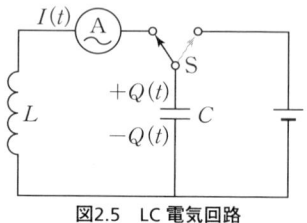

$$I(t) = -\frac{\mathrm{d}Q(t)}{\mathrm{d}t} \tag{2.39}$$

図2.5　LC 電気回路

と書ける。ここで $Q(t)$ は，時刻 t のときにコンデンサーに蓄えられている電荷である。右辺で負号がついているのは，コンデンサーの電荷の減少が電流になっているからである。そうすると，この瞬間でのコンデンサーの両端の電圧は $Q(t)/C$ となる。一方，コイル（自己インダクタンス L）には電流変化による逆起電力 $L(\mathrm{d}I(t)/\mathrm{d}t)$ が生じているので，両者はつり合っていなければならない。よって，

$$L\frac{\mathrm{d}I(t)}{\mathrm{d}t} = \frac{Q(t)}{C} \tag{2.40}$$

となる。これに (2.39) 式を代入して電荷 Q についての微分方程式にすると，

$$L\frac{\mathrm{d}^2 Q(t)}{\mathrm{d}t^2} = -\frac{1}{C}Q(t) \tag{2.41}$$

となる。これは，(2.2) 式と同じ形であるので，電荷 Q が単振動と同じ変化をする。

$$Q(t) = Q_0 \cos(\omega t + \alpha) \tag{2.42}$$

ここで，Q_0 は $t=0$ のときコンデンサーに蓄えられていた電荷である。角振動数 ω は (2.7) 式から

$$\omega = \frac{1}{\sqrt{LC}} \tag{2.43}$$

と書ける。よって，回路に流れる電流は (2.39) 式から

$$I(t) = \omega Q_0 \sin(\omega t + \alpha) \tag{2.44}$$

という交流電流となる。スイッチを切り替えた瞬間 $t=0$ では電流はゼロだったので，この式から初期位相 $\alpha=0$ となることがわかる。

(2.41) 式とばね振動子の場合の (2.2) 式とを比較すると，電気回路の場合，慣性を表すパラメーター（質量 m）に相当するのが L であり，復元力を表すパラメーター（ばね定数 κ）に相当するのが $1/C$ であることがわかる。コイルに流れる電流が変化しようとすると，その変化を妨げようとする向きに起電力が生じるので（レンツの法則），L が慣性を表すのはうなずける。回路を行き来する電荷の量が同じ場合，コンデンサーの容量 C が小さいほどコイルにかかる電圧が大きくなるので，$1/C$ が復元力を表すパラメーターとなる。

この回路に蓄えられているエネルギーを調べてみよう。時刻 t にコンデンサーに蓄えられている静電エネルギー $E_C(t)$ は

$$E_C(t) = \frac{Q(t)^2}{2C} = \frac{Q_0^2}{2C}\cos^2(\omega t) \tag{2.45}$$

となる。一方，コイルに蓄えられている磁気的エネルギー $E_L(t)$ は

$$E_L(t) = \frac{LI(t)^2}{2} = \frac{1}{2}L\omega^2 Q_0^2 \sin^2(\omega t) \tag{2.46}$$

全エネルギーは (2.45) 式と (2.46) 式との和であり，(2.43) 式を用いると，

$$E_C(t) + E_L(t) = \frac{Q_0^2}{2C} \tag{2.47}$$

となる。これは時間変化しない一定値であり，エネルギー保存則が成り立っていることがわかる。この値は，最初に乾電池による充電によってコンデンサーに蓄えた静電エネルギーに等しい。そのエネルギーがコイルの磁気的エネルギーに移動したり，それがまたコンデンサーにもどって来たりする。このように振動的に変化しているが，総和は保存されるのである。

2.6　実体振り子：メトロノーム

図 2.6(a) に示すように，剛体の重心を G とし，そこから d だけ離れた点 O を通る水平軸でこの剛体を吊り下げた状態を考える。つり合いの位

第2章 単振動

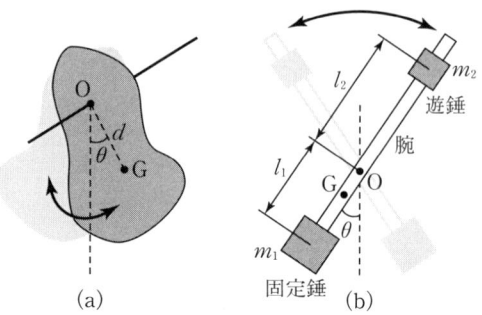

図2.6 (a) 実体振り子　(b)メトロノームのモデル

置からわずかに回転させて手を放すと回転振動を始める。これを**実体振り子**または**物理振り子**という。

この剛体の質量を m，点 O を通る回転軸まわりの慣性モーメントを I とする。つり合いの位置から角度 θ だけ回転した瞬間を考える。重心 G に重力 mg がはたらき，それによるトルクは $mgd\sin\theta$ となるので，この剛体の回転運動の方程式は

$$I\frac{d^2\theta}{dt^2} = -mgd\sin\theta \tag{2.48}$$

と書ける。右辺で負号がつくのは，トルクは必ず振れを戻す方向にはたらく「復元力」となっているからである。回転角 θ が小さいとすると $\sin\theta \approx \theta$ なので，上式は

$$I\frac{d^2\theta}{dt^2} = -mgd\theta \tag{2.49}$$

となり，単振り子の式 (2.12) 式と同じ形になる。よって，この実体振り子は，長さ l が $l = I/md$ の単振り子の振動と同等であることがわかる。**この l を等価振り子の長さ**という。よって，この回転振動の固有角振動数 ω および周期 T は (2.13) 式より

$$\omega = \sqrt{\frac{mgd}{I}}, \quad T = 2\pi\sqrt{\frac{I}{mgd}} \tag{2.50}$$

となる。d がゼロになる極限を考えると，ω はゼロ，つまり，周期 T は無限大になる。つまり，回転軸が重心を通る場合には振動しない（復元力がはたらかないので回転運動となる）。また，$I = md^2$ であるとき，すな

わち，すべての質量が重心に集中しているとき，上式の角振動数は単振り子の振動数 (2.13) 式に帰着することがわかる。このとき d がゼロになる極限を考えると，ω は無限大，つまり，周期がゼロに近づき，小刻みの振動となる。ここが実体振り子と単振り子の違いである。

例題2.5 **メトロノーム**

メトロノームとは，一定の間隔で音を刻み，テンポを合わせるために使う音楽用具である。

図 2.6(b) に示したように，機械式メトロノームは，一種の実体振り子である。つまり，おもり（固定錘，質量 m_1）がついた振り子の剛体腕が一定周期で左右に振れる。また，腕には位置を調整できるもう 1 つのおもり（遊錘,質量 m_2）がついており，この遊錘を腕に沿って上下させることで，周期（つまりテンポの速さ）を調整できる。簡単のため，ここでは腕の質量は無視して考える。回転軸の位置を O とする。この回転中心 O から固定錘までの距離を l_1，O から遊錘までの距離を l_2 とする。このメトロノームの振動の周期を求めよ。

解 それぞれの錘にかかる重力が回転を引き起こすトルクとなるが，互いに必ず逆向きのトルクを与えることがわかるだろう。しかし，つねに固定錘にはたらく重力によるトルクの方が大きいので，それが復元力となって振動を起こす（逆に遊錘にはたらく重力によるトルクの方が大きくなってしまうと，腕が回転して逆さまになる）。このことに気をつけて回転振動の運動方程式を書くと，

$$I \frac{d^2\theta}{dt^2} = -m_1 l_1 g \sin\theta + m_2 l_2 g \sin\theta \tag{2.51}$$

$$\approx -(m_1 l_1 - m_2 l_2) g \theta \tag{2.52}$$

となる。ここで，I はメトロノームの O 点まわりの慣性モーメント $I = m_1 l_1^2 + m_2 l_2^2$ であり，回転角 θ は小さいと近似した。よって，(2.48) 式と見比べることによって，固有角振動数 ω と周期 T は

$$\omega = \sqrt{\frac{m_1 l_1 - m_2 l_2}{m_1 l_1^2 + m_2 l_2^2} g}, \quad T = 2\pi \sqrt{\frac{m_1 l_1^2 + m_2 l_2^2}{(m_1 l_1 - m_2 l_2) g}} \tag{2.53}$$

となる。遊錘を動かして l_2 を変えると周期が変わるのがわかる。とくに，$m_1 l_1 - m_2 l_2$ がゼロになると周期が無限大になることがわかる。重心の位

置を計算してみるとわかるが，回転中心点 O と重心 G の間の距離は $(m_1 l_1 - m_2 l_2)/(m_1 + m_2)$ と書けるので，重心 G が回転中心 O に近づくほど周期が長くなることがわかる。

この性質はメトロノームに限らず，上述のように任意の形状の実体振り子でもいえることである。この性質によって，メトロノームでは単振り子に比べてとても小さいサイズで長い周期のリズムを刻める。周期の長い単振り子をつくるには，極めて長い糸が必要である。■

10分補講

単振り子の物理のいろいろ

1. ガリレオによる振り子の等時性の発見

ガリレオは，教会の天井から吊るされていた燭台がゆらゆら振動しているのを見つけた（地震で揺れていた？）。自分の脈拍をたよりに，そのランプの振動の周期を測定してみると，ランプの振動が次第におさまっていくにもかかわらず，その振動の周期は一定で変わらないことを発見したという。しかし，この振り子の等時性は，あくまでも振れの角度があまり大きくないときにだけ成り立つ近似的な法則である。振り子の振れの角 θ が大きくなってくると，(2.12) 式を導いた近似 $\sin\theta \approx \theta$ が成り立たなくなってくる。そうすると，振り子の等時性が破れる。詳しい計算によると，振れの角の振幅を θ_0 とし，$a \equiv \sin(\theta_0/2)$ と置くと，周期 T は

$$T = 2\pi\sqrt{\frac{L}{g}}\left[1 + \left(\frac{1}{2}\right)^2 a^2 + \left(\frac{1}{2}\frac{3}{4}\right)^2 a^4 + \left(\frac{1}{2}\frac{3}{4}\frac{5}{6}\right)^2 a^6 + \cdots \right] \tag{2.54}$$

と書ける。つまり，振れ角の振幅 θ_0 の増大とともに周期 T が長く

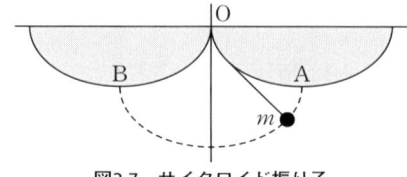

図2.7 サイクロイド振り子

なり，振り子の等時性は破れる。この結論は，大きな振り幅の振り子はゆっくり触れるという日常的な直感に合っている。

波の伝播を記述する「ホイヘンスの原理」（10.4 節 参照 ）を発見したホイヘンスは，振り幅によらずに周期が一定となる振り子を考案した。それはサイクロイド振り子と呼ばれるもので，図 2.7 に示すようなサイクロイド曲線と呼ばれる形をした天井から吊り下げられた振り子である。サイクロイド振り子では，振れ幅が大きくなると，サイクロイドの形をした天井面に糸が張りついて，実効的な糸の長さが短くなる。振幅による周期の増加分と糸を短くすることによる周期の減少分がうまく相殺して，周期一定となるのである。

2. フーコーの振り子と地球の自転

フーコーは，単振り子の振動方向が地球の自転によって，見かけ上，少しずつ回転するはずだと考え（北半球では右回り，南半球では左回り），1851 年，実験的にそれを示した。地球の自転を実験室レベルで体感できるデモンストレーションとして有名であり，現在でも，ロビーなどに展示している科学博物館も多い。

たとえば，北極点上で単振り子を振らせることを考えてみる。その支点を支えている天井や柱は地球の自転とともに1日で 360 度回転するので，振り子の支点を通る鉛直軸回りに振り子も回転するはずである。しかし，振り子のおもりにはたらく力は，鉛直下向きの重力と糸の張力だけであり，地球の自転を伝える力は何もはたらかない。つまり，振り子は回転しないが，観察しているわれわれが床とともに回転しているので，見かけ上，振り子の振動方向が回転するのである。

しかし，回転しているわれわれ観測者を中心に見た場合には，振り子のおもりにはコリオリの力という慣性力がはたらいて，振動方向を回転させていると考える。これは，円運動しているとき，あるいは車で急カーブを曲がるときにはたらく遠心力と同じように，回転座標系（非慣性系）に乗っているときに感じる慣性力の一種であり，運動の状態をそのまま持続させようとする力である。

3. 重力質量と慣性質量

物体の質量の定義には 2 通りある。1 つは万有引力の法則の式に出てくる質量で，力の測定から定義される**重力質量** m_G であり，もう 1 つはニュートンの運動方程式に出てくる質量で，物体の動かしにくさとして定義される**慣性質量** m_I である。実は両者はまったく別物で一致する保証は何もない。図 2.2 の単振り子で考えてみる。おもりにはたらく重力は万有引力による $m_G g$ であり，運動方程式 (2.12) の左辺の質量は慣性質量 m_I なので，(2.12) 式は，

$$m_I \frac{\mathrm{d}^2 x}{\mathrm{d}t^2} = -\frac{m_G g}{L} x \tag{2.55}$$

と書くべきである。そうすると周期 T は，(2.13) 式の代わりに

$$T = 2\pi \sqrt{\frac{L}{g}} \cdot \sqrt{\frac{m_I}{m_G}} \tag{2.56}$$

となる。おもりをいろいろな物体に変えて単振り子の周期を測定した結果，ベッセルは

$$\left| \frac{m_I}{m_G} - 1 \right| \leq 1.7 \times 10^{-5} \tag{2.57}$$

の結果を得た。つまり，重力質量と慣性質量は 0.001% の誤差の範囲で一致していることになる。エトベッシュは精密なねじれ秤を用いて，この値が 10^{-8} 以下であることを示し (1896 年)，最近では，ディッケ (1964 年)，ブラジンスキー (1971 年) らがさらに精度を上げて 10^{-12} 以下の値を得ている。このように，この 2 種類の質量が高い精度で一致することが実験で実証されている。2.1 節で述べたように，宇宙ステーションの中で宇宙飛行士がばね振動子を利用して測定している「体重」は，実は慣性質量である。われわれが地表で体重計を使って測定している体重は，万有引力によるので重力質量である。

アインシュタインは，「重力質量と慣性質量は厳密に等しい」という**等価原理**から出発して一般相対論を構築した。ちなみに，等価原理や不確定性原理のように，物理学では「原理」と呼ばれるものがときどき登場する。それらは「法則」と違い，原理的に証明でき

ないものであり，それらが成り立つと仮定していろいろな法則が導き出されている．等価原理もその1つで，実験精度には限りがあるが，実験的に支持するしかなく，理論的に導き出せるものではない．

章末問題

2.1 釣りの浮きの上下振動

図2.8(a)に示すように，釣りでは，えさのついた釣り針，おもり，浮きを釣り糸に取り付け，浮きが水面に浮かぶようにしてある．魚がえさに食いついて引っ張ってすぐに離れると浮きが上下に振動を始める．これを，図2.8(b)に示すような簡単なモデルで考えてみる．つまり，全体を断面積S，質量mの細長い空洞の円柱とする（安定して立っていられるよう重心Gが中央からやや下に位置するようになっている）．つり合いの状態で水面に浮いているとき，水面下にある円柱の部分を長さlとする．水の密度をρとして，この円柱の上下振動の周期を求めよ．

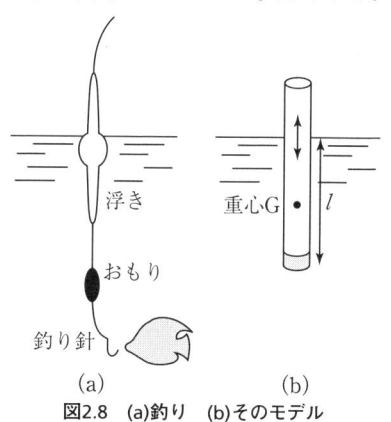

図2.8 (a)釣り (b)そのモデル

2.2 円錐振り子

図2.9に示すように，単振り子の振動面に対して直角方向にある初速度を与えて，水平面（xy面）内で円運動させる．これを円錐振り子という．この振り子の周期を求めよ．この周期は，初速度が小さい場合には初速度によらないことも示せ．

2.3 U字管内の液体の微小振動

図2.10に示すようなU字管の中に密度ρの液体が入っている．U字管の太さは一

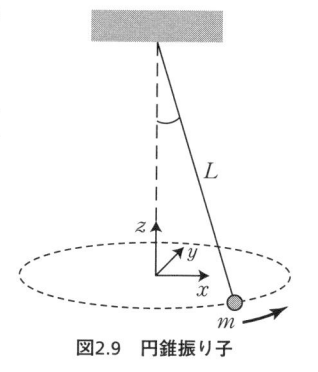

図2.9 円錐振り子

様で細く，断面積が S，液柱全体の長さは L で，液体の体積は SL としてよい．左右の液面の高さが等しいときの位置を鉛直上向きにとった z 軸の原点とする．液面が振動するとき，管の内壁との摩擦や液体自身の粘性による抵抗力は無視できる．

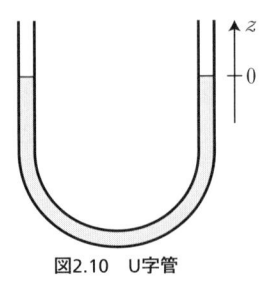

図2.10 U字管

(1) U字管の両端が開いた状態で液面が微小振動しているとき，その周期を求めよ．

(2) 液面の高さが左右で等しい状態で静止しているときにU字管の両端を閉じる．このとき，管の中には圧力 P_0 の空気が閉じ込められ，その気柱の長さは l_0 である．この状態で液面を振動させる．振動の間，空気柱の膨張収縮が等温過程とみなせる場合，液面の振動の周期を求めよ．

(3) 問 (2) で，振動の間の空気柱の膨張圧縮が等温過程ではなく断熱過程とみなせる場合，液面の振動の周期を求めよ．

(4) 実際の周期を計算してみよう．液体は水で，$P_0 = 1$ 気圧，$l_0 = 1$ m，$L = 0.49$ m とし，管の先端が開放されている場合，また，管の先端が閉じられていて，空気柱の膨張圧縮過程が等温過程とみなした場合と断熱過程とみなした場合，それぞれについて計算し，その結果を比較せよ．ただし，空気の定圧モル比熱と定積モル比熱の比 $\gamma = 1.4$ とする．

2.4 ハーフパイプでのスケートボード

スケートボードのハーフパイプ競技では，図 2.11 に示すように，円筒状の床で滑走する．その円筒の半径を R とし，スケートボードの車輪を半径 r の球にモデル化して考えてみる．この球は床を滑らずに転がるとする．このとき，円筒状床の底近傍での振動の固有振動数を求めよ．

図2.11 ハーフパイプでのスケートボードのモデル

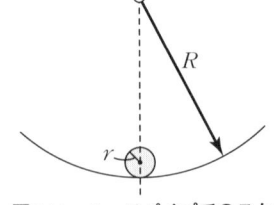

2.5 プラズマ振動

金属は，正電荷を持つ原子イオンと負電荷を持つ自由に動ける電子

からできている．これに光を照射すると，光の振動電場によって電子が揺さぶられるが，原子イオンは重いのでほとんど動かない．その結果，図2.12に示すように，たとえば，電子が右に移動した瞬間には，金属の右側表面に負電荷が生じ，左側表面には正電荷が生じる．その結果，金属内部には電場ができ，この電場によって，電子が左に引き戻される．しかし，電子は元の位置を通り過ぎて反対側に変位し，今度は左側面に負電荷，右側面に正電荷が生じる．このような電子の集団的な振動をプラズマ振動という．その角振動数 ω_P は

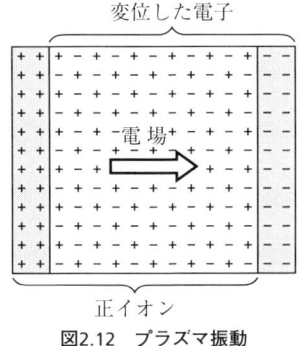

$$\omega_\mathrm{P} = \sqrt{\frac{ne^2}{\varepsilon_0 m}} \tag{2.58}$$

と書けることを示せ．ここで，n は電子の数密度，m は電子の質量，ε_0 は真空の誘電率である．

図2.12 プラズマ振動

第 3 章

現実の単振動は，エネルギーを徐々に失って，振幅が減少していく。その原因は空気の抵抗力や床面との摩擦などさまざまであるが，減衰振動の考え方は共通なのである。

減衰振動

3.1 抵抗を受けるばね振動子

図 2.1 で示したばね振動子の振動は，現実には時間の経過とともに減衰していく。それは，空気の抵抗やばねをつくる物質内部でのエネルギー散逸が原因となっている。振動のエネルギー（運動エネルギーとポテンシャルエネルギー）が，熱エネルギーや物質の塑性変形を引き起こすエネルギーなどとして使われて失われてしまうのである。ここでは空気の抵抗を考えて定式化してみる。この抵抗力は，速度の反対向きに作用し，しかも速度が速いほど大きな抵抗力となるので，b を正値の比例定数として $-b(\mathrm{d}z/\mathrm{d}t)$ と書ける。よって，おもりの運動方程式は，(2.2) 式の代わりに，

$$m\frac{\mathrm{d}^2 z}{\mathrm{d}t^2} = -\kappa z - b\frac{\mathrm{d}z}{\mathrm{d}t} \tag{3.1}$$

となる。両辺を質量 m で割って整理すると，

$$\frac{\mathrm{d}^2 z}{\mathrm{d}t^2} + 2\gamma\frac{\mathrm{d}z}{\mathrm{d}t} + \omega_0^2 z = 0 \tag{3.2}$$

の形になる。ここで $\gamma = b/2m$ と置いた。また，$\omega_0 = \sqrt{\kappa/m}$ であり，抵抗力がないときの固有角振動数 (2.7) 式である。

この微分方程式を，指数関数を使った方法で解いてみる。p を未知数として，解の形を
$$z(t) = e^{pt} \tag{3.3}$$
と仮定して，(3.2) 式に代入してみる。$dz/dt = pe^{pt}$, $d^2z/dt^2 = p^2 e^{pt}$ なので，
$$(p^2 + 2\gamma p + \omega_0^2) e^{pt} = 0 \tag{3.4}$$
を得る。これが任意の時刻 t で成り立つためには，
$$p^2 + 2\gamma p + \omega_0^2 = 0 \tag{3.5}$$
でなければならない。よって，
$$p = -\gamma \pm \sqrt{\gamma^2 - \omega_0^2} \tag{3.6}$$
となる。

γ と ω_0 の大小関係によって実際に起こる現象が異なるので，ここから 3 つの場合に分けて考える。

(1) 抵抗力が弱い場合 ($\gamma < \omega_0$)

このときには (3.6) 式の根号の中は負になるので，
$$\Omega \equiv \sqrt{\omega_0^2 - \gamma^2} \tag{3.7}$$
と置くと，Ω は実数となる。そうすると，(3.2) 式の独立な 2 つの解 $e^{-\gamma t} e^{\pm i\Omega t}$ が得られるので，一般解は α と β を任意定数として
$$z(t) = e^{-\gamma t}(\alpha e^{-i\Omega t} + \beta e^{i\Omega t}) \tag{3.8}$$
と書ける。ここで，オイラーの公式 (2.4) 式を使うと，α と β の代わりに別の任意定数 A と ϕ を用いて，(3.8) 式を正弦関数の形に書き直せる。
$$z(t) = A e^{-\gamma t} \cos(\Omega t + \phi) \tag{3.9}$$

これをグラフにすると図 3.1(a) となり，振幅が指数関数的に減衰しながら振動している様子がわかる (**減衰振動**)。このときの振動の角振動数 Ω は，(3.7) 式で示されるように，抵抗力のないときの固有角振動数 ω_0 に比べて若干小さくなっている。つまり，少しゆっくりとした振動になる。また，振幅の減衰の時定数は $1/\gamma$ であり，これは，振幅が $1/e$ に減衰するまでの時間を意味するので，「振動の寿命」ともいえる。十分時間が経つと振幅がゼロになって振動がおさまる。以上の結果は，抵抗があれば，振動がややゆっくりになり，次第に減衰していくという日常的な感覚に合う。

第3章 減衰振動

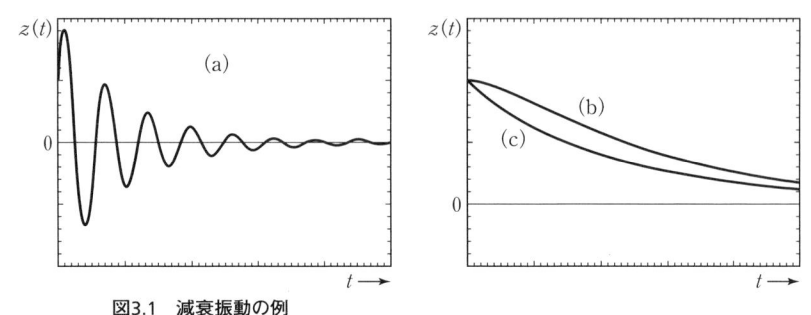

図3.1 減衰振動の例
(a) 抵抗が弱い場合 (b) 抵抗が強い場合(過減衰) (c) 臨界減衰

エネルギーはどうなっているのだろうか。抵抗がない場合には，(2.22)式が示すように全力学的エネルギーは保存されていたが，抵抗がある場合，抵抗力を通して熱としてまわりにエネルギーを散逸するので，振動子のエネルギーは明らかに減少していく。(3.9)式から運動エネルギーとポテンシャルエネルギーを具体的に計算して両者の和をとると

$$E(t) = \frac{1}{2} m \left(\frac{dz}{dt} \right)^2 + \frac{1}{2} \kappa z^2 \tag{3.10}$$

$$= \frac{1}{2} m \Omega^2 A^2 e^{-2\gamma t} \left[1 + \left(\frac{\gamma}{\Omega} \right) \sin(2(\Omega t + \phi)) + 2 \left(\frac{\gamma}{\Omega} \right)^2 \cos^2(\Omega t + \phi) \right] \tag{3.11}$$

となり，振動しながら（[ ] 内の項）減少していく（$e^{-2\gamma t}$ の項）ことがわかる。とくに，エネルギーの減少が振幅の減少 $e^{-\gamma t}$ の2乗になっており，(2.26)式が減衰振動の場合でもおおざっぱに成立していることがわかる。

(2) 抵抗力が強い場合 ($\gamma > \omega_0$)

このときには (3.6) 式の根号の中は正になるので，(3.6) 式で与えられる2つの p の値は負の実数となる。それらを $-\gamma_{\pm}$ と書くと（$\gamma_{\pm} \equiv \gamma \pm \sqrt{\gamma^2 - \omega_0^2} > 0$），(3.2) 式の一般解は，$\alpha$ と β を任意定数として，

$$z(t) = \alpha e^{-\gamma_+ t} + \beta e^{-\gamma_- t} \tag{3.12}$$

となる。α と β は初期条件によって決まる。$\gamma_+ > \gamma_-$ なので，第1項のほうが第2項よりすみやかに減少する。しかし，両方の項とも単調にゼロに

近づくから，図 3.1(b) に示すように，ばね振り子は振動せずに止まる。これを**過減衰**の状態と呼ぶ。

(3) ちょうど $\gamma = \omega_0$ の場合

このとき，(3.6) 式の p は重根になり，(3.2) 式の解は，$e^{-\gamma t}$ の 1 つしか得られない。これだけでは一般解をつくれないので，もう 1 つこれと独立な解を見出さなければならない。そこで，t の関数 $u(t)$ を考え，(3.2) 式の解の形を仮に

$$z(t) = u(t)e^{-\gamma t} \tag{3.13}$$

と置いて，(3.2) 式を満たす $u(t)$ を決めることができるかどうか試みる。(3.13) 式を (3.2) 式に代入してみると，

$$\frac{d^2 u(t)}{dt^2} = 0 \tag{3.14}$$

を得るので，すぐに $u(t)$ の関数形が決まる。つまり，α と β を任意定数として

$$u(t) = \alpha t + \beta \tag{3.15}$$

である。したがって，一般解は，

$$z(t) = (\alpha t + \beta)e^{-\gamma t} \tag{3.16}$$

となる。図 3.1(c) に示すように，この場合も過減衰と同様に振動せずに減衰してしまう。この場合は，減衰振動と過減衰の間のちょうど境目の状態であり，**臨界減衰**，または**臨界制動**と呼ばれる。過減衰や減衰振動の場合に比べて，振動がおさまるのがこのとき最も速い。この現象は，自動車のサスペンションや顕微鏡の除振台など，振動を有効に抑える装置の設計に利用されている。

3.2　電気回路での減衰振動

図 2.5 の LC 回路に抵抗 R を直列に入れた場合が図 3.2 である。図 2.5 の場合と同様に，はじめにコンデンサーを充電しておき，スイッチ S を切り替えて LCR 回路に電流を流す。スイッチを切り替えてから時間 t だけ経過した後では，コンデンサーの両端の電圧は $Q(t)/C$ であり，これが

コイルでの逆起電力 $L\dfrac{\mathrm{d}I(t)}{\mathrm{d}t}$ と抵抗での電圧降下 RI の和に等しいから

$$L\frac{\mathrm{d}I(t)}{\mathrm{d}t} + RI = \frac{Q(t)}{C} \tag{3.17}$$

と書ける。一方，$I = -\mathrm{d}Q(t)/\mathrm{d}t$ であるので，

$$L\frac{\mathrm{d}^2 Q(t)}{\mathrm{d}t^2} + R\frac{\mathrm{d}Q(t)}{\mathrm{d}t} + \frac{Q(t)}{C} = 0 \tag{3.18}$$

となる。この微分方程式は (3.2) 式と同じ形になるので，電荷 $Q(t)$，そして電流 $I(t)$ も今まで述べてきた抵抗力のあるばね振動子と同様の時間変化をする。つまり，γ に相当する $R/2L$ と ω_0 に相当する $1/\sqrt{LC}$ の値の大小関係によって，減衰振動または過減衰，あるいは臨界減衰の状態が電荷や電流に見られる。最初にコンデンサーに蓄えられたエネルギーは，コンデンサーとコイルの間を行き来している間に，抵抗のところでジュール熱として徐々に失われてしまうので減少する。

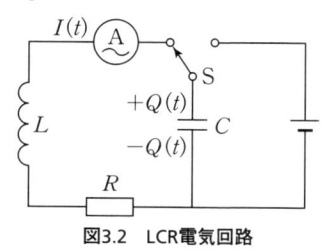

図3.2 LCR電気回路

例題3.1 電気エネルギーの放出

図 3.2 において，$C = 10\,\mathrm{mF}$，$L = 10\,\mathrm{mH}$ のとき，最も速く電気エネルギーを熱エネルギーとして放出するには，抵抗値 R をいくらにすればよいか。また，R がその値の半分のとき，熱エネルギー発生率はどの程度低下するか。

解　$\gamma = R/2L, \omega_0 = 1/\sqrt{LC}$ だから，臨界減衰の条件 $\gamma = \omega_0$ より，$R = 2L/\sqrt{LC} = 2\,\Omega$ にすればよい。このとき，(3.11) 式より，エネルギーの減衰率 2γ は $200\,\sec^{-1}$，よって，$5\,\mathrm{msec}$ でエネルギーは $1/e$ になる。$R = 1\,\Omega$ のときには，$2\gamma = 100\,\sec^{-1}$ なので，エネルギーが $1/e$ になるには $10\,\mathrm{msec}$ かかる。つまり，熱エネルギーの発生率は $1/2$ になる。　■

章末問題

3.1 減衰ばね振動子
質量 $m = 0.2\,\mathrm{kg}$ の物体が，ばね定数 $\kappa = 80\,\mathrm{N/m}$ のばねに吊り下げられている。この物体の運動には，速度 v に比例する抵抗力 $-bv$ がはたらく（$b > 0$）。

(1) この系の振動を表す運動方程式を立てよ。

(2) このときに振動数が，抵抗力のない場合の振動数の $\sqrt{3}/2$ 倍であるという。定数 b の値はいくらか。

(3) この系の Q 値はいくらか。Q 値とは抵抗力がない場合の固有振動数を ω_0 としたとき，抵抗力によって振動の振幅が $\exp(-\gamma t)$ のように時間 t に対して減衰する場合，Q 値 $= \omega_0/2\gamma$ と定義される。Q 値が大きいほど，減衰しにくい振動系であることを意味する。

(4) 物体が 10 回振動した後，振幅はどれだけ減衰するか。

3.2 エネルギーの減衰
(1) ピアノの中央の C 鍵（$256\,\mathrm{Hz}$）を叩いたとき，振動のエネルギーは約 1 秒で最初の値の半分に減少する。この系の Q 値を求めよ。

(2) 1 オクターブ高い鍵（$512\,\mathrm{Hz}$）を叩いたとき，エネルギーの減少率は (1) と同じであった。この系の Q 値はいくらか。

3.3 振動する電子からの電磁波の放射
古典電磁気学の理論によると，加速度 $a\,[\mathrm{m/s^2}]$ を持つ電子は，毎秒 Ke^2a^2/c^3 のエネルギーを電磁波として放射する。ここで，定数 $K = 6 \times 10^9\,\mathrm{N\cdot m^2/C^2}$ であり，e は電気素量 (C)，c は光速度 (m/s) である。たとえば，金属に光を照射すると，その光の振動電場によって金属内の電子がその振動数で揺さぶられて加速度を持つ。その結果，その振動電子は入射光と同じ振動数の電磁波を放射する。これが金属による電磁波の反射である。

(1) 電子が振動数 $\nu\,[\mathrm{Hz}]$，振幅 A で振動しているとすれば，1 周期の間にどれだけのエネルギーを電磁波として放射するか。ただし，放射によるエネルギー損失は少ないので，1 周期の間では電子の位

置はつねに $\sin 2\pi\nu t$ で振動しているとしてよい。
(2) この振動子の Q 値はいくらか。
(3) 電子の運動エネルギーが最初の値の半分になるまでに，何周期の振動をするか。
(4) 可視光の振動数はおよそ 5×10^{14} Hz である。このとき，電子のエネルギーが最初の値の半分になるまでの時間を計算せよ。

3.4 クーロン摩擦による減衰振動

図 3.3(a) に示すように，ばね振動子のおもりと床に摩擦がはたらく場合を考える。このときの摩擦による抵抗力は，おもりの速度によらずに一定値 F となる。しかし，つねに速度と逆向きにはたらくので，図 3.3(b) のようになる。このような摩擦をクーロン摩擦，あるいは固体摩擦とか乾燥摩擦という。このときの運動方程式を立て，それを解いて減衰振動の様子を解析せよ。初期条件は，$t = 0$ のとき，$x(0) = x_0$（> 0）で静止した状態から振動が始まったとする。

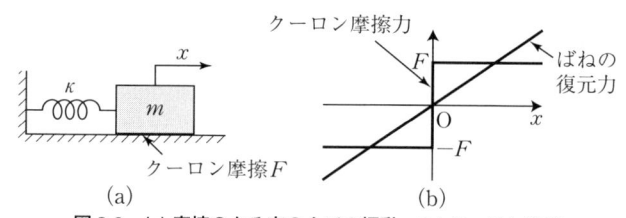

図 3.3 (a) 摩擦のある床の上での振動　(b) クーロン摩擦

第 4 章

振動に合わせて力を振動子に加えると振幅が大きくなる。しかし，力を加えるタイミングが合わないと振幅は大きくならない。何が違うのだろうか。

強制振動と共振

　今まで見てきたように，何もしないと抵抗力のために振動は減衰してやがて止まってしまう。振動を持続するには外から力を加えなければならない。しかし，無造作に力を加えるだけでは，振動をむしろ妨げてしまうことにもなる。振動に「合わせて」タイミングよく力を加えなければ振動を持続することができないことは直感的にわかるであろう。夏祭りの夜店で買った水ヨーヨー風船をうまく振動させるにはタイミングよく，しかも特定の周期で手を振動させる必要がある。このように，周期的な外力を与えて振動させることを「励振」するといい，その結果，持続する振動を**強制振動**という。

4.1　強制単振動

　水ヨーヨー風船をモデル化するため，図2.1 のばね振動子の支点を周期的に上下に振らせることを考えてみる。図 4.1 に示したように，ばね定数 κ のばねに静かにおもりを吊るして平衡状態になった位置を，鉛直上向きにとった z 軸の原点とする。平衡

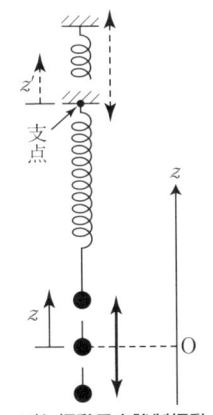

図4.1　ばね振動子を強制振動させる

第 4 章　強制振動と共振

状態から支点を z' だけ変位させたときのおもりの変位を z とする。そうすると，ばねの縮みは $z - z'$ なので，復元力は $-\kappa(z - z')$ となる。よって，おもりの運動方程式は，(3.1) 式と同様に速度に比例する抵抗力も入れると，

$$m \frac{\mathrm{d}^2 z}{\mathrm{d}t^2} = -\kappa(z - z') - b \frac{\mathrm{d}z}{\mathrm{d}t} \tag{4.1}$$

となる。今，支点を $z' = c \cdot \cos \omega t$ と振幅 c，振動数 ω で振らせたとする。そうすると，上式は，

$$m \frac{\mathrm{d}^2 z}{\mathrm{d}t^2} = -\kappa z - b \frac{\mathrm{d}z}{\mathrm{d}t} + \kappa c \cdot \cos \omega t \tag{4.2}$$

と書ける。右辺第 1 項がばねの復元力であり，第 2 項が抵抗力，第 3 項が外から加わった力といえる。ここで (2.7) 式で定義されるばねの固有振動数 $\omega_0 = \sqrt{\kappa/m}$ と，$\gamma = b/2m$，$F = \kappa c$ と書くと，上式は，

$$\frac{\mathrm{d}^2 z}{\mathrm{d}t^2} + 2\gamma \frac{\mathrm{d}z}{\mathrm{d}t} + \omega_0^2 z = \frac{F}{m} \cos \omega t \tag{4.3}$$

と整理される。

　この微分方程式を，複素数を使って解いてみる。z はおもりの位置を表すので実数であるが，まず，右辺の余弦関数の代わりに $e^{i\omega t}$ と書いた方程式

$$\frac{\mathrm{d}^2 z}{\mathrm{d}t^2} + 2\gamma \frac{\mathrm{d}z}{\mathrm{d}t} + \omega_0^2 z = \frac{F}{m} e^{i\omega t} \tag{4.4}$$

を解き，その解 z の実部をとれば (4.3) 式の解となっているはずである。ここで，長い時間が経過したとき，z は振動数 ω で振動するはずだから，(4.4) 式の解を A と α を任意定数として

$$z = A \cdot e^{i(\omega t - \alpha)} \tag{4.5}$$

と置く。これを (4.4) 式に代入すると

$$(\omega_0^2 - \omega^2)A + 2\omega \gamma A i = \frac{F}{m} e^{i\alpha} \tag{4.6}$$

となる。この実部および虚部がそれぞれ等しいので，

$$\text{実部}: (\omega_0^2 - \omega^2)A = \frac{F}{m} \cos \alpha \tag{4.7}$$

$$\text{虚部}: 2\omega \gamma A = \frac{F}{m} \sin \alpha \tag{4.8}$$

が成り立つ。この連立方程式をAとαについて解くと

$$\alpha = \arctan \frac{2\omega\gamma}{\omega_0^2 - \omega^2} \tag{4.9}$$

$$A = \frac{F/m}{\sqrt{(\omega_0^2 - \omega^2)^2 + (2\gamma\omega)^2}} \tag{4.10}$$

が得られる。よって，ここで与えられるAとαを使って，(4.3)式の長い時間が経過したときの解は，

$$z = A\cos(\omega t - \alpha) \tag{4.11}$$

と書ける。つまり，振動数ωで強制的に振動させているので，おもりも同じ振動数で振動するが，その振幅Aは，実はωの値によってずいぶん違う。(4.10)式から振幅Aをωの関数としてグラフ化してみると，図4.2(a)となる。外力の振動数ωがばねの固有振動数ω_0に近いと，振幅が大きくなることがわかる。この現象を**共振**という。固有振動数とまったく異なる振動数で力を加えても振幅は小さいままで，つまりほとんど振動しないことがわかる（共振していない，という）。水ヨーヨー風船をうまく振動させる子どもは，その固有振動数をすぐに感知して，その振動数で手を上下させているのである。逆に自動車のサスペンションは，道路の凸凹に対応する振動数の振動にまったく共振しない固有振動数を持つ。つまり，共振を避けているので人体に振動があまり伝わらないようになっている。

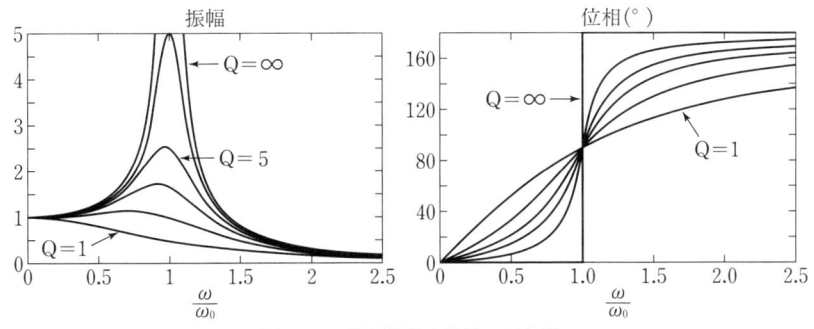

図4.2　(a)強制振動の振幅　(b)位相

また，このグラフは，

$$Q = \frac{\omega_0}{2\gamma} \tag{4.12}$$

で定義される **Q 値**をパラメーターとして，いくつかの Q 値について描いている．定義式 (4.12) 式からわかるように，Q 値とは，おおざっぱにいって，振動子のエネルギー（ω_0 の 2 乗に比例）と 1 周期の間に散逸するエネルギー（γ に比例）の比である．よって，抵抗力が小さくて γ が小さな値のときには Q 値は大きくなり，共振のピークは鋭くなる．逆に抵抗力が大きくてエネルギー散逸の割合が大きい場合には γ の値が大きく，その結果 Q 値が小さくなる．その場合には共振ピークはそれほど鋭くない．

(4.9) 式で与えられる位相 α を ω の関数としてグラフにすると，図 4.2(b) となる．$\omega < \omega_0$ のとき，α はおよそゼロになる．つまり，支点の動きと同位相でおもりが振動する．$\omega > \omega_0$ のときには，α はほぼ 180° になる．つまり，支点とおもりは逆位相に振動するので，支点が鉛直下方に向かっているとき，おもりは上方に向かって動いている．

今考えているような，抵抗（減衰）のある振動系の振動を継続させるために系に投入されるパワーを考えることによって，Q 値の物理的理解が深まる．この系の定常な振動を維持するには，抵抗力によって消費されるエネルギーを補給すべく外力によるエネルギー供給が必要である．そのパワー P は，単位時間当たりに抵抗力（$b \cdot dz/dt$）に逆らってする仕事である．単位時間当たりに移動する距離は dz/dt なので，(4.11) 式から

$$P = b \frac{dz}{dt} \cdot \frac{dz}{dt} \tag{4.13}$$

$$= bA^2\omega^2 \sin^2(\omega t - \alpha) \tag{4.14}$$

よって，時間平均すると $\sin^2(\omega t + \alpha)$ は 1/2 になるので，(4.10) 式も利用して

$$\langle P \rangle = \frac{1}{2} bA^2\omega^2 = \frac{b}{2}\left(\frac{F}{m}\right)^2 \cdot \frac{1}{(\omega - \omega_0^2/\omega)^2 + (2\gamma)^2} \tag{4.15}$$

となる．これは，図 4.3 に示すように，$\omega = \omega_0$ にピークを持つほぼ対称的な形をとる．$\langle P \rangle$ がピーク値の半分の値をとるとき，$(\omega - \omega_0^2/\omega)^2 + (2\gamma)^2 = 2(2\gamma)^2$ となるから，この解を ω_+，ω_- とすると，

$$2\gamma\omega_\pm = \pm(\omega_\pm^2 - \omega_0^2) \quad (\text{複号同順}) \tag{4.16}$$

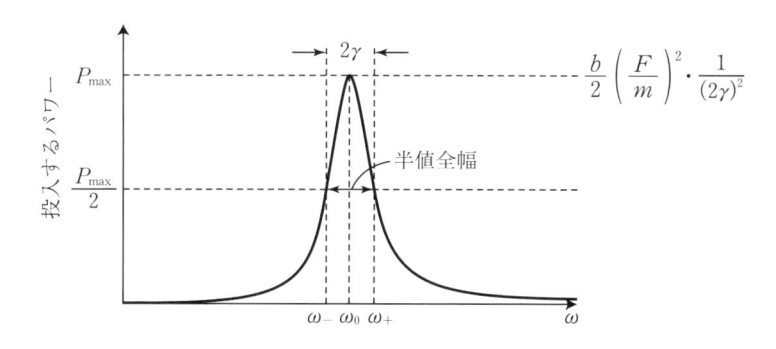

図4.3 パワー吸収の時間平均を描いたグラフ

となり，これを解くと，
$$2\gamma = \omega_+ - \omega_- \tag{4.17}$$
となる．すなわち，2γ はパワー曲線の半値全幅に相当する．抵抗力が小さく，$\gamma \ll \omega_0$ の場合，(4.16) を $\omega_\pm$ の2次方程式とみなして解き，近似すると，
$$\omega_\pm \approx \omega_0 \pm \gamma \quad (\text{複号同順}) \tag{4.18}$$
を得る．

よって，$\omega = \omega_0$ で最大のパワーの投入が必要となり，共振からはずれるとパワーはそれほど必要なくなる．Q 値が低いと（γ が大きいと），鋭い共振は得られず，振幅および振動のエネルギーはそれほど大きくならない．それは，抵抗力によるエネルギーの散逸が速いので，系にエネルギーがあまり蓄積されないためである．また，外力を加えるのを止めたとき，すぐに振動が減衰する．Q 値が高いと鋭い共振が得られ，大きな振幅になると同時に大きなパワー投入が必要となる．この場合，外力を切ってもなかなか振動が止まらない．**共振が鋭く振幅が大きい場合，小さなパワーで振動が維持されているわけではない**．やはり大きなパワーの投入が必要なのである．

抵抗力がない場合（$\gamma = 0$），図 4.2(a) が示すように，$\omega = \omega_0$ で振幅が無限大になる．つまり，外力がする仕事が振動エネルギーに蓄積され，抵抗がないのでそのエネルギーは散逸されず，どんどん大きくなって無限大になるのである．もちろん現実には $\gamma \neq 0$ なので，外力がする仕事と散逸

第4章　強制振動と共振

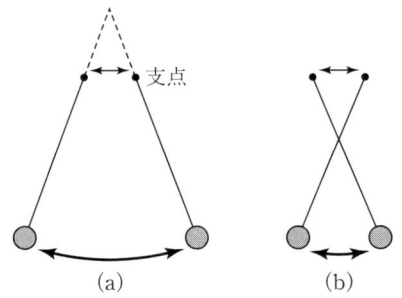

図4.4 単振り子の強制振動　(a) $\omega < \omega_0$ の場合　(b) $\omega > \omega_0$ の場合

するエネルギーがつり合って定常状態になるので，振幅が無限大になることはない。

単振り子を強制振動させるには，図4.4のように，支点を左右に振らせる。ばね振動子と同様に，支点を振らせる振動数 ω と単振り子の固有振動数 ω_0 との大小関係によって，現象が違ってくる。$\omega < \omega_0$ の場合，図4.4(a) に示すように支点の動きと同位相でおもりが振れる。$\omega > \omega_0$ の場合，(b) に示すように支点の動きと逆位相でおもりが振れる。$\omega \approx \omega_0$ のときには共振が起こって，支点の振り幅が小さくても，おもりの振れの振幅が大きくなる。

4.2　過渡現象

減衰振動の運動方程式 (3.2) 式は，強制振動 (4.3) 式の右辺 $= 0$ の場合である。よって，減衰振動の解 (3.9) 式を，長い時間が経過したときの強制振動の解 (4.11) 式に加えたとしても，それは (4.3) 式を満たす。よって，(3.9) 式と (4.11) 式の和

$$z = A\cos(\omega t - \alpha) + Be^{-\gamma t}\cos(\Omega t + \beta) \qquad (4.19)$$

は，2つの任意定数 B と β を含むので，微分方程式 (4.3) の一般解である。ただし，$\Omega = \sqrt{\omega_0^2 - \gamma^2}$ である。A および α は (4.10) 式と (4.9) 式で決まっているが，B と β は初期条件で決まる任意定数である。第2項は指数関数的に振幅が減衰するので，はじめは $\Omega (\approx$ 固有振動数 $\omega_0)$ の振動数で振動する成分があるが，その成分は次第に減衰してしまい，長い時間が経過

すると，右辺第2項はほとんど寄与せずに，第1項のみが残る。つまり，振動子は，その固有振動数にかかわらず，周期的外力の振動数 ω で振動し続けるのが定常状態となる。一般に，このような運動状態の変遷を過渡現象という。

例題4.1　強制減衰振動

強制減衰振動の一般解 (4.19) 式で，初期条件を $t=0$ で $z=0$ および $dz/dt=0$ とする。抵抗力は十分小さい ($\gamma \ll \omega_0$) として，外力による駆動角振動数 ω が固有角振動数 ω_0 にごく近い ($\omega \approx \omega_0$) ときの振動の様子を解析せよ。

解　初期条件より

$$A\cos\alpha + B\cos\beta = 0 \tag{4.20}$$
$$A\omega\sin\alpha - B(\gamma\cos\beta + \Omega\sin\beta) = 0 \tag{4.21}$$

(4.21) 式は，$\gamma \ll \omega_0$ より，$A\sin\alpha - B\sin\beta = 0$ と近似できるので，(4.20) 式と合わせると，$A=B$，および $\beta = \pi - \alpha$ となることがわかる。よって，(4.19) 式は

$$z(t) = A(1-e^{-\gamma t})\cos(\omega t - \alpha) \tag{4.22}$$

となる。つまり，図4.5に示すように，振幅がゼロから徐々に大きくなり，一定値 A に近づいていく。この場合には，強制振動による振動と逆位相で振動する成分が消えていくので，振幅がゼロから徐々に大きくなって一定値に近づいていくのである。振動させようとすると，それに抗する慣性がはたらくので，このような現象が起きる。■

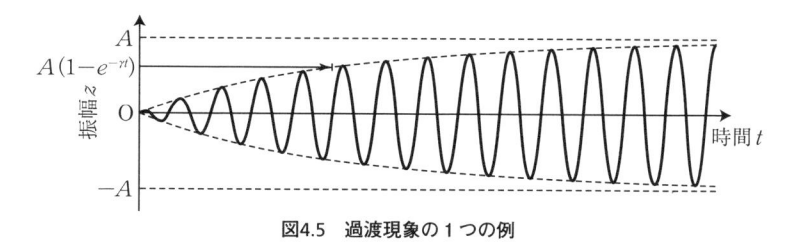

図4.5　過渡現象の1つの例

4.3　電気共振

図3.2のLCR回路に，交流電圧 $V_{in} = V_0\sin(\omega t)$ を印加した場合が図

第 4 章 強制振動と共振

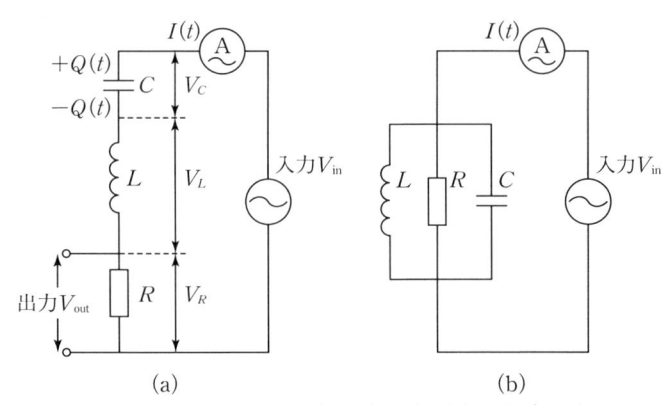

図4.6 LCR共振回路 (a)直列共振回路 (b)並列共振回路

4.6(a) に示されている。時刻 t の瞬間を考える。コンデンサーに蓄えられている電荷を $Q(t)$ と書くと、そのときに回路を流れる電流は、$I(t) = -dQ(t)/dt$ なので、コンデンサー、コイル、および抵抗の両端の電圧 V_C, V_L, V_R は次のように書ける。

$$V_C(t) = \frac{Q(t)}{C}, \quad V_L(t) = L\frac{dI(t)}{dt}, \quad V_R(t) = RI(t) \quad (4.23)$$

これらの総和が印加した電圧 V_{in} に等しいので、

$$L\frac{dI(t)}{dt} + RI(t) - \frac{Q(t)}{C} = V_0 \sin(\omega t) \quad (4.24)$$

と書ける。コンデンサーの電圧だけ負号がつくのは、(3.17)式と同じ理由による。この両辺を t で微分すると、

$$\frac{d^2 I(t)}{dt^2} + \frac{R}{L}\frac{dI(t)}{dt} + \frac{1}{LC}I(t) = \frac{V_0 \omega}{L}\cos(\omega t) \quad (4.25)$$

これは、(4.3)式と同じ形をしているので、回路に流れる電流 $I(t)$ は前節で述べた強制振動と同じ振る舞いをする。つまり、この電気回路の「固有振動数」は $\omega_0 = 1/\sqrt{LC}$ と書け、印加した交流電圧の振動数 ω と ω_0 との大小関係によって、図 4.2 に示すような電流 $I(t)$ の共振現象が起きる。このときの Q 値は

$$Q = \frac{\omega_0}{2\gamma} = \frac{1}{R}\sqrt{\frac{L}{C}} \quad (4.26)$$

となる。$I(t)$ が最大のときに出力電圧 V_{out} も最大になる。

このような共振回路はさまざまな用途に使われている。ラジオで放送局を選局することを考えてみる。この場合，V_in はアンテナが受信した電波による交流電圧であり，各放送局に対応するいくつもの異なる周波数を含んだ交流電圧となる。そのとき，コンデンサーの静電容量を調節して（静電容量を変えられるコンデンサーをバリコン (variable condenser) という），回路全体がある周波数 ω_0 の成分に共振するように設定する。そうすると，この回路に流れる電流は図 4.2 のように ω_0 の周波数の電流成分が支配的となり，1 つの放送局だけを選択したことになる。これにスピーカーをつなげた場合，それは抵抗 R とみなせるので，出力電圧 V_out は特定の放送局の信号のみにできる。AM (amplitude modulation) 放送の場合，その放送局の ω_0 の交流電圧の振幅の変調として音の情報を載せているので，それを測定して音声を再現している（復調という。詳細は 8.1 節）。

例題4.2 並列共振回路

　図 4.6(b) に示す並列共振回路に交流電圧 $V_\text{in} = V_0 \sin(\omega t)$ を印加した場合，回路に流れる電流 $I(t)$ を求めよ。

解　電流 I は 3 つに分かれて，コイル，抵抗，およびコンデンサーを流れるので，それぞれの電流を I_L, I_R, I_C とすると，$I = I_L + I_R + I_C$ と書ける。それぞれの電流は

$$I_L = \int_0^t \frac{V_\text{in}}{L} \, dt, \quad I_R = \frac{V_\text{in}}{R}, \quad I_C = \frac{dQ(t)}{dt} = C \frac{dV_\text{in}}{dt} \tag{4.27}$$

と書ける。よって全電流は，$V_\text{in}(t) = V_0 \sin(\omega t)$ と具体的に入れて計算すると，

$$I(t) = \int_0^t \frac{V_\text{in}}{L} \, dt + \frac{V_\text{in}}{R} + C \frac{dV_\text{in}}{dt} \tag{4.28}$$

$$= \left[\frac{V_0}{L\omega}(1 - \cos \omega t) \right]_0^t + \frac{V_0}{R} \sin \omega t + C\omega V_0 \cos \omega t \tag{4.29}$$

$$= V_0 \left(C\omega - \frac{1}{L\omega} \right) \cos \omega t + \frac{V_0}{R} \sin \omega t + \frac{V_0}{L\omega} \tag{4.30}$$

$$= V_0 \sqrt{\left(C\omega - \frac{1}{L\omega} \right)^2 + \left(\frac{1}{R} \right)^2} \sin(\omega t + \alpha) + \frac{V_0}{L\omega} \tag{4.31}$$

と書ける。ただし，位相のずれ α は

$$\sin\alpha = \frac{C\omega - \dfrac{1}{L\omega}}{\sqrt{\left(C\omega - \dfrac{1}{L\omega}\right)^2 + \left(\dfrac{1}{R}\right)^2}}, \quad \cos\alpha = \frac{\dfrac{1}{R}}{\sqrt{\left(C\omega - \dfrac{1}{L\omega}\right)^2 + \left(\dfrac{1}{R}\right)^2}} \tag{4.32}$$

で定義される。(4.31) 式より，$\omega = 1/\sqrt{LC}$ のときに電流の振幅が最小になる。これは図 4.6(a) 直列共振回路の場合に見た共振現象とちょうど逆現象なので，**反共振**ということもある。ω が共振角振動数より高い場合と低い場合で位相のずれ α の符号が変わるのは，図 4.2(b) と同じである。 ∎

例題 4.2 において，逆に，ω の大小にかかわらず一定の振幅の交流電流を流すためには，電源電圧の振幅 V_0 を

$$V_0 \propto \frac{1}{\sqrt{\left(C\omega - \dfrac{1}{L\omega}\right)^2 + \left(\dfrac{1}{R}\right)^2}} \tag{4.33}$$

のように，ω に合わせて変えればよい。つまり，$\omega = 1/\sqrt{LC}$ のときに電源電圧が最大になる。この場合は，強制振動を表す (4.3) 式から出てきた共振ではないが，これも一種の共振現象といえる。出力インピーダンスの非常に高い定電流電源を使えば，この並列共振現象（電圧共振）が起きる。図 4.6(a) に示した直列共振回路の場合は定電圧電源のときに起こる電流共振である。

4.4 地震計

地震計の動作原理は強制振動と密接に関係している。

図 4.7 に地震計の構造を模式的に示す（地震は上下に揺れるものとする）。地震計の箱は地面にしっかりと固定されており，地面の上下とともに揺れる。地震計の中には，ばね定数 κ のばねで質量 m のおもりが吊るされている。おもりにはペンが固定されており，記録紙におもりの位置が記録される。記録紙は地震計とともに上下するが，おもりはばねに吊るされているので，地震計とは同調せず記録紙との相対位置が変化する。その相対位置の変化を記録紙に記録している。また，記録紙は記録ドラムの回

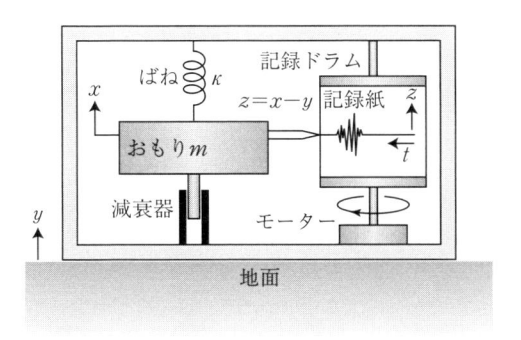

図4.7 地震計の構造

転によって一定の速さで移動しているので，その相対位置の時間変化が記録できる。

ただし，おもりの振動に抵抗力がはたらいていなければ，ひとたび地震によっておもりが振動し始めると，地震がやんでもおもりの振動が止まらず，地震の揺れに追随した記録とならない。そのために，適当な抵抗力を付加して振動を減衰させる減衰器がついている。

今，簡単のために地面の上下動のみを考えて，おもりの運動方程式を立ててみる。地震による地面の鉛直方向の変位（＝地震計の箱の変位）を y とし，そのときのおもりの鉛直方向の変位を x とする。そうすると，ばねの伸びは $y-x$ と書けるので，おもりの相対的な位置，すなわち記録紙上でのペンの変位 z は $z=x-y$ となる。おもりには，ばねによる復元力 $\kappa(y-x)$ と，減衰器による抵抗力 $b \cdot \mathrm{d}(y-x)/\mathrm{d}t$ がはたらく（b は抵抗力の係数）。よって運動方程式は (4.1) 式と同様に

$$m\frac{\mathrm{d}^2 x}{\mathrm{d}t^2} = \kappa(y-x) + b\frac{\mathrm{d}(y-x)}{\mathrm{d}t} \tag{4.34}$$

となる。これを変数 z について書き直すと，次のようになる。

$$m\frac{\mathrm{d}^2 z}{\mathrm{d}t^2} + b\frac{\mathrm{d}^2 z}{\mathrm{d}t^2} + \kappa z = -m\frac{\mathrm{d}^2 y}{\mathrm{d}t^2} \tag{4.35}$$

今，簡単のために，地面の上下動が $y(t) = A\cos\omega t$ と書ける単振動的な振動としよう。そうすると，(4.35) 式は，$b/m = 2\gamma$, $\omega_0 = \sqrt{\kappa/m}$ と記号を置き直すと，

$$\frac{d^2z}{dt^2} + 2\gamma\frac{dz}{dt} + \omega_0^2 z = A\omega^2 \cos \omega t \tag{4.36}$$

と整理される。これは強制振動の場合の (4.3) 式と同じ形になっているので，その解は (4.11) 式と同じ形に書ける。すなわち

$$z(t) = Z(\omega)\cos(\omega t + \alpha(\omega)) \tag{4.37}$$

ただし，$Z(\omega) = \dfrac{A\omega^2}{\sqrt{(\omega_0^2 - \omega^2)^2 + (2\gamma\omega)^2}}$ (4.38)

$$\alpha(\omega) = \arctan \frac{\omega\gamma}{\omega_0^2 - \omega^2} \tag{4.39}$$

となる。振幅 $Z(\omega)$ および位相 $\alpha(\omega)$ の ω 依存性は図 4.2 と同じ形になる。ここで，(4.38) 式で $Z(\omega) = A$ となれば，

$$z(t) = A\cos(\omega t + \alpha) \propto y(t) \tag{4.40}$$

となり，位相のずれ α を別にすれば，地震計の記録紙に地面の変位 y を正確に記録できることになる。(4.38) 式で $Z(\omega) = A$ とするには，地震の角振動数 ω に対して，$\omega_0 \ll \omega$ となるように，十分小さな ω_0 を持つ振動系にすればよい。つまり，m を十分大きく，κ を十分小さくすればよい（減衰を表す係数 γ はもともと小さいので $\gamma/\omega \ll 1$ としてよい）。このとき，$\alpha \approx \pi$ となる。つまり，地震計の箱が揺れても，おもりはほとんど静止しているような状態にすれば，記録紙には地震計の揺れ，つまり地面の変位を（逆位相ながら）正確に記録できることになる。

加速度計

地震計は，上述のように，変位を記録するので変位計の 1 つである。一方，自動車や飛行機のナビゲーションシステムなどに広く用いられているのが，加速度計である。それは，その名のとおり，おもりにはたらく加速度を測定するものであり，測定された加速度を時間積分することによって速度や移動距離（変位）を知ることができる。加速度計のほうが変位計より小さな装置にできるので広く用いられている。

加速度計の構造は地震計（変位計）と同じであるが，パラメーターが異なる。(4.37) 式を時間に関して 2 階微分すると，

$$\frac{d^2z(t)}{dt^2} = -\omega^2 Z(\omega)\cos \omega t = -\omega^2 z(t) \tag{4.41}$$

一方，$y(t) = A\cos\omega t$ なので，$\mathrm{d}^2 y(t)/\mathrm{d}t^2 = -\omega^2 A\cos\omega t$ である。よって，$\cos\omega t$ を消去すると，

$$z(t) = -\frac{Z(\omega)}{A\omega^2} \cdot \frac{\mathrm{d}^2 y(t)}{\mathrm{d}t^2} \tag{4.42}$$

$$= -\frac{1}{\sqrt{(\omega_0{}^2 - \omega^2)^2 + (2\gamma\omega)^2}} \cdot \frac{\mathrm{d}^2 y(t)}{\mathrm{d}t^2} \tag{4.43}$$

$$= -\frac{1}{\omega_0{}^2} \cdot \frac{1}{\sqrt{(1 - (\omega/\omega_0)^2)^2 + (2\gamma\omega/\omega_0{}^2)^2}} \cdot \frac{\mathrm{d}^2 y(t)}{\mathrm{d}t^2} \tag{4.44}$$

となる。よって，$\omega_0 \gg \omega$ のとき，根号の中は1に近づくので

$$z(t) \approx -\frac{1}{\omega_0{}^2} \cdot \frac{\mathrm{d}^2 y(t)}{\mathrm{d}t^2} \tag{4.45}$$

と書ける。つまり，記録紙に記録される変位 $z(t)$ が，今度は加速度 $\mathrm{d}^2 y(t)/\mathrm{d}t^2$ に比例することになる。$\omega_0 \gg \omega$ を満たすには，ばね定数 κ を大きくし，おもりの質量 m を小さくする。この条件は，地震計（変位計）に要求された条件と逆になっていることが興味深い。

定性的に加速度計を説明すると，ばね振り子のおもりにはたらく重力加速度 g に測定すべき加速度が加わって，おもりにはたらく実効的な力が変わるので，振動の中心位置がずれることを利用しているといってよい。だから振動の中心位置を測定するために，加速度計のばね振り子は（大きな ω_0 で）すばやく振動する必要がある。地震計（変位計）では逆に，おもりをほとんど振動しないようにしたことと対照的である。

4.5　パラメーター励振：ブランコ

ブランコに乗って遊ぶとき，後ろから背中を押してもらって振り幅を大きくすることは，振動に合わせて外力を加えていることになるので，これは，4.1節で習った強制振動である。しかし，他の人の力を借りることなく，自力でブランコを漕いで振り幅を大きくすることもできる。この場合には，外部から力を受けていないので強制振動ではない。それでは，なぜブランコは漕げるのだろうか。

実は，「立ち乗り」でブランコを漕いでいる子どもを横からよく観察すると，図 4.8(a) に示すように，ブランコの揺れに合わせて膝を屈伸させ，

重心を上下させていることがわかる。つまり，最下点Cで重心を最も低くし，最上点AとFで重心を最も高くする。しかも行きと帰りで同じ道筋を通らない。この様子は，振り子の長さLが周期的に変化する単振り子として考えることができる。この膝の屈伸はブランコを1往復する間に行きと帰りで2回行うので，ブランコの振動数の2倍の振動数で振り子の長さを変化させていることになる。よって，ブランコの振動数をω_0とすると，振り子の長さは，$L(t) = L_0 + (\Delta L/2)\cos 2\omega_0 t$と書ける。ここで，$L_0$は平均の振り子の長さであり，(2.13)式より$\omega_0 = \sqrt{g/L_0}$である。$\Delta L$は，重心の移動によって変わる振り子の長さの実効的な変化分である。よって，単振り子の運動方程式(2.12)式は，

$$m\frac{d^2 x(t)}{dt^2} = -\frac{mg}{L_0[1 + (\Delta L/2L_0)\cos 2\omega_0 t]} x \quad (4.46)$$

と書き換えられる。このように，係数が定数ではなく時間的に変化する微分方程式となる。それによってブランコの振り幅が大きくなるように，振動が次第に成長する場合を**パラメーター励振**という。$\Delta L/2L_0 \ll 1$なので，テイラー展開の公式(2.31)式より

$$x \ll 1\text{のとき}, \quad \frac{1}{1+x} = 1 - x + x^2 - x^3 + \cdots \quad (4.47)$$

の第2項までをとると，(4.46)式は，

$$\frac{d^2 x(t)}{dt^2} + \omega_0^2\left(1 - \frac{\Delta L}{2L_0}\cos 2\omega_0 t\right)x = 0 \quad (4.48)$$

と書ける。これは，一般に**マシューの方程式**と呼ばれる形であり，パラメーター励振系を表す基礎的な方程式として知られているが，解は初等関数では表現できない。この式と単振動の(2.12)式とを見比べると，周期的な外力が加えられている形だが，その外力の大きさが変位xに比例するところが，4.1節で扱った強制振動とは異なる。

そこで，振り子の長さの変化を簡単化したモデルで考えてみる。つまり，図4.8(b)に示すように，おもりの位置が，A→B→C→D→F→G→C→D→Aと変化する振り子と考える。おもりが最上点Aの位置にあるときの振り子の長さが$L_0 - \Delta L/2$である。このとき，おもりをBの位置まで移動させて（つまり，膝を曲げて）振り子の長さを$L_0 + \Delta L/2$に伸ばす。その状態でCまで振らせ，Cで突然おもりの位置をDに変えて（つ

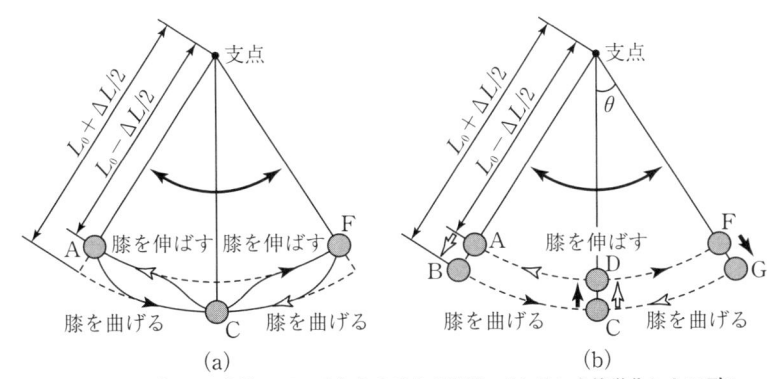

図4.8 (a) ブランコを漕いでいるときの重心の移動　(b) それを簡単化したモデル

まり，膝を伸ばして）振り子の長さを $L_0 - \Delta L/2$ に縮める．そして，その状態でFまで振らせる．今度はFでおもりの位置をGに変えて振り子の長さを $L_0 + \Delta L/2$ に伸ばしてCまで振らせる．またここで，おもりの位置をCからDに変えてAまで振らせて元に戻る．

この1周期で，ブランコに乗っている子どもが重力に対してする仕事を考えてみる．振り子の長さが変わらないときには2.3節で学習したように，力学的エネルギーは保存されるので，振り子の長さが変わるときのみエネルギーの変化が起こる．C→Dにおもりの位置を変えるとき，$mg\Delta L$ の仕事をするので（m はおもりの質量），ブランコのエネルギーはこの量だけ増加することになる．この動作が1周期に2回あるので，$2mg\Delta L$ だけエネルギーが増加する．しかし，A→Bにおもりの位置を変えると，$mg\Delta L\cos\theta$ だけ位置エネルギーを失ってしまう．ここで θ は振り子の振幅に対応する振れの角度である．F→Gのときにも同様にエネルギーを失う．よって，差し引き，ブランコのエネルギーは1周期当たり

$$\Delta E = 2mg\Delta L(1 - \cos\theta) \tag{4.49}$$

だけ増加する．これはつねに正なので，この動作を続けると，ブランコのエネルギーはどんどん大きくなり，振り幅が大きくなっていく．これが，ブランコを漕げる理屈である．最下点付近で膝を伸ばし，最上点付近で膝を曲げる漕ぎ方が一番効率がいい．ただし，最下点付近では速度が最大になるので大きな遠心力がはたらき，そこで膝を伸ばすためには大きな力が

(4.49) 式を見ると，$\theta = 0$ のとき，つまりブランコが静止しているときには，その上で膝を屈伸させてもエネルギーは増加しない，つまり，ブランコは漕げない。θ がゼロでない状態から始めないとブランコは漕げない。θ が小さいとき，つまり，振り幅が小さいときにはエネルギーはあまり増加しないが，振り幅の増加とともにエネルギーの増加も大きくなる。このように，ブランコに乗っている人が，タイミングよく膝を曲げ伸ばしすることによって重力に対して仕事をし，それによってブランコのエネルギーが増加するのである。

ここまでは抵抗を考えていなかった。実際のブランコでは支点での摩擦や空気抵抗のため，抵抗を受けながら運動する。それを速さに比例する抵抗力とすると，(4.48) 式は次の形に変形できる。

$$\frac{d^2 x(t)}{dt^2} + 2\gamma \frac{dx}{dt} + \omega_0^2 x = x \cdot \frac{\Delta L}{2L_0} \cos 2\omega_0 t \tag{4.50}$$

左辺第 2 項が抵抗力を表す。この式と強制振動の (4.3) 式を見比べると，パラメーター励振では，強制振動の外力に相当する右辺に振幅 x が入っているところが違うが，式の形が似ているので強制振動の場合と同様な現象が起きる。つまり，外力に相当する力が $2\omega_0$ の振動数を持つので，4.1 節で見たような共振が起こって振幅が大きくなる。適切な振動数で膝の屈伸運動をしないと共振は起きず，ブランコを漕ぐことはできない。子どもは，練習を重ねて ω_0 を体で感じとり，共振を起こすような膝の屈伸運動のタイミングをマスターするのである。

4.6 　　自励発振：バイオリン

強風のときに電線が振動してヒューという音を発したり，風に旗がパタパタとはためいたり，電車のブレーキによってキーキーという音が出たりするなど，いくつかの現象で見られるように，振動的でない外力がはたらくことによって振動が起こることを**自励発振**という。これは 4.1 節で習った周期的な外力が加えられて起こる強制振動とも異なるし，前節で述べたパラメーター励振現象とも異なる。一定の外力がはたらいているにもかか

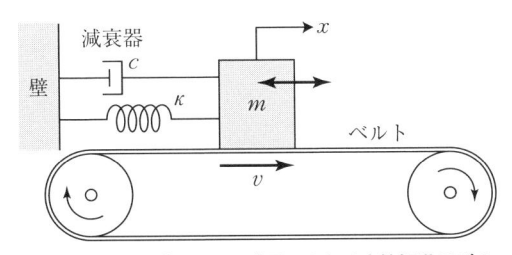

図4.9 自励発振系としてよく用いられる摩擦振動モデル

わらず，その外力と復元力とが競合して振動的な運動を引き起こすのである。実は，バイオリンの弦を弓でこすると音が出るのも，この自励発振の一例である。

図4.9は，自励発振を起こしやすい例として知られる摩擦振動モデルである。一定速度vで水平に走行するベルトの上に，質量mのブロックが置かれている。このブロックは，ばね定数κのばねによって壁につながれている。現実のばねには，摩擦力以外に，振動を減衰させる抵抗力がはたらくので，それを減衰器として表現している。つまり，ブロックの位置座標をxとすると，ブロックの速度dx/dtに比例して抵抗力$-c\cdot dx/dt$がはたらく。ブロックとベルトの接触面では摩擦力がはたらくので，その静止摩擦係数をμ_0と書く。ブロックのベルトに対する相対速度がuのときの動摩擦係数μを，簡単のために，bを定数として$\mu = \mu_0 - bu$とする。普通，動摩擦係数の方が静止摩擦係数より小さいので$b>0$である。ブロックの相対速度は$u = dx/dt - v$と書ける。よって，ブロックの運動方程式は

$$m\frac{d^2x}{dt^2} = -\kappa x - c\frac{dx}{dt} - mg\left\{\mu_0 - b\left(\frac{dx}{dt} - v\right)\right\} \quad (4.51)$$

となる，右辺第1項がばねによる力，第2項が減衰器による抵抗力，第3項がベルトとの間の摩擦力である。これを整理すると，

$$m\frac{d^2x}{dt^2} + (c - mgb)\frac{dx}{dt} + \kappa x = -mg\mu_0 + mgbv \quad (4.52)$$

となる。右辺は定数なので，$X = x - mg(bv - \mu_0)/\kappa$と$x$軸の原点をずらすと，この式は

$$\frac{d^2 X}{dt^2} + \left(\frac{c - mgb}{m} \right) \frac{dX}{dt} + \frac{\kappa}{m} X = 0 \tag{4.53}$$

と書き換えられる。これは，減衰振動の (3.2) 式と同じ形（右辺が 0）をしている。つまり，$c - mgb > 0$ のときは振動が減衰してしまい，持続的な振動現象は見られない。(3.9) 式で $\gamma > 0$ の場合に相当する。しかし，$c - mgb < 0$ のときは，逆に振動が徐々に大きくなる。(3.9) 式で $\gamma < 0$ の場合に相当するからである。もちろん振幅が無限大まで成長する前に系が破壊されるか，抵抗力が増大してある一定の振幅で落ち着いて，その振幅で振動が持続するかのどちらかの現象をとる。後者の場合が自励発振である。$c = mgb$ のときがこの自励発振が起きる限界である。

これらの条件は，たとえばブロックの質量 m を変えてみると直感的に理解できる。つまり，m が十分小さいときには $c - mgb > 0$ となり，おもりは減衰振動をしながら $x = mg(bv - \mu_0)/\kappa$ の一定値に近づいて，最終的にはそこで静止する。ベルトは一定速度で動いているが，ベルトからの摩擦力とばねから受ける力がつり合って一定位置を保つ。しかし，m が十分重い場合には $c - mgb < 0$ となりうる。その場合，おもりはベルトによって右向きに移動させられた後，ばねによって引き戻され，また，ベルトによって右向きに移動させられ，…という周期運動，すなわち振動を持続することになる。このときの角振動数は (3.7) 式で与えられ，

$$\omega = \sqrt{\frac{\kappa}{m} - \left(\frac{c - mgb}{2m} \right)^2} \tag{4.54}$$

と書ける。$c = mgb$ のとき，(4.53) 式は単振動の式になるので，$\omega_0 = \sqrt{\kappa/m}$ の角振動数で単振動をする。

この摩擦振動モデルは，バイオリンの弦の振動に適用できる。つまり，ブロックとばねが弦に相当し，それに弓を押し当ててこすることが，一定速度で動くベルトで摩擦力を与えていることに相当する。だから，バイオリンの弦を鳴らして音を持続的に出すためには，ある程度の力で（十分大きな m に相当する力で）弓を弦に押し付けてこすらなければならない。また，弓に松やにを塗ったかどうかが，動摩擦係数を表す係数 b に効いてくる。また，おもしろいことに，(4.54) 式で与えられる振動数はベルトの速度 v によらない。つまり，音の高さは，バイオリンを弾くときに弓を

動かす速度によらないことがわかる。音の高さはκやm，つまり，弦の張りの強さや質量，それにb，つまり弓と弦との摩擦係数に依存する。弓を動かす速度，つまりベルトの速度vは，弦（図4.9ではブロック）をどれだけ大きく変位させるかを決めるので，自励発振の振幅に関係してくる。つまり，音の大きさを決める。こする速度が速いほど大きな振幅の振動になるので，大きな音が出る。

10分補講

水晶振動子とクォーツ時計

ある結晶に力を加えると結晶の表面に電荷が生じ，反対に，その結晶の表面に電圧をかけると歪んで変形するという現象が起きる。この現象を**圧電効果**といい，この効果を示す物質を圧電体，または圧電素子，**ピエゾ素子**と呼ぶ。スピーカーの振動板を振動させて電気信号を音に変換するのに用いたり，逆にマイクに使って音圧を電気信号に変換したりするのに使われている。また，最近では高架橋などの振動を利用して発電する「振動発電」にも用いられている。

水晶も圧電素子の一種である。交流電圧を印加すると，変形が連続的に起こって振動するが，水晶の形や大きさによって決まる固有振動数の交流電圧を印加すると，共振して最も大きな振幅で振動する。水晶はエネルギーの散逸が少なく，その共振のQ値が極めて大きいのが特徴である。これを利用して，一定の振動数の交流電流・電圧を得るために，水晶振動子を用いた発振回路をつくることができる。そのようにして一定周波数で発振させて，それをもとに時間経過を計測するのがクォーツ時計である。クォーツ時計では，通常32,768 Hz（$= 2^{15}$ Hz）の振動数で発振させており，この周波数を電子回路で2倍，4倍，8倍，…と周波数を下げていくと，ちょうど1秒の周波数が10^{-6}秒程度の精度で得られる。共振のとき，水晶振動子はコイルと同じはたらきをするので，たとえば，図4.6のコイルの代わりに水晶振動子を入れて共振・発振回路がつくられる。つま

り，水晶は，その振動の機械的エネルギーとコンデンサーに蓄えられる電気的エネルギーとの間で，エネルギーのやりとりをして振動を持続するのである．

クォーツ時計が発明される以前は振り子時計が広く用いられていた．2.7 節で述べたように，ガリレオが発見した振り子の等時性によって，一定の時間間隔を刻むために振り子が用いられてきたが，外からの擾乱（ゆさぶり）に弱く，持ち運びに不便なため，代わってクォーツ時計が腕時計などとして広く普及している．ちなみに，振り子時計を発明したのは，10.4 節で習うホイヘンスの原理を発見したホイヘンスである．

章末問題

4.1 ばね振動子の強制振動

質量 0.2 kg のおもりが，ばね定数 80 N/m のばねに吊り下げられている．このおもりの速度を v とすると，それに比例する抵抗力 $-bv$ がはたらく．ここで，$b = 4$ N·s/m である．
(1) このばね振動子に駆動外力がはたらかないときの，自由振動の周期を求めよ．
(2) このおもりに $F(t) = F_0 \sin \omega t$ の駆動外力がはたらいているとき，定常状態での振動の振幅はいくらか．ただし，$F_0 = 2$ N，$\omega = 30$ s^{-1} とする．

4.2 単振り子の強制振動

長さ $l = 1$ m の単振り子があり，それを自由振動させると，50 回の振動当たり振幅が $1/e$ に減衰する．この振り子の支点を図 4.4 のように水平方向に $\xi = \xi_0 \cos \omega t$ で振動させて強制振動させた．振幅 $\xi_0 = 1$ mm とする．
(1) おもりの水平変位を x としたとき，微小振動でのおもりの運動方程式が

$$\frac{d^2 x}{dt^2} + 2\gamma \frac{dx}{dt} + \frac{g}{l} x = \frac{g}{l} \xi \qquad (4.55)$$

の形で書けることを示せ. さらに, その定常解を求めよ.
(2) 上式の γ の値を求めよ.
(3) ちょうど共振する振動数で強制振動させたときの, おもりの振動の振幅はいくらか.

4.3 抵抗力の影響
(1) 質量 m の質点が $x = 0$ で静止していて, $t = 0$ の瞬間から力 $F = F_0 \cos \omega t$ が加えられたとする. この質点の位置 $x(t)$ を時間の関数として求めよ.
(2) この質点には, その速度 v に比例する抵抗力 $-bv$ がはたらくとした場合, この質点の位置 $x(t)$ は $x(t) = A \cos(\omega t - \delta)$ と書ける. この A と δ を求めよ. 抵抗力がはたらくと, 振動の振幅が減るだけでなく振動の位相がずれることがわかる.

4.4 エネルギーとパワー
(1) 共振周波数が $100\,\mathrm{Hz}$ で, パワー共鳴曲線の半値全幅 2γ が $40\,\mathrm{s}^{-1}$ の強制振動系がある. この駆動外力を取り除くと, 系のエネルギーが初期値の $1/e$ になるのは何周期後か.
(2) (1) の強制振動系は質量 $m = 0.015\,\mathrm{kg}$ のばね振動子系とする. 駆動外力の振幅 $F_0 = 2.0\,\mathrm{N}$ とする. この系に吸収されるパワーの時間平均の最大値を求めよ.

4.5 投入されたパワー
固有角振動数 ω_0 の振動系に角振動数 ω の外力がはたらき, 定常的な強制振動をしているとする. このとき, この系に投入されたパワーの時間平均を $\langle P \rangle$, 系に蓄積されているエネルギーの時間平均を $\langle W \rangle$ と書くことにする.
(1) 次のことを示せ.
(a) $\omega \ll \omega_0$ のとき, $\langle W \rangle$ はほとんどポテンシャルエネルギーである.
(b) $\omega = \omega_0$ のとき, $\langle W \rangle$ はポテンシャルエネルギーと運動エネルギーに等分配される.
(c) $\omega \gg \omega_0$ のとき, $\langle W \rangle$ はほとんど運動エネルギーである.
(2) $\omega = \omega_0$ のとき, $\langle P \rangle = 2\gamma \langle W \rangle$ となることを示せ. ここで, γ は, パワー共鳴曲線の半値半幅である.

第 5 章

振動子同士が力を及ぼし合っている複数の振動子からなる系を考える。このような場合を連成振動といい，一見複雑な振動をしているように見えるが，基準振動という概念できれいに整理されて理解できる。

連成振動

5.1　連成ばね振動子

図 5.1 に示すように，壁に固定された 2 つの同等なばね振動子（ばね定数を κ，おもりの質量を m とする）が水平床の上に置かれ，2 つのおもりの間が別のばね（ばね定数を κ' とする）でつながれている状況を考える。簡単のため，ばねの質量は無視し，床との摩擦も考えずに，この系の運動を解析してみよう。

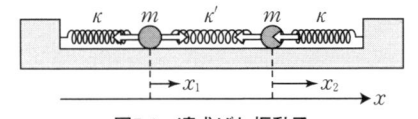

図5.1　連成ばね振動子

x 軸は図 5.1 に示すように右向きにとって，それぞれのおもりの位置の座標を測る。平衡状態で静止しているときのそれぞれのおもりの位置を基準にして，そこから測った各おもりの変位を x_1, x_2 とする。そうすると，それぞれのばねの伸びは，左のばねから $x_1, x_2 - x_1, -x_2$ と書ける。よって，それぞれのおもりには，両側に接続されているばねによって矢印で示した方向の力がはたらく。その結果，それぞれのおもりの運動方程式は，

$$m\frac{\mathrm{d}^2 x_1}{\mathrm{d}t^2} = -\kappa x_1 + \kappa'(x_2 - x_1) \tag{5.1}$$

$$m\frac{\mathrm{d}^2 x_2}{\mathrm{d}t^2} = -\kappa x_2 - \kappa'(x_2 - x_1) \tag{5.2}$$

と書ける。この2つの式の両辺それぞれの和および差をとって整理すると,

$$m\frac{\mathrm{d}^2(x_1 + x_2)}{\mathrm{d}t^2} = -\kappa(x_1 + x_2) \tag{5.3}$$

$$m\frac{\mathrm{d}^2(x_1 - x_2)}{\mathrm{d}t^2} = -(\kappa + 2\kappa')(x_1 - x_2) \tag{5.4}$$

となる。ここで,

$$X \equiv x_1 + x_2, \ Y \equiv x_1 - x_2 \tag{5.5}$$

と置くと,これらの式は

$$m\frac{\mathrm{d}^2 X}{\mathrm{d}t^2} = -\kappa X \tag{5.6}$$

$$m\frac{\mathrm{d}^2 Y}{\mathrm{d}t^2} = -(\kappa + 2\kappa')Y \tag{5.7}$$

と簡単になる。これらの式は (2.2) 式と同じ形をしているので,変数 X および Y は,独立した2つの調和振動子とみなせ,それぞれ角振動数

$$\omega_1 = \sqrt{\frac{\kappa}{m}}, \ \omega_2 = \sqrt{\frac{\kappa + 2\kappa'}{m}} \tag{5.8}$$

で単振動する。つまり,A, B, α,および β を初期条件で決まる定数として

$$X = x_1 + x_2 = 2A\cos(\omega_1 t + \alpha) \tag{5.9}$$

$$Y = x_1 - x_2 = 2B\cos(\omega_2 t + \beta) \tag{5.10}$$

と書ける。よって,

$$x_1 = A\cos(\omega_1 t + \alpha) + B\cos(\omega_2 t + \beta) \tag{5.11}$$

$$x_2 = A\cos(\omega_1 t + \alpha) - B\cos(\omega_2 t + \beta) \tag{5.12}$$

と一般解が求められた。

　はじめに,おもりを手でおさえて静止させていたとすると,$t = 0$ で $\mathrm{d}x_1/\mathrm{d}t = \mathrm{d}x_2/\mathrm{d}t = 0$ であり,この条件から $\alpha = \beta = 0$ が導かれる。しかし,どのような位置でおもりから手を放したかによって,次に示すように異なる3つの特徴的な振動を起こす。

第 5 章 連成振動

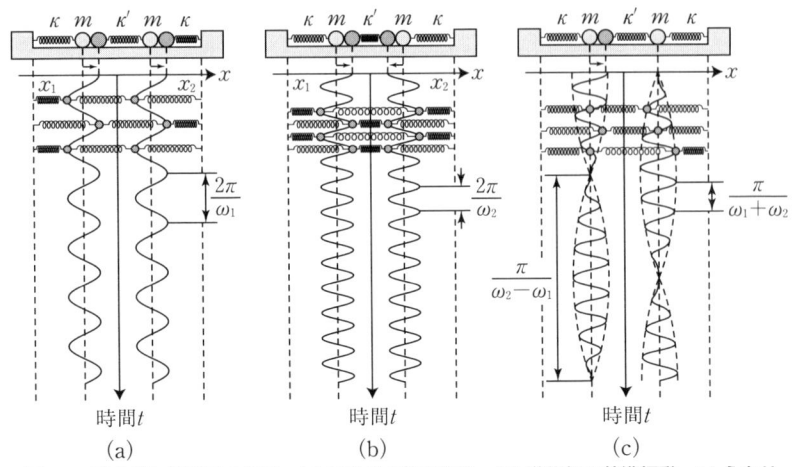

図5.2 連成ばね振動子の振動 (a) 同位相の基準振動 (b) 逆位相の基準振動 (c) うなり

初期条件 1 $t = 0$ で $x_1 = x_2 = a_0$

つまり，図 5.2(a) に示すように，平衡位置から 2 つのおもりを一定の距離 a_0 だけ右にずらした位置で手を放した場合を考える。$t = 0$ での x_1 および x_2 の値を (5.11) 式および (5.12) 式に代入すると，$A = a_0$，および $B = 0$ が得られる。つまり，

$$x_1 = x_2 = a_0 \cos \omega_1 t \tag{5.13}$$

となる。これは，図 5.2(a) に示すように，2 つのおもりは同位相で，つまり同じ方向に振動数 ω_1 で振動することになる。

初期条件 2 $t = 0$ で $x_1 = a_0$, $x_2 = -a_0$

つまり，図 5.2(b) に示すように，平衡位置から 2 つのおもりを一定の距離 a_0 だけ内側方向にずらした位置で手を放した場合を考える。$t = 0$ での x_1 および x_2 の値を (5.11) 式および (5.12) 式に代入すると，今度は $A = 0$，および $B = a_0$ が得られる。よって，

$$x_1 = a_0 \cos \omega_2 t, \quad x_2 = -a_0 \cos \omega_2 t \tag{5.14}$$

となる。これは，図 5.2(b) に示すように，2 つのおもりは逆位相で，つまり反対向きに振動数 ω_2 で振動することになる。(5.8) 式が示すように，$\omega_1 < \omega_2$ なので，初期条件 1 のときに比べてすばやい振動になる。図

5.2(a) の振動では，中央のばねは伸び縮みせず，左右両側のばねだけが伸び縮みしているので，固有振動数 ω_1 は κ のみで書けるが，図 5.2(b) の振動では，3 つのばねすべてが伸び縮みしているので，固有振動数 ω_2 を表すには κ と κ' の両方が必要となる．

初期条件 3　$t=0$ で $x_1 = a_0$, $x_2 = 0$

つまり，図 5.2(c) に示すように，右のおもりは平衡位置に止めたまま，左のおもりを平衡位置から距離 a_0 だけ右にずらした状態で手を放した場合を考える．$t=0$ での x_1 および x_2 の値を (5.11) 式および (5.12) 式に代入すると，今度は $A = B = a_0/2$ が得られる．よって，

$$x_1 = \frac{a_0}{2}(\cos\omega_1 t + \cos\omega_2 t)$$
$$= a_0 \cos\left(\frac{\omega_2 - \omega_1}{2}t\right) \cdot \cos\left(\frac{\omega_2 + \omega_1}{2}t\right) \tag{5.15}$$

$$x_2 = \frac{a_0}{2}(\cos\omega_1 t - \cos\omega_2 t)$$
$$= a_0 \sin\left(\frac{\omega_2 - \omega_1}{2}t\right) \cdot \sin\left(\frac{\omega_1 + \omega_2}{2}t\right) \tag{5.16}$$

この振動をグラフに描くと，図 5.2(c) のようになる．左のおもりの振動が次第におさまっていくのと入れ替わるように，右のおもりの振動が次第に大きくなっていく．そのような振動の入れ替わりが続く．つまり，振動のエネルギーが，中央のばねを通して 2 つのばね振り子の間を行き来する．これは一種の**うなり**現象である．振動の振動数は $(\omega_1 + \omega_2)/2$ であり，うなりの振動数は $(\omega_2 - \omega_1)/2$ となっている．この振動系は異なる固有振動数 ω_1 と ω_2 を持っているので，そのような場合には，このようなうなり現象が生じる．

以上見てきたように，初期条件によって振動の様子，つまり振動数や振幅，さらには振動の位相が異なる振動状態となる．その他の初期条件 (たとえば，$t=0$ でおもりの速度が 0 でない場合など) での振動は，一般解 (5.11) 式と (5.12) 式が示すように，振動数 ω_1 と ω_2 の振動の重ね合わせになり，単純な振動ではない．しかし，(5.13) 式と (5.14) 式で表される振動が基本となり，その適切な重ね合わせで任意の振動を記述できるので

ある．その意味で，(5.13) 式と (5.14) 式で表される振動を**基準振動**（または**基準モード**）という．**基準振動では，系の構成粒子（2つ以上の場合でも当てはまる）すべてが同じ振動数で単振動している**．一般に，N 個の粒子からなる系の連成振動には N 種類の基準振動が存在する．(5.5) 式で書かれるように，それぞれの基準振動の固有振動数を与える座標 X と Y を**基準座標**という．基準座標は，独立してそれぞれの固有振動数で単振動する．上記の初期条件3で見られたうなりの振動数は，2つの基準振動の固有振動数の差の半分になっている．

例題5.1　片持ち連成ばね振動子

図 5.3 に示すように，質量 m の 2 個のおもりが，ばね定数 κ の 2 本のばねにつながっている．ばねの一端は壁に固定されている．この系の基準振動の固有振動数を求めよ．

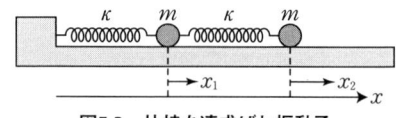

図5.3　片持ち連成ばね振動子

解　それぞれのおもりの平衡位置からの変位を x_1, x_2 とすると，各おもりの運動方程式は

$$m\frac{d^2x_1}{dt^2} = -\kappa x_1 + \kappa(x_2 - x_1), \quad m\frac{d^2x_2}{dt^2} = -\kappa(x_2 - x_1) \quad (5.17)$$

となる．上に述べたように，基準振動では両方のおもりが同じ振動数 ω で振動しているので，$x_1 = a_1 e^{i\omega t}, x_2 = a_2 e^{i\omega t}$ と置いて上式に代入してみる．$\kappa/m = \kappa'$ と書いて整理すると，

$$\begin{pmatrix} 2\kappa' - \omega^2 & -\kappa' \\ -\kappa' & \kappa' - \omega^2 \end{pmatrix} \begin{pmatrix} a_1 \\ a_2 \end{pmatrix} = 0 \quad (5.18)$$

と行列で表せる連立方程式となる．ゼロでない a_1, a_2 を持つには係数行列の行列式がゼロでなければならない．

$$(2\kappa' - \omega^2)(\kappa' - \omega^2) - \kappa'^2 = 0 \quad (5.19)$$

これを ω について解くと，

$$\omega_1 = \frac{\sqrt{5}+1}{2}\sqrt{\frac{\kappa}{m}} \ , \ \omega_2 = \frac{\sqrt{5}-1}{2}\sqrt{\frac{\kappa}{m}} \tag{5.20}$$

これが求める固有振動数である．これらの振動数を (5.18) 式に代入して振幅の比 a_1/a_2 を求めると，それぞれの固有振動の様子がわかる．■

5.2　2重振り子

図 5.4(a) に示すように，2 つのおもり (両方とも質量 m) を長さ L の糸 1 と糸 2 でつないだ 2 重振り子の運動を考えてみる．図に示すように，ある瞬間でのそれぞれの糸の鉛直方向からの振れの角を θ_1, θ_2 ($|\theta_1| \ll 1$, $|\theta_2| \ll 1$) とする．糸の張力を T_1, T_2 とすると，図示したような力がそれぞれのおもりにはたらく．まず，おもりの座標を (x_i, y_i), $(i = 1, 2)$ として，それぞれのおもりの運動方程式を x 方向と y 方向について書き下す．

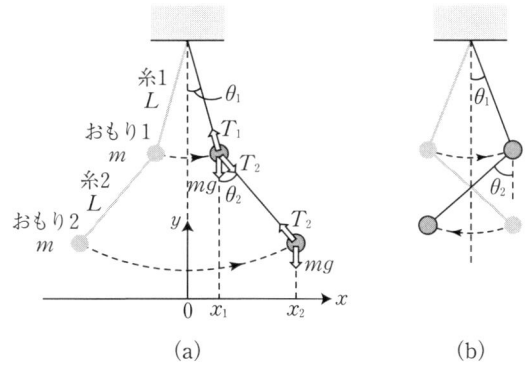

図5.4　2重振り子　(a) 同位相の基準振動　(b) 逆位相の基準振動

$$m\frac{d^2 x_1}{dt^2} = -T_1 \sin\theta_1 + T_2 \sin\theta_2 \tag{5.21}$$

$$m\frac{d^2 y_1}{dt^2} = T_1 \cos\theta_1 - T_2 \cos\theta_2 - mg \tag{5.22}$$

$$m\frac{d^2 x_2}{dt^2} = -T_2 \sin\theta_2 \tag{5.23}$$

$$m\frac{d^2 y_2}{dt^2} = T_2 \cos\theta_2 - mg \tag{5.24}$$

振れ角 θ_1 と θ_2 はともに小さいとすると,$\cos\theta_{1,2} \approx 1$,$\sin\theta_1 \approx \theta_1 = x_1/L$,$\sin\theta_2 \approx \theta_2 = (x_2 - x_1)/L$ と近似できる。そうすると,$y_1 = L\cos\theta_1 \approx L$,$y_2 \approx 2L$ と書けるので,y_1 および y_2 の時間微分はゼロとなる。よって上式は

$$m\frac{\mathrm{d}^2 x_1}{\mathrm{d}t^2} = -T_1\frac{x_1}{L} + T_2\frac{(x_2 - x_1)}{L} \tag{5.25}$$

$$0 = T_1 - T_2 - mg \tag{5.26}$$

$$m\frac{\mathrm{d}^2 x_2}{\mathrm{d}t^2} = -T_2\frac{(x_2 - x_1)}{L} \tag{5.27}$$

$$0 = T_2 - mg \tag{5.28}$$

と簡単化できる。(5.26) 式と (5.28) 式から $T_1 = 2mg$,$T_2 = mg$ となる。よって,$\omega_0 = \sqrt{g/L}$ と書くと,(5.25) 式と (5.27) 式から

$$\frac{\mathrm{d}^2 x_1}{\mathrm{d}t^2} = \omega_0^2(-3x_1 + x_2) \tag{5.29}$$

$$\frac{\mathrm{d}^2 x_2}{\mathrm{d}t^2} = \omega_0^2(x_1 - x_2) \tag{5.30}$$

と x 方向だけの運動方程式になる。基準振動では x_1 も x_2 も同じ振動数 ω で振動するので,$x_1 = a_1 \exp(i\omega t)$,$x_2 = a_2 \exp(i\omega t)$ と書いて上式に代入すると,

$$\begin{pmatrix} -3\omega_0^2 + \omega^2 & \omega_0^2 \\ -\omega_0^2 & \omega_0^2 - \omega^2 \end{pmatrix} \begin{pmatrix} a_1 \\ a_2 \end{pmatrix} = 0 \tag{5.31}$$

と行列で書ける連立方程式となる。ゼロでない a_1,a_2 を持つには,係数行列の行列式がゼロでなければならない。

$$(-3\omega_0^2 + \omega^2)(\omega_0^2 - \omega^2) + \omega_0^4 = 0 \tag{5.32}$$

これを ω^2 について解くと

$$\omega^2 = (2 \pm \sqrt{2})\omega_0^2 \tag{5.33}$$

よって基準振動の固有振動数は 2 つあり,それぞれ

$$\omega_1 = \sqrt{2 + \sqrt{2}}\,\omega_0 \approx 1.85\,\omega_0,\ \omega_2 = \sqrt{2 - \sqrt{2}}\,\omega_0 \approx 0.77\,\omega_0 \tag{5.34}$$

となる。$\omega = \omega_1$ のときには,(5.31) 式に代入すると,$a_2 = (1 - \sqrt{2})a_1$ となる。つまり,a_1 と a_2 の符号が異なるので,図 5.4(b) に示すように,2 つのおもりは逆位相で振れる。$\omega = \omega_2$ のときには,同様に計算すると,$a_2 = (1 + \sqrt{2})a_1$ となる。つまり,a_1 と a_2 は同符号なので,図 5.4(a) に

示すように，2つのおもりは同位相で振れる。いずれにせよ，$a_2 - a_1 = \pm\sqrt{2}\,a_1$ と書ける。a_1/L が θ_1 の最大振幅を表し，$(a_2 - a_1)/L$ が θ_2 の最大振幅なので，この結果は，θ_2 の振り角は θ_1 の $\sqrt{2}$ 倍となっていることを意味する。それぞれの基準振動を与える基準座標は，$x_1 + (1 \pm \sqrt{2})x_2$ と書ける。

5.3　3重連成ばね振動子：分子振動

二酸化炭素 CO_2 のように，直線状に3つの原子がつながっている分子の原子振動を考えてみよう。図5.5のように分子軸を x 軸とする。原子の振動には，分子軸に沿う方向の振動と，それと直角方向の振動が存在する。

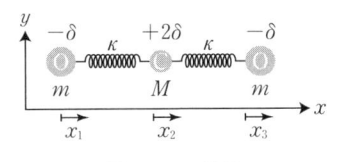

図5.5　CO_2 分子

まず，x 軸方向の振動を考えてみる。C 原子の質量を M，O 原子の質量を m とする。両側の O 原子は同じばね定数 κ を持つばねで中央の C 原子と結合していると考えられる。平衡位置からのそれぞれの原子の位置のずれを，x_1(左側の O 原子)，x_2(中心の C 原子)，x_3(右側の O 原子) とする。そうすると，左のばねは $x_2 - x_1$ だけ伸び，右のばねは $x_3 - x_2$ だけ伸びるので，それぞれの原子の運動方程式は

$$\text{左側の O 原子}: m\frac{d^2 x_1}{dt^2} = \kappa(x_2 - x_1) \tag{5.35}$$

$$\text{中央の C 原子}: M\frac{d^2 x_2}{dt^2} = -\kappa(x_2 - x_1) + \kappa(x_3 - x_2) \tag{5.36}$$

$$\text{右側の O 原子}: m\frac{d^2 x_3}{dt^2} = -\kappa(x_3 - x_2) \tag{5.37}$$

となる。しかし，分子の重心は動かないので，

$$mx_1 + Mx_2 + mx_3 = 0 \tag{5.38}$$

の条件が課せられている。よって，上の (5.35) 式～(5.37) 式は独立ではない。(5.38) 式から x_2 を x_1 と x_3 で表し，それを (5.35) 式と (5.37) 式に代入すると

第5章 連成振動

$$Mm\frac{d^2x_1}{dt^2} = -\kappa\{(M+m)x_1 + mx_3\} \quad (5.39)$$

$$Mm\frac{d^2x_3}{dt^2} = \kappa\{-mx_1 - (M+m)x_3\} \quad (5.40)$$

となり，独立な変数は x_1 と x_3 だけとなる．ここで，前節で習ったように，基準振動においては，x_1 も x_3 も同じ振動数 ω で振動するので，$x_1 = a_1\exp(i\omega t)$, $x_3 = a_3\exp(i\omega t)$ と書いて上式に代入すると，

$$\begin{pmatrix}(M+m)\kappa - Mm\omega^2 & m\kappa \\ m\kappa & (M+m)\kappa - Mm\omega^2\end{pmatrix}\begin{pmatrix}a_1 \\ a_3\end{pmatrix} = 0 \quad (5.41)$$

と行列で書ける連立方程式となる．ゼロでない a_1, a_3 を持つには係数行列の行列式がゼロでなければならない．その方程式を ω について解くと，2つの解 ω_1, ω_2 が得られ，それぞれ

$$\omega_1 = \sqrt{\frac{\kappa}{m}}, \quad \omega_2 = \sqrt{\left(\frac{1}{m}+\frac{2}{M}\right)\kappa} \quad (5.42)$$

と書ける．

さて，$\omega = \omega_1$ を (5.41) 式に代入すると，$a_1 = -a_3$ が得られる．そして，$x_2 = a_2\exp(i\omega t)$ と書けば，(5.38) 式から $a_2 = 0$ となる．この基準振動を図示すると，図5.6(a) のような振動となる．これは，中央のC原子を中心にして両側のO原子が対称的に振動するので，**対称伸縮振動**と呼ばれる．

一方，$\omega = \omega_2$ のときの振幅を同様に求めると，$a_1 = a_3$, $a_2 = -(2m/M)a_1$

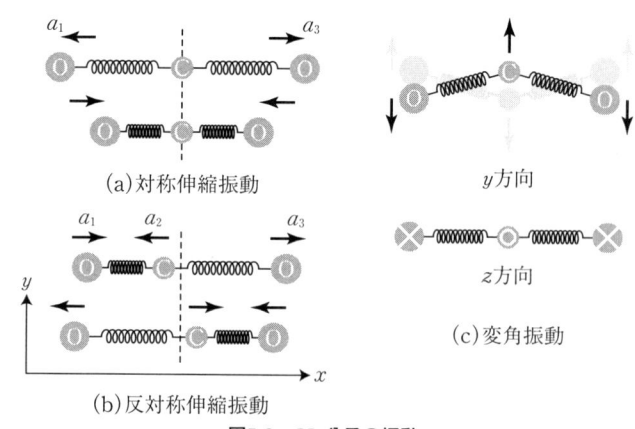

(a) 対称伸縮振動

(b) 反対称伸縮振動

(c) 変角振動

y方向

z方向

図5.6　CO_2分子の振動

となり，これは図 5.6(b) に示すように，2 つの O 原子が同じ方向に変位し，中央の C 原子が逆方向に変位するような基準振動となる．これを**反対称伸縮振動**という．

分子軸に対して直角方向の振動は，対称性から考えて図 5.6(c) に示すような振動になることがわかる．これは，C-O の結合角度が 180° からずれるので**変角振動**と呼ばれる．この振動は y 軸方向と z 軸方向の 2 つの振動が独立に起こりうる．しかもその 2 つは，系の対称性から同じ固有振動数で振動するはずである．

以上のように，CO_2 分子のような直線状 3 原子分子の振動には全部で 4 つの基準振動が存在する．

H_2O のような非直線 3 原子分子の基準振動は図 5.7 に示すように 3 つしか存在しない．これは，CO_2 分子の場合と同様に各原子の運動方程式から求めることができる．非直線分子の場合，分子が載っている平面に直角方向の振動は分子の回転になってしまい，復元力がはたらかないので，そのような振動は存在しない．よって，直線状分子の場合より基準振動の数が 1 つ少ない．

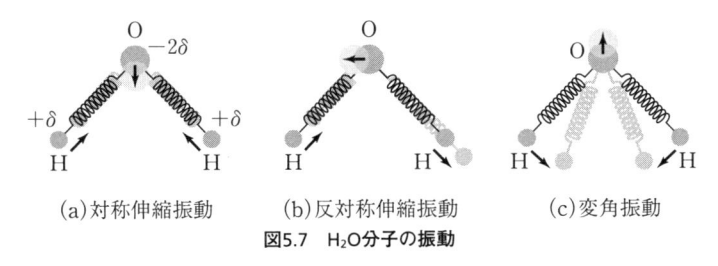

(a) 対称伸縮振動　　(b) 反対称伸縮振動　　(c) 変角振動
図5.7　H_2O分子の振動

一般の分子に関して，その基準振動の数 N は，分子を構成している原子の総数を n と書くと，

$$\text{直線分子の場合：} N = 3n - 5 \tag{5.43}$$

$$\text{非直線分子の場合：} N = 3n - 6 \tag{5.44}$$

と書ける．なぜなら，n 個の原子の集合体の運動の総自由度は $3n$ であるが，そのうち，分子全体の並進運動の自由度 3，および分子全体の回転自由度を差し引いた数が，振動の自由度の数となるからである．分子の回転の自由度は，非直線分子の場合 x 軸，y 軸，z 軸まわりの 3 つの回転が存在す

るが，直線分子の場合，分子軸まわりの回転は回転とはみなせないので，非直線分子の場合より回転自由度が1つ少ないことになる。この規則を用いて，たとえばメタン分子 CH_4 の基準振動を推定してみよう。メタン分子は，正四面体の各頂点にH原子があり，正四面体の中心にC原子が存在するという原子配置をとっている。5個の原子からなるので，(5.44)式から9つの独立した固有振動モードが存在するはずである。

温室効果ガス

電気陰性度（電子を引きつける度合い）は原子の種類によって異なり，異種原子が結合している場合，電気陰性度が大きい原子の方に電子分布が若干片寄る。この状態を，一方の原子から他方の原子に電荷移動が起こっているという。たとえば CO_2 の場合，図5.5に示したように，両側のO原子がやや負の電荷 $-\delta$ を持ち，中央のC原子が正の電荷 $+2\delta$ を持つ。分子全体で中性であり，平衡状態では電気双極子モーメントを持たない。

しかし，ここに電磁波が照射されると，その振動電場によってC原子とO原子は逆方向に力を受けて振動する。なぜなら，上述のようにそれぞれの原子は若干ではあるが逆符号の電荷を持っているため，電磁波の振動電場から逆向きの力を受けるからである。

そのときの振動は，図5.6(b)の反対称伸縮振動か，(c)の変角振動であり，(a)の対称伸縮振動は誘起されない。なぜなら(a)では同じ符号の電荷を持つO原子が逆向きに動き，さらに互いに逆符号のC原子とO原子が逆方向に動いていないから，そのような変位は電場によって誘起されないためである。一方，(b)や(c)の基準振動では，C原子とO原子が逆向きに動いて振動しているので，電磁波によって誘起される。

これらの分子振動の振動数は多くの場合，赤外線領域の電磁波の振動数と一致するので，(b)や(c)の基準振動を「赤外活性」と呼び，(a)の基準振動を「赤外不活性」と呼ぶ。赤外線の振動電場によって強制振動が起こり，そのため，特定の固有振動が強く励起される。つまり，その振動数と同じ振動数の赤外線が，その分子によってよく吸収されることになる。逆に赤外線を未知の気体分子に照射して，どの振動数の赤外線が選択的に吸収されるかを調べれば，分子の種類や分子を構成している原子の結合を

同定することができる。

　水分子では図 5.7 に示した振動モードすべてが赤外活性であり，しかも分極（H 原子と O 原子との間の電荷移動）が CO_2 分子より大きいので，赤外線をより効率よく吸収して振動が励起される。このように赤外線をよく吸収する分子が，いわゆる地球温暖化の原因とされる温室効果ガスである。つまり，車や煙突などの高温部から放射される赤外線を温室効果ガスが効率よく吸収してしまい，宇宙空間に放熱するのを妨害してしまう。

　温室効果ガスとして CO_2 が「敵視」されているが，実は赤外線を吸収する能力は H_2O 分子の方が高い。赤外線を吸収して振動が励起されて「高温」になった CO_2 分子や H_2O 分子が周囲の N_2 分子や O_2 分子と衝突してエネルギーを与えることによって大気の温度を上げている。N_2 分子や O_2 分子は直接に赤外線のエネルギーを吸収できない（赤外活性でない）ので，温室効果ガスを媒介として大気温度が上昇しているのである。

　ちなみに，H_2O 分子は[1]，赤外線の吸収能力は高いが，雲をつくって太陽光を反射したり，大気の対流を引き起こして宇宙空間への放熱を促進させたりする作用があるので，地球を冷却する作用もある。CO_2 分子にはそのような作用がないので，温室効果ガスとして「敵視」されているのである。

---

1) **電子レンジ**：電子レンジはマイクロ波によって水分を含む食品を加熱する家電製品である。しかし，マイクロ波のエネルギーは赤外線に比べて 3〜4 桁ほど低いので，図 5.7 に示した分子振動を励起することはない。それではなぜ，マイクロ波で水を加熱できるのだろうか？　まず，マイクロ波の振動電場によって，水の集団が全体として分極を持つ。それは分子が少しずつ向きを変えて，その電場の方向にそろうことで生じる。水分子は隣の水分子と水素結合でゆるやかに結合しているが，電場によって，ある程度向きが変わる。そのようにして水の集団に生じた分極が，さらにマイクロ波の振動電場によって揺さぶられ，そのときにエネルギー散逸を伴うので，それによって加熱されるのである。だから，分子が向きを変えられない氷は，電子レンジでは加熱できない。

第 5 章 連成振動

5.4　N 個の連成ばね振動子：結晶格子

2 個および 3 個の連成ばね振動子を見てきたが，それをさらに拡張して，多数のおもりがばねで 1 列に連結された連成ばね振動子を考えてみる。これは，結晶の 1 次元モデルとなる。結晶の中では原子がお互いに力を及ぼし合って適当な原子間距離を保っているが，その原子間力はばねによる結合とみなせる。つまり，近づき過ぎると斥力となり，離れ過ぎると引力となる。

おもりの個数を N 個とすると，各おもりの変位座標による運動方程式は，おもり 2 個の場合の (5.3) 式や (5.4) 式，あるいは (5.18) 式から類推できるように，その係数行列は $N \times N$ の行列となる。そうすると，基準振動の固有振動数を求めるための行列式 $= 0$ の方程式は N 次の方程式となってしまい，一般に容易には解けない。しかし，以下の例に見るように，つながり方が単純な場合には，おもりが多数でも比較的容易に基準振動を求めることができる。

その一例として，図 5.8 に示すように，同じ質量 m を持つ $N-1$ 個のおもりが，同じばね定数 κ を持つばねによって，直線状に連結された系を解析してみる。ばねは自然長が a であり，両端が壁に固定されているとする。図 5.8(a) では，おもりの運動がばねに沿った方向 (x 軸方向) だけ

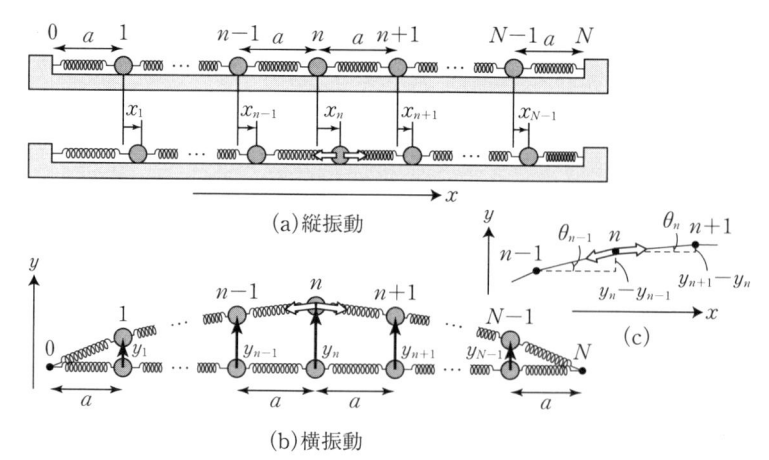

図5.8　$N-1$個の連成振動子　(a) 縦振動　(b) 横振動　(c) n 番目のおもり付近の詳細図

に限る縦振動を考える。(b) では，おもりの振動が，ばね列に対して直角方向 (y 方向) だけに限る横振動の場合を示している。

まず，(a) 縦振動を解析してみる。おもりに左端から $1, 2, \cdots, N-1$ と番号を付ける。便宜上，左の固定端の番号をゼロ，右の固定端の番号を N としておく。n 番目のおもりの平衡位置からのずれを x_n とする。両端は固定されているので，

$$x_0 = 0, \ x_N = 0 \tag{5.45}$$

という境界条件が課せられているとみなせる。

n 番目のおもりに注目してみると，その左側のばねは $x_n - x_{n-1}$ だけ伸び，右側のばねは $x_{n+1} - x_n$ だけ伸びていることになる。そうすると，n 番目のおもりには図示のような力がはたらくので，その運動方程式は，

$$\begin{aligned} m\frac{d^2 x_n}{dt^2} &= -\kappa(x_n - x_{n-1}) + \kappa(x_{n+1} - x_n) \\ &= \kappa(x_{n+1} - 2x_n + x_{n-1}) \end{aligned} \tag{5.46}$$

と書ける。$n = 1 \sim N-1$ なので，これは $N-1$ 元の連立微分方程式となる。これを境界条件 (5.45) 式のもとで解くことになる。

これを実際に解く前に，今度は図 5.8(b) に示した横振動を考えてみる。n 番目のおもりの両側のばねが斜めになったので，その伸びは，$\sqrt{(y_n - y_{n\pm 1})^2 + a^2} - a$ と書ける（複号の＋が右側のばねを表し，－が左側のばねを表す）。横振動の振幅が小さい場合を考えると，$(y_n - y_{n\pm 1}) \ll a$ なので，このばねの伸びは n によらずに一定値 Δ と近似することにする。一方，図 5.8(c) の拡大図に示したように，n 番目のおもりの左側の角度 θ_{n-1} と右側の角度 θ_n を考慮すると，x 方向および y 方向の運動方程式は

$$m\frac{d^2 x_n}{dt^2} = \kappa \Delta \cos\theta_n - \kappa \Delta \cos\theta_{n-1} \tag{5.47}$$

$$m\frac{d^2 y_n}{dt^2} = \kappa \Delta \sin\theta_n - \kappa \Delta \sin\theta_{n-1} \tag{5.48}$$

となる。ここで，角度 θ_n はすべて十分小さいとすると，$\cos\theta_n \approx 1$, $\sin\theta_n \approx \theta_n \approx (y_{n+1} - y_n)/a$ となる。よって，(5.47) 式の右辺はゼロとなる。つまり，横振動ではおもりは x 方向には動かないので，これは当然である。一方，(5.48) 式は

69

$$m\frac{d^2 y_n}{dt^2} = \frac{\kappa \Delta}{a}\left[(y_{n+1} - y_n) - (y_n - y_{n-1})\right] \tag{5.49}$$

となる．これは，(5.46) 式と同じ形になるので，横振動の場合には実効的なばね定数が $\kappa\Delta/a$ となるだけで，縦振動と同じ振る舞いをすることがわかる．

それでは，縦振動の (5.46) 式を解いてみよう．今まで習ってきたように，基準振動ではすべてのおもりが同じ角振動数 ω で振動するので，ϕ を初期位相として，

$$x_n = A_n \cos(\omega t + \phi) \tag{5.50}$$

と置いてみる（複素指数関数の形を仮定してもよいが，ここでは三角関数を用いて解いてみる）．これを (5.46) 式に代入すると，

$$\omega^2 A_n = \omega_0^2 (2A_n - A_{n+1} - A_{n-1}) \tag{5.51}$$

と振幅 A_n に対する方程式が得られる．ここで，$\omega_0 \equiv \sqrt{\kappa/m}$ である．これを満たす A_n の形を予想してみる．図 5.8(b) を見ると，両端が固定されて振幅が正弦関数のような形をすると予想できるので，

$$A_n = C \sin(nka + \alpha) \tag{5.52}$$

と仮定してみる．ただし，C は振幅を与える定数である．k は長さの逆数の次元を持ち，**波数**と呼ばれる量である．境界条件 (5.45) 式から $n=0$ で $A_0 = 0$ なので，ただちに $\alpha = 0$ とわかる．さらに，$n=N$ でも $A_N = 0$ なので，l を整数として

$$Nka = l\pi, \text{ すなわち，} k = \frac{l}{Na}\pi \tag{5.53}$$

と書ける．つまり，波数 k はとびとびの値をとることになる．整数 l は無限にあるから波数 k の値も無限になるように思えるが，(5.52) 式で与えられる解が正弦関数なので，たとえば，$l = N+1$ の場合は，$l = N-1$ と等価になる．よって，

$$l = 1, 2, \cdots, N-1 \tag{5.54}$$

だけが独立な解を与え，それ以外の l は，この $N-1$ 個のどれかと同じ解となる．また，$l=0$ と，$l=N$ は恒等的に振幅ゼロ，つまり振動しない解を与えるので，解とはいえない．

次に (5.52) 式を (5.51) 式に代入して，三角関数の合成則を使って計算

してみると，ω と k の関係を与える式

$$\omega = 2\omega_0 \left| \sin \frac{ka}{2} \right| \tag{5.55}$$

が得られる。よって，(5.53) 式および (5.54) 式から固有振動数は $N-1$ 個存在し，それは

$$\omega_l = 2\omega_0 \sin \frac{l}{2N}\pi, \quad l = 1, \cdots, N-1 \tag{5.56}$$

と書ける。よって，n 番目のおもりの l 番目の基準振動の振幅 $x_{n,l}(t)$ は，(5.50) 式より，

$$x_{n,l}(t) = C_l \sin \frac{nl}{N}\pi \cdot \cos(\omega_l t + \phi_l) \tag{5.57}$$

と書ける。l は 1 から $N-1$ までの値をとりうるので，基準振動はおもりの数と同じだけ存在する。$N=10$ の場合に，いくつかの l の値の基準振動を，ある瞬間でのスナップショットとして具体的に図示すると，図 5.9

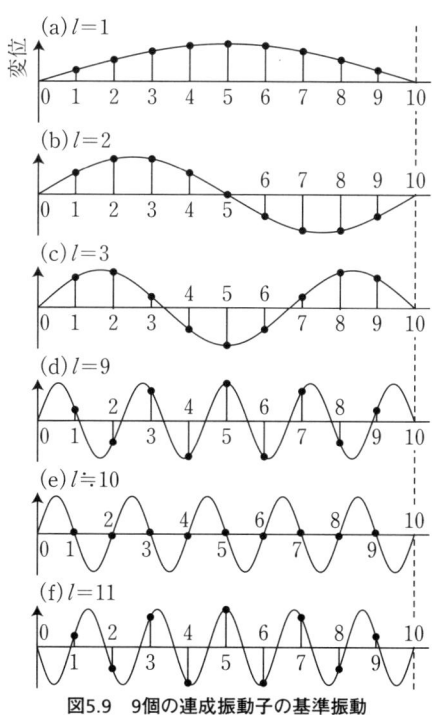

図5.9 9個の連成振動子の基準振動
(a) $l=1$ (b) $l=2$ (c) $l=3$ (d) $l=9$ (e)仮想的に $l \fallingdotseq 10$ (f) $l=11$

となる．

$l=1$ の場合を**基本モード**，$l=2$ を**2倍モード**，…と呼ぶ．$l=11$ と $l=9$ の場合を見比べてみると，波形は異なるが，各おもりの変位は同じである．同様に，l が 11 以上の場合は $l=1$，…，9 の場合と同等になる．

$l=10$ の場合，つまり波数 $k=\pi/a$ のとき，(5.57) 式によると振幅が恒等的にゼロとなるので振動解ではない．しかし，仮想的に $l=9.9$ として計算して図示すると，図 5.9(e) となる．つまり，各おもりの変位はほとんどゼロだが，隣接するおもりの変位の位相が逆になっている．これは，(5.57) 式より $l\approx N$ の場合に，隣接するおもりの変位の比を計算すると，$x_{n+1}/x_n \approx \sin(n+1)\pi/\sin n\pi = -1$ となるからである．

図 5.9 を見ると，(5.53) 式で定義された波数 k を使って

$$\lambda = \frac{2\pi}{k} = \frac{2N}{l}a \tag{5.58}$$

で書ける周期で波形が繰り返されていることがわかる．つまり，同時刻に同じ位相で単振動をしているおもりが λ ごとに存在する（実は，(d) $l=9$ の場合のときのように，おもりはとびとびの位置にあるので，ちょうど λ の位置におもりが存在するとは限らない）．λ をこの波の**波長**という．

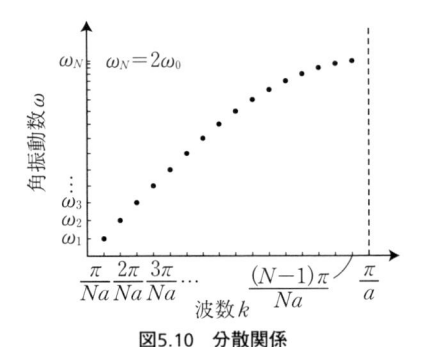

図5.10 分散関係

角振動数 ω と波数 k の関係を与える (5.55) 式を**分散関係**という．波数は (5.53) 式に示されるようにとびとびの値しかとらないので，(5.56) 式から ω もとびとびの値しかとらない．この分散関係を図示すると，図 5.10 となる．k の値は $k=0\sim\pi/a$ の間を N 等分しているので，おもりの数を増やしていくと，とりうる値が密集してくる．つまり，この状態は，

次の章で述べる連続体の振動に近づいていくといえる。また，ωの最大値は$2\omega_0$であり，ωはω_1からこの最大値までの間の値しかとらない。このように許される値の範囲が限られている場合，**バンド**を形成しているという。(2.26)式で示したように，振動のエネルギーは角振動数ω^2に比例しているので，とりうるエネルギーもバンドを形成していることになる。

波数kが最大値π/aに近づくと，つまり，ωが最大値$2\omega_0$に近づくと，図5.9(e)で述べたように，各おもりが互い違いにすばやく振動する。逆にkがゼロの極限では，つまり，ωが非常に小さい場合，(a)のように，すべてのおもりが同一方向にゆっくり振れる。金属棒の端を金槌で叩くと，このような原子振動によって音が金属棒を伝わる。(5.55)式でkが十分小さいとすると，$\sin(ka/2) \approx ka/2$と近似して，

$$\omega(k) = \omega_0 ka = v_0 k, \text{ただし，} v_0 \equiv \omega_0 a = \sqrt{\frac{\kappa}{m}}\, a \qquad (5.59)$$

このv_0は速さの次元を持ち，変位が次々と隣のおもりを伝わっていく速さを表す。金属棒を音が伝わるときの音速である。原子の変位が隣の原子に次々と伝わって原子密度の粗密波ができ，それが伝播していく。固体内の音速はおよそ3,000 m/sであり，空気中の音速より約1桁大きい値となっている。固体の中の方が隣接原子との相互作用が強いので，原子の変位が速く伝わるのである。空気中の音は，空気分子の衝突によって形成される粗密波であるので，固体内の連成原子振動系を伝わる音とは伝播の機構が少し異なる。

$N-1$個のおもりがばねで1列につながった系の一般解は，上述の基準振動の重ね合わせで書けるので，各モードの重みを係数C_lで表すと，

$$x_n(t) = \sum_{l=1}^{N-1} C_l \sin\pi\, \frac{nl}{N} \cdot \cos(\omega_l t + \phi_l) \qquad (5.60)$$

と書ける。$2(N-1)$個の未知数C_lとϕ_lは，初期条件$x_n(0)$と$dx_n(0)/dt$の$2(N-1)$個の値から求められる。

例題5.2 **2種類の原子からなる1次元格子**

図5.11に示すように，質量がmとMのおもり(それぞれN個ある)が交互にばねで1列にx軸方向につながった系を考える。ばね定数はすべてκとし，ばねの自然長をaとする。この系の縦振動(x軸方向の振動)

第 5 章　連成振動

の分散関係をもとめよ。

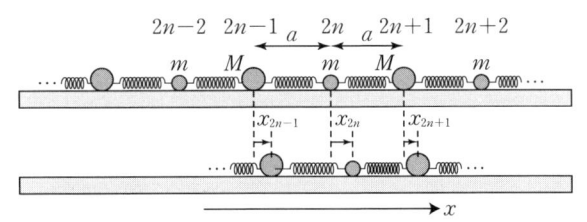

図5.11　2種類の原子からなる1次元格子モデル

解　図に示すように，偶数番目のおもりの質量を m，奇数番目のものを M とする。それぞれのおもりの平衡状態からの変位を x_{2n}, x_{2n+1} と書くと，(5.46) 式と同様に，それぞれのおもりの運動方程式は，

$$m\frac{\mathrm{d}^2 x_{2n}}{\mathrm{d}t^2} = \kappa(x_{2n+1} - 2x_{2n} + x_{2n-1}) \tag{5.61}$$

$$M\frac{\mathrm{d}^2 x_{2n+1}}{\mathrm{d}t^2} = \kappa(x_{2n+2} - 2x_{2n+1} + x_{2n}) \tag{5.62}$$

となる。基準振動を求めるため，(5.50) 式と同様な振動解を仮定するが，今回は計算を簡単にするため，

$$x_{2n} = A\exp[i(\omega t + 2nka + \alpha)] \tag{5.63}$$

$$x_{2n+1} = B\exp[i(\omega t + (2n+1)ka + \alpha)] \tag{5.64}$$

のように複素指数関数を使ってみる。実際の振幅 x は，この実部をとればよいことになる。これを (5.61) 式と (5.62) 式に代入してみると，

$$\begin{pmatrix} 2\kappa - m\omega^2 & -2\kappa\cos ka \\ -2\kappa\cos ka & 2\kappa - M\omega^2 \end{pmatrix} \begin{pmatrix} A \\ B \end{pmatrix} = 0 \tag{5.65}$$

と行列で書ける連立方程式となる。$A = B = 0$ でない解を持つためには，

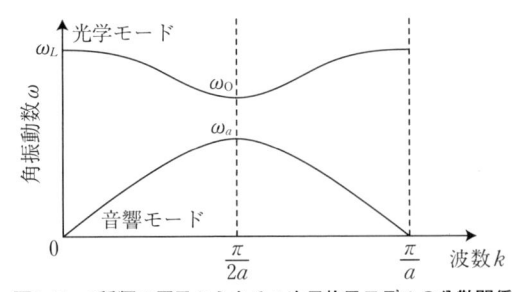

図5.12　2種類の原子からなる1次元格子モデルの分散関係

行列式がゼロでなければならない．それを ω について解くと，

$$\omega^2 = \kappa \left\{ \left(\frac{1}{m} + \frac{1}{M} \right) \pm \sqrt{\left(\frac{1}{m} + \frac{1}{M} \right)^2 - \frac{4\sin^2 ka}{Mm}} \right\} \quad (5.66)$$

を得る．これが求める ω と k との関係，つまり分散関係である． ∎

これを図示すると図 5.12 となる．図 5.10 と違い，2 つの分枝が現れる．(5.66) 式の複号の＋をとったものが上の分枝で，−が下の分枝となる．下で述べる理由によって前者を**光学モード**，後者を**音響モード**と呼ぶ．

ここで波数 k は，(5.53) 式および (5.54) 式と同様な考察から

$$k = \frac{l}{2Na}\pi, \quad l = 1, \cdots, 2N \quad (5.67)$$

であるので，k はゼロから π/a の間でとびとびの値をとる．k が小さいとき，$\sin ka \approx ka$ と近似できるので，(5.66) 式の根号をテイラー展開して最低次数の項までとると，

$$\text{光学モード}：\omega = \omega_L = \sqrt{2\kappa \left(\frac{1}{m} + \frac{1}{M} \right)} \propto k^0 \quad (5.68)$$

$$\text{音響モード}：\omega = \sqrt{\frac{2\kappa}{m+M}}\, ka \propto k \quad (5.69)$$

と近似できる．一方，$k = \pi/2a$ では，$M > m$ の場合，

$$\text{光学モード}：\omega = \omega_o = \sqrt{\frac{2\kappa}{m}} \quad (5.70)$$

$$\text{音響モード}：\omega = \omega_a = \sqrt{\frac{2\kappa}{M}} \quad (5.71)$$

という極値をとる．

(5.68) 式を (5.65) 式に代入すると，$A/B = -M/m$ と振幅の比が得られる．つまり，偶数番目のおもりと奇数番目のおもりが逆方向に（逆位相で）振れ，しかも隣接する 2 つのおもりの重心の位置が変わらないように振動する．これは，たとえば NaCl のようなイオン結晶のような，正と負の電荷を持つイオンが並んでいる結晶に電磁波が照射された場合に，誘起される振動モードである．NaCl 結晶では Na^+ イオンと Cl^- イオンが交互に並んでいるが，電磁波の振動電場によって，それぞれの正負のイオンは，逆方向に力を受けて振動させられる．したがって，この振動モードは光と強い相互作用をすることになる．そのために，このモードは光学モー

ドと呼ばれる。

一方，(5.69) 式を (5.65) 式に代入して $k \to 0$ の極限をとると振幅の比 $A/B = 1$ が得られる。つまり，偶数番目のおもりと奇数番目のおもりが同じ方向に (同位相で) 同じ振幅で振動することになる。つまり，結晶の一端を金槌で叩いたとき，音が結晶の中を伝わる場合のように粗密波として伝播する原子振動なので，この振動モードは音響モードと呼ばれる。

(5.70) 式を (5.65) 式に代入すると $B = 0$ となる。つまり，$\omega = \omega_o$ のときには奇数番目のおもりは静止しており，偶数番目のおもりだけが振動している。しかも，偶数番目のおもりが 1 個おきに逆位相で振動しているので，全体の重心は動かない。同様に，(5.71) 式を (5.65) 式に代入すると今度は $A = 0$ となる。よって，$\omega = \omega_a$ のときには偶数番目のおもりは静止しており，奇数番目のおもりだけが (1 個おきに逆位相で) 振動している。このように，固有振動数によって振動の様子が異なる。

10分補講

格子振動と量子力学

上述の例は，おもりが 1 列にばねでつながった 1 次元結晶モデルであった。現実の結晶の中では，原子が隣接する原子と 3 次元的にばねでつながった連成振動系とみなせる。その結晶がある温度に保たれていると，その熱エネルギーによって結晶の中の原子がつねに振動している。これを**格子振動**という。溶鉱炉の中で融けた鉄のように高温の物体が真っ赤になるのは，格子振動が激しく，そのエネルギーが電磁波，つまり光となって放射されるからである。前節で電磁波によって分子振動 (分子内の原子振動) が誘起されることを述べたが，逆に原子振動によって電磁波が放射されるのである。

1900 年頃，溶鉱炉の中で融けた鉄から放射される電磁波の波長分布が，上述の連成振動子系として格子振動を記述する古典力学および古典電磁気学から得られる結果と，食い違うことが知られていた。鉄の中の原子は，1 cm^3 当たりアボガドロ数個 (6×10^{23} 個) 程度の

膨大な数の原子を含んでいるので，図 5.10 の分散関係での波数は，(5.53) 式の N が非常に大きな数なので，連続的な値をとると考えてよい。したがって，格子振動のエネルギーも連続的な値をとるはずだが，そうすると高温物体から放射される電磁波の波長分布の観測結果を説明できなかった。そこでプランクは，格子振動のエネルギーは，その振動数を ν とすると $h\nu$ という単位の整数倍しかとりえないという仮説を立て，それをもとに波長分布を計算した結果，観測事実とぴったり一致することを見出した。この h はプランク定数 $(= 6.626 \times 10^{-34}\,\mathrm{J\cdot s})$ と呼ばれ，$h\nu$ をエネルギー量子という。古典力学では連続的な値をとる格子振動は，量子化するとフォノンと呼ばれるエネルギー量子となり，格子振動のエネルギーはその整数倍のエネルギーしかとることができないのである。これがきっかけとなって量子力学が建設されていく。振動エネルギーが量子化されるのは，原子のようなミクロの世界の現象であり，マクロなサイズのばね振動子や振り子のエネルギーは量子化されない。

章末問題

5.1 同等ではない 2 つのばねによる片持ち連成ばね振動子

図 5.3 の片持ち連成ばね振動子において，壁に固定されているばねのばね定数を κ_1，2 つのおもりの間を結合しているばねのばね定数を κ_2 とする。このときの固有振動数および基準振動の様子を解析せよ。

5.2 連成ばね振動子の強制振動

図 5.1 の連成ばね振動子において，一方のおもりに $F\cos\omega t$ の周期的な力を加えたときの振動の様子を解析せよ。ただし，それぞれのおもりには，その速度と質量 m に比例する抵抗力 $-2mb \times$ (速度) を受けるとする ($b > 0$)。

第 5 章　連成振動

5.3　連成振り子
図 5.13 に示すように，質量 m，長さ L の等価な単振り子 2 つを，横糸でお互いを結び付ける。2 つのおもりを，それをつなぐ面に垂直方向に振らせる。このときの運動を解析せよ。

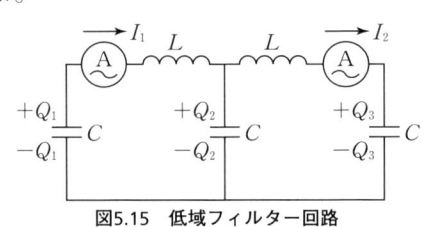

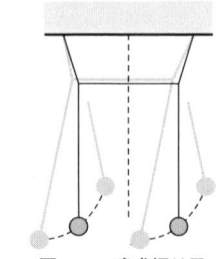

図5.13　連成振り子

5.4　ばね振動子と単振り子の連成振動
図 5.14 に示すように，水平でなめらかな床の上に置かれた質量 M の台車が，ばね定数 κ のばねで壁につながっている。また，台車は腕の長さ L，質量 m のおもりからなる単振り子の支点となっている。この振動系の基準振動を解析せよ。

5.5　LC 共振回路の結合
図 5.15 の回路に流れる電流 I_1 と I_2 を求めよ。

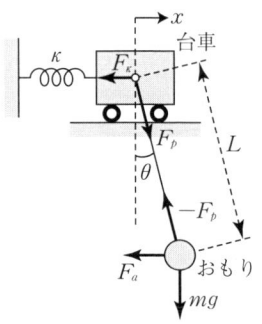

図5.14　ばね振動子と単振り子の連成振動系

図5.15　低域フィルター回路

第6章　N 個の連成振動子系を拡張して，ギターやバイオリンの弦のような連続体の振動を考える。ここでも基準振動が重要な役割をする。

連続体の振動

　これまでの章では，ばね振動子にしても連成振動子にしても，個々のおもりの振動を考えてきた。N 個のおもりがばねで連結された連成振動子で，おもりの数を非常に多くした場合，そのおもりを，物体を構成する原子と考えることができる。つまり，おもりが離散的につながっているのではなく，ギターやバイオリンの弦のような連続体の振動と考えられる。この章では，そのような連続体の振動を学ぶ。

　連続体の振動においては，連続体内の微小部分に注目して，それがどのように振動するか記述するので，その微小部分の位置を表す座標と時間の 2 変数の関数として振動が表現される。そうすると，連続体内を伝わる波動を表現することができる。

　ギターやバイオリンの弦は，ある一定の振動数で振動して一定の周波数の音を生み出しているが，弦が細いほど，また弦を強い力で張るほど高い周波数となることは日常で経験していることだろう。その弦の振動でも，N 個の連成振動子と同様に基準振動が基本となるが，弦が，振動を伝える媒体となっている。そこでの基準振動は，伝播する波動が重ね合わされて定在波になった状態なのである。

第6章 連続体の振動

6.1 弦の振動

　ギターの弦のように，距離 L だけ離れた2点間に，一定の張力 T でまっすぐに張られた弦を考える。この弦を弾くと横振動が起こる。弦の一端を原点として，弦に沿う方向に x 軸をとる。図 6.1 に示すように，x 軸に垂直方向に z 軸をとり，弦の各部の変位 z は小さいとし，x 軸の原点から距離 x の地点での微小長さ Δx を考える。つまり，座標が x から $x + \Delta x$ の間の弦の微小部分に注目して，その運動方程式を導いてみる。この弦の微小部分が前章までのおもりに相当する。弦の横振動によって，この部分は z 方向に z だけ変位しているとする。その z 方向の変位は，x 座標によって違うし，同じ x 座標の場所でも時刻 t によっても変化する。よって，z は2変数 x と t の関数となるので $z(x, t)$ と書く。

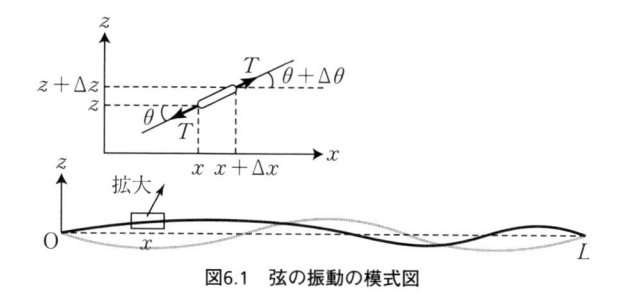

図6.1　弦の振動の模式図

　図 6.1 に示すように，弦は一般に曲率を持って（曲線状になって）振動しているので，注目している弦の微小部分の両端の x 軸となす角度は左右で微妙に異なる。そこで，両端の角度をそれぞれ θ と $\theta + \Delta \theta$ と書く。しかし，θ や $\Delta \theta$ は微小なので $\cos \theta \approx \cos(\theta + \Delta \theta) \approx 1$ という近似を使う。そうすると，注目している微小部分にはたらく x 方向の力 F_x は，

$$F_x = T \cos(\theta + \Delta \theta) - T \cos \theta \tag{6.1}$$
$$\approx T - T = 0 \tag{6.2}$$

となる。つまり，x 方向には力がはたらかない。よって，z 方向だけの運動となる。z 方向にはたらく力 F_z は，同様に $\sin \theta \approx \theta$ や $\sin(\theta + \Delta \theta) \approx \theta + \Delta \theta$ という近似を使うと，

$$F_z = T \sin(\theta + \Delta \theta) - T \sin \theta \tag{6.3}$$

$$\approx T(\theta + \Delta\theta) - T\theta = T\Delta\theta \tag{6.4}$$

となる．つまり，微小な角度の違い $\Delta\theta$ が存在するために z 方向にはたらく力が生じて，その結果，横振動が起こるのである．$\Delta\theta > 0$ のときは，z 方向の変位をますます大きくする方向に力がはたらき，$\Delta\theta < 0$ のときには，変位を引き戻そうとする方向にはたらく力，すなわち復元力となる．これによって弦が振動する．

弦の線密度（単位長さ当たりの質量）を σ と書くと，今，注目している弦の微小部分の質量は $\sigma\Delta x$ なので，z 方向の運動方程式は

$$(\sigma \cdot \Delta x)\frac{d^2 z}{dt^2} = T \cdot \Delta\theta \tag{6.5}$$

となる．しかし，実は，上に述べたように変位 z は 2 変数 x と t の関数なので，上式の左辺の微分は t に関する偏微分にしなければならない[1]．

$$\frac{d^2 z}{dt^2} \longrightarrow \frac{\partial^2 z(x,t)}{\partial t^2} \tag{6.6}$$

また，図 6.1 からわかるように

$$\tan\theta = \frac{\Delta z}{\Delta x} = \frac{\partial z(x,t)}{\partial x} \tag{6.7}$$

なので，この式の両辺の微分をとると

$$\frac{1}{\cos^2\theta}\Delta\theta = \frac{\partial^2 z(x,t)}{\partial x^2}\Delta x \tag{6.8}$$

$\cos\theta \approx 1$ という近似から，この式の左辺は単に $\Delta\theta$ となる．よって運動方程式 (6.5) 式は

$$\frac{\partial^2 z(x,t)}{\partial x^2} = \frac{\sigma}{T}\frac{\partial^2 z(x,t)}{\partial t^2} \tag{6.9}$$

と書き換えられる．ここで線密度 σ の単位は kg/m であり，張力 T の単位は N（ニュートン），すなわち kg m/s^2 なので，σ/T の単位は速さの逆数の 2 乗の単位 (s/m)^2 となる．よって，速さ v を

$$\sqrt{\frac{T}{\sigma}} \equiv v \tag{6.10}$$

と定義すると，(6.9) 式は

---

[1] 偏微分 $\partial z(x,t)/\partial x$ とは，2 つの独立な変数 x と t のうち，t を定数とみなして x で z を微分することを意味する．$\partial z(x,t)/\partial t$ は，逆に x を定数とみなして t で z を微分することを意味する．

$$\frac{\partial^2 z(x,t)}{\partial x^2} = \frac{1}{v^2}\frac{\partial^2 z(x,t)}{\partial t^2} \tag{6.11}$$

と書ける．これが求める弦の運動方程式である．この v は，後で見るように振動が弦に沿って伝わる速さである．

次に，この運動方程式を解いてみよう．前章までに習ったように，基準振動のときには，弦の各部分が同じ固有振動数 ω で振動している．しかし，その振幅は場所（すなわち x 座標）によって違うので，解の形を

$$z(x,t) = Z(x)\cos(\omega t + \alpha) \tag{6.12}$$

と仮定してみる．ここで，未定定数 α は初期条件で決まる．これを (6.11) 式に代入してみると，$Z(x)$ が満たす方程式

$$\frac{\mathrm{d}^2 Z(x)}{\mathrm{d}x^2} = -\left(\frac{\omega}{v}\right)^2 Z(x) \tag{6.13}$$

が得られる．これは単振動の (2.2) 式と同じ形をしている．ただし，時間 t の関数として振動しているのではなく，位置 x に関する周期的関数となっている．よって

$$Z(x) = A\cos\left(\frac{\omega}{v}x + \beta\right) \tag{6.14}$$

と書ける．ここの未定定数 β は境界条件で決まる．今，弦の両端は固定されているので，境界条件として $Z(0) = 0$ および $Z(L) = 0$ が課せられている．前者より $\beta = -\pi/2$ が得られる．後者より

$$\cos\left(\frac{\omega L}{v} - \frac{\pi}{2}\right) = 0, \quad \text{よって，} \quad \frac{\omega L}{v} = n\pi \quad (n = 1, 2, 3, \cdots) \tag{6.15}$$

よって，n 番目の基準振動の固有振動数は

$$\omega_n = \frac{\pi v}{L}n = \frac{\pi}{L}\sqrt{\frac{T}{\sigma}}\,n \tag{6.16}$$

となる．n 番目の基準振動は，これらを (6.12) 式に代入して

$$z_n(x,t) = A_n \sin\left(\frac{\pi n}{L}x\right)\cdot\cos(\omega_n t + \alpha_n) \tag{6.17}$$

となる．定数 α_n および A_n は初期条件から決まる．任意の振動は，この基準振動の重ね合わせ $z = \sum_{n=1}^{\infty} z_n(x,t)$ で記述できる．

この式は，N 個のおもりの連成振動子の (5.57) 式とほとんど同じ形をしている．おもりの番号の代わりに，弦での位置を示す x 座標が使われ

ているところだけが違う。(5.57) 式で述べた基本モードや 2 倍モードなどの用語も弦の振動でも使われる。音の場合，基本モードは**基音**，2 倍モードや 3 倍モードは，**2 倍音**，3 倍音などとも呼ばれる。また，それらをまとめて**高調波**と呼ぶこともある。(6.16) 式から，倍音の振動数は基本モードの振動数の整数倍になっていることがわかる。基本モードの振動数は弦の長さ L と質量（厳密には線密度 σ），および弦を張っている張力 T で決まる。

図6.2　弦の基準振動の模式図

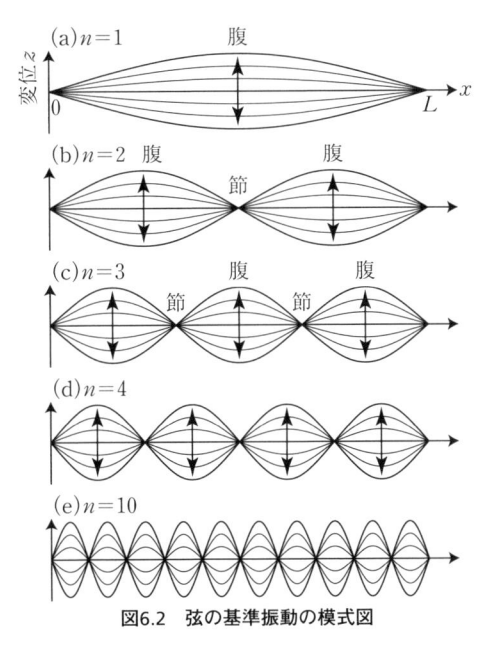

図 6.2 が弦の場合の基準振動の様子である。(6.16) 式と (6.17) 式から最初の 3 つの固有振動の角振動数と変位を具体的に書くと，

$$n = 1 \; : \; \omega_1 = \frac{\pi}{L}\sqrt{\frac{T}{\sigma}}, \quad z = A_1 \sin\left(\frac{\pi}{L}x\right) \cdot \cos \omega_1 t \quad (6.18)$$

$$n = 2 \; : \; \omega_2 = \frac{2\pi}{L}\sqrt{\frac{T}{\sigma}}, \quad z = A_2 \sin\left(\frac{2\pi}{L}x\right) \cdot \cos \omega_2 t \quad (6.19)$$

$$n = 3 \; : \; \omega_3 = \frac{3\pi}{L}\sqrt{\frac{T}{\sigma}}, \quad z = A_3 \sin\left(\frac{3\pi}{L}x\right) \cdot \cos \omega_3 t \quad (6.20)$$

となり，それぞれの振動の様子は図 6.2(a)(b)(c) に描かれている。この振動は，実は図 5.9(a)(b)(c) の実線と同じである。それぞれの場合で，つねに変位ゼロの地点がある。これを**節**といい，逆に変位の振幅が最大の地点を**腹**という。これらの位置は動かない。(b) では弦の端から端まででちょうど 1 周期の波になっており，中心位置が節となる。(a) では半周期の波となっており，中心位置が腹となる。よって弦の長さが L なので，各基準振動を定在波とみなしたときの定在波の波長 λ_n は

$$\lambda_n = \frac{2L}{n} \tag{6.21}$$

と書ける。また，

$$k_n \equiv \frac{2\pi}{\lambda_n} = \frac{n\pi}{L} \tag{6.22}$$

で定義される k_n を**波数**という。N 個の連成ばね振動子のときに定義した波数 (5.53) 式と比較すると，弦の長さ L がおもりの個数と間隔の積 Na に対応していることが見てとれる。(6.16) 式と (6.22) 式から角振動数と波数の関係が

$$\omega_n = v \cdot k_n \tag{6.23}$$

と書けることがわかる。角振動数 ω は波数 k に比例し，その比例定数が波の速さ v となる。ここで，再び N 個のおもりの連成ばね振動子と比較してみる。そこで得た ω と k の関係式，すなわち分散関係は (5.55) 式で与えられたことを思い出してみよう。これと弦の場合を比較すると，k が十分小さいとき，$\sin(ka/2) \approx ka/2$ と近似できるので，弦の場合の (6.23) 式は，(5.55) 式で波数 k がゼロに近づいた極限であることがわかる。つまり，弦の振動は，N 個の連成振動子系でゆっくりとした（あるいは低エネルギーの，または長波長の）振動の場合に相当する。それは，すでに (5.59) 式で導いた関係であり，物体を伝わる音波の場合に相当する。

例題6.1 **弦の張力**

バイオリンの E 線と呼ばれる弦は，640 Hz のミの音を出すように弦を張る張力が調整される。その弦の長さは 33cm，質量は 0.125 g である。この弦を張る張力を計算せよ。

解 まず，弦の質量と長さから線密度 σ を計算する。また，周波

数 $\nu(=640\,\mathrm{Hz})$ と角振動数 ω の関係 $\omega = 2\pi\nu$ の関係に注意し，(6.16) 式から張力 T を求めると，$T = 68\,\mathrm{N}(= 6.9\,\mathrm{kg}$重$)$ となる。■

弦の振動のエネルギー

　弦の振動のエネルギーを求めてみる。まず，図 6.1 に示した長さ $\mathrm{d}x$ の微小部分（ここでは Δx を $\mathrm{d}x$ と表記している）の運動エネルギーは

$$\frac{1}{2}(\sigma \mathrm{d}x)\left(\frac{\partial z}{\partial t}\right)^2 \tag{6.24}$$

なので，弦全体の運動エネルギー $K(t)$ はこれを積分して

$$K(t) = \frac{1}{2}\sigma \int_0^L \left(\frac{\partial z}{\partial t}\right)^2 \mathrm{d}x \tag{6.25}$$

と書ける。次に，この微小部分のポテンシャルエネルギーを計算する。図 6.1 に示したように，この微小部分の長さは，張力 T によって $\mathrm{d}x$ から $\sqrt{(\mathrm{d}x)^2 + (\mathrm{d}z)^2}$ に引き伸ばされている。この伸びは，テイラー展開を使って

$$\begin{aligned}\sqrt{(\mathrm{d}x)^2 + (\mathrm{d}z)^2} - \mathrm{d}x &= \left[\sqrt{1 + \left(\frac{\partial z}{\partial x}\right)^2} - 1\right]\mathrm{d}x \\ &= \left[1 + \frac{1}{2}\left(\frac{\partial z}{\partial x}\right)^2 + \cdots - 1\right]\mathrm{d}x \\ &\approx \frac{1}{2}\left(\frac{\partial z}{\partial x}\right)^2 \mathrm{d}x \end{aligned} \tag{6.26}$$

と書ける。ポテンシャルエネルギーは，張力 T に抗してこの長さだけ伸びる際になされた仕事に等しい（ばねの場合と異なり，弦の伸びに伴う張力の変化は無視して考えている）。よって，この微小部分が持つポテンシャルエネルギーは上式に T を乗じた量なので，弦全体のポテンシャルエネルギー $V(t)$ は

$$V(t) = \frac{1}{2}T\int_0^L \left(\frac{\partial z}{\partial x}\right)^2 \mathrm{d}x \tag{6.27}$$

と書ける。よって，全力学的エネルギー E は

$$E = K + V = \frac{1}{2}\sigma\int_0^L \left[\left(\frac{\partial z}{\partial t}\right)^2 + \frac{T}{\sigma}\left(\frac{\partial z}{\partial x}\right)^2\right]\mathrm{d}x \tag{6.28}$$

となる。(6.17) 式で与えられる n 番目の基準振動 $z_n(x,t)$ だけを考えてみる。$z_n(x,t)$ の具体的な形 (6.17) 式を代入して上式を計算してみると，

$$E = \frac{1}{4} L \cdot T \left(\frac{n\pi}{L}\right)^2 A_n^2 \qquad (6.29)$$

となり，時間に依存しない一定値になることがわかる．つまり，力学的エネルギーは保存されている．また，任意の形の振動は基準振動の重ね合わせで表現できるので，その振動のエネルギーは各基準振動のエネルギーの和になっている．このエネルギーは，(6.22)式で定義される波数の2乗に比例し，振幅 A_n の2乗にも比例することがわかる．さらに固有角振動数と波数の関係 (6.23)式から，力学的エネルギーは固有角振動数の2乗に比例するといってもよい．この結果は，(2.26)式で表されている単振動のエネルギーの場合と同じである．弦の振動は，弦の各点が単振動をしていると考えれば当然の結論であるかもしれない．

6.2 モードの重ね合わせとフーリエ級数

これまで解説したように，バイオリンやギターの弦から出る音の高さは基本モードで決まるが，実際の弦の振動の様子は図 6.2(a) のような基本モードの振動だけではない．基本モードに加えて $n=10$ ぐらいまでの倍音の振動も混じっている．実は，この倍音によって**音色**が決まる．楽器特有の音色は，各倍音成分の混合割合によるものなのである．したがって，実際の弦の振動は，図 6.2 に示したようなきれいな正弦波の形ではなく，図 6.1 に描いたようなもっと複雑な形になる．

しかし，複雑な波形の振動でも，(6.17)式のいくつかの n で表される基準振動の重ね合わせとして表現できる．つまり，各基準振動モードは独立に，しかも線形に（つまり単なる足し算で）重ね合わせることができる．したがって，

$$z(x, t) = \sum_{n=1}^{\infty} z_n(x, t) = \sum_{n=1}^{\infty} A_n \sin\left(\frac{n\pi}{L} x\right) \cdot \cos(\omega_n t + \alpha_n) \qquad (6.30)$$

と書いて，未定定数 A_n と α_n を初期条件から決めれば，任意の形の振動を表せる．

初期条件として，時刻 $t=0$ で弦の形 $z(x, 0)$ が $Z(x)$ という形で静止していた状態から振動が始まったとする．つまり，

$$z(x, 0) = Z(x) \tag{6.31}$$

$$\left[\frac{\partial z(x, t)}{\partial t} \right]_{t=0} = 0 \tag{6.32}$$

(6.30) 式を t で微分して初期条件 (6.32) 式を適用すると，

$$-\sum_{n=1}^{\infty} \omega_n A_n \sin\left(\frac{n\pi}{L}x\right) \cdot \sin \alpha_n = 0 \tag{6.33}$$

となる．これが任意の座標 x について成り立つには，すべての n について $\alpha_n = 0$ とすればよい．$\alpha_n = \pi$ は係数 A_n の符号を変えるだけなので，$\alpha_n = 0$ の方だけを考えればよい．そうすると，初期条件 (6.31) 式は

$$\sum_{n=1}^{\infty} A_n \sin\left(\frac{n\pi}{L}x\right) = Z(x) \tag{6.34}$$

と書ける．この式から各項の係数 A_n を求めればよい．初期状態の弦の形を表す関数 $Z(x)$ を正弦関数の和として表せるのかどうか自明でないが，この式はそれができることを意味している．このように，ある関数を正弦関数（または余弦関数）の級数で表すことを，**フーリエ級数**に展開する，あるいは，単にフーリエ展開するという．フーリエ級数の各項が基本モードと倍音の基準振動を表しているので，弦の任意の振動形が基準振動の重ね合わせで構成されているといえる．係数 A_n が各基準振動成分の混合割合を表している．

フーリエ級数の係数 A_n を求める計算法を述べよう．そのためには正弦関数の**直交関係**といわれる公式

$$\frac{2}{L}\int_0^L \sin\left(\frac{n\pi}{L}x\right) \cdot \sin\left(\frac{m\pi}{L}x\right) \mathrm{d}x = \begin{cases} 1 & (n = m \text{ のとき}) \\ 0 & (n \neq m \text{ のとき}) \end{cases} \tag{6.35}$$

を使う．ここで m と n は整数である．この公式の証明は脚注にある[2]．

(6.34) 式の両辺に $\sin(m\pi x/L)$ （m は整数）を乗じて $0 \sim L$ の間の x で積分すると，

---

[2] $n \neq m$ のとき，

$$\frac{2}{L}\int_0^L \sin\left(\frac{n\pi}{L}x\right) \cdot \sin\left(\frac{m\pi}{L}x\right) \mathrm{d}x = \frac{1}{L}\int_0^L \left(\cos\frac{(n-m)\pi}{L}x - \cos\frac{(n+m)\pi}{L}x\right) \mathrm{d}x$$

$$= \frac{1}{L}\left[\frac{L}{(n-m)\pi}\sin(n-m)\pi - \frac{L}{(n+m)\pi}\sin(n+m)\pi\right] = 0 \tag{6.36}$$

となる．また，$n = m$ のときには $\cos\frac{(n-m)\pi}{L}x = 1$ となるので，積分すると 1 になることがわかる．

第 6 章　連続体の振動

$$\sum_{n=1}^{\infty} A_n \int_0^L \sin\left(\frac{m\pi}{L}x\right)\cdot\sin\left(\frac{n\pi}{L}x\right)dx = \int_0^L Z(x)\cdot\sin\left(\frac{m\pi}{L}x\right)dx \quad (6.37)$$

となる。ここで直交関係 (6.35) 式を使うと，左辺のうち $n = m$ の項以外はゼロとなるので，結局

$$A_m = \frac{2}{L}\int_0^L Z(x)\cdot\sin\left(\frac{m\pi}{L}x\right)dx \quad (6.38)$$

と係数 A_m が求まった。この A_m を関数 $Z(x)$ の**フーリエ成分**または**フーリエ係数**という。このように計算されるフーリエ成分を用いれば，任意の関数を (6.34) 式で表されるようにフーリエ級数に展開できるのである。その一例を例題 6.2 で計算してみる。

例題6.2　弦の振動のフーリエ展開

図 6.3(a) に示すように，張力 T で張られた長さ L，線密度 σ の弦の中央を指でつまんで距離 a だけ変位させた。$t = 0$ でその指を放したとする。その後の弦の振動 $z(x, t)$ をフーリエ級数を用いて求めよ。ただし，$t = 0$ での初期状態の関数形 $Z(x)$ は

$$Z(x) = \begin{cases} \dfrac{2a}{L}x & (0 \leq x \leq \dfrac{L}{2}) \\ \dfrac{2a}{L}(L - x) & (\dfrac{L}{2} \leq x \leq L) \end{cases} \quad (6.39)$$

とする。

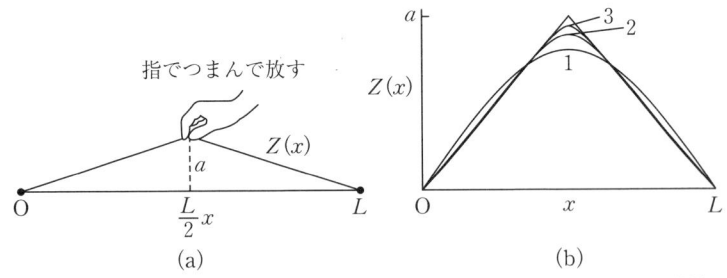

図6.3　弦の振動　(a) 弦を指でつまんで初期状態の形にしたとき，(b) 1, 2, 3 の曲線は，それぞれ(6.44)式の級数のはじめの1, 3, 5項までの和をとったときの関数。

解　(6.39) 式を (6.38) 式に代入して計算してみる。そのとき不定積分の公式

$$\int x \sin kx \mathrm{d}x = -\frac{1}{k}\left(x \cos kx - \frac{1}{k}\sin kx\right) \quad (6.40)$$

を利用すると[3],

$$\begin{aligned}
A_m &= \frac{4a}{L^2}\left[\int_0^{\frac{L}{2}} x \sin\left(\frac{m\pi}{L}x\right) \mathrm{d}x + \int_{\frac{L}{2}}^L (L-x)\sin\left(\frac{m\pi}{L}x\right)\mathrm{d}x\right] \\
&= -\frac{4a}{L^2}\left\{\frac{L}{m\pi}\left[x\cos\left(\frac{m\pi}{L}x\right) - \frac{L}{m\pi}\sin\left(\frac{m\pi}{L}x\right)\right]_0^{\frac{L}{2}}\right. \\
&\quad \left. + \frac{L}{m\pi}\left[(L-x)\cos\left(\frac{m\pi}{L}x\right) + \frac{L}{m\pi}\sin\left(\frac{m\pi}{L}x\right)\right]_{\frac{L}{2}}^L\right\} \\
&= \frac{8a}{m^2\pi^2}\sin\left(\frac{m\pi}{2}\right) \quad (6.42)
\end{aligned}$$

となる。したがって

$$A_m = \begin{cases} \dfrac{8a}{m^2\pi^2} & (m=1,\,5,\,9,\,\cdots \text{のとき}) \\ 0 & (m=2,\,4,\,6,\,\cdots \text{のとき}) \\ -\dfrac{8a}{m^2\pi^2} & (m=3,\,7,\,11,\,\cdots \text{のとき}) \end{cases} \quad (6.43)$$

となる。このフーリエ成分を使い,さらに固有振動数 (6.16) 式を使って (6.30) 式から

$$z(x,t) = \sum_{m=1}^{\infty} A_m \sin\left(\frac{m\pi}{L}x\right)\cdot\cos\left(\frac{\pi}{L}\sqrt{\frac{T}{\sigma}}\,m\cdot t\right) \quad (6.44)$$

と求められる。■

(6.43) 式を見ると,m が大きくなるほど,A_m は $1/m^2$ で小さくなっていくことがわかる。つまり,一般にフーリエ級数は,はじめの数項 (低次の項) が大きな寄与をし,高次の項ほど寄与は少なくなる。たとえば,はじめの 1 項,3 項,5 項のみの和をとった場合を図 6.3(b) に示す。5 項までの和だけで初期状態の三角形の形状をほぼ再現していることがわかる。さらに高次の項を加えることで,限りなく三角形に近づけられる。

---

[3] この公式は部分積分を行えば証明できる。

$$\begin{aligned}
\int x \sin kx \mathrm{d}x &= -\frac{1}{k}x\cos kx + \frac{1}{k}\int \cos kx \mathrm{d}x \\
&= -\frac{1}{k}x\cos kx + \frac{1}{k^2}\sin kx \quad (6.41)
\end{aligned}$$

6.3 膜の振動

今度は，太鼓の皮のような膜の振動を考えてみる。これは 2 次元的な拡がりを持つ連続体と考えられるので，図 6.4 に示すように，x 軸方向に L_x の長さ，y 軸方向に L_y の長さの長方形の枠に張られた膜とし，膜は横振動，つまり z 軸方向に変位して振動する場合を考える。つまり，膜の中の座標 (x, y) で指定される点の変位 z は，x, y，および時間 t の 3 つの変数の関数 $z(x, y, t)$ となる。膜は一様な張力 T で張られており，膜の面密度（単位面積当たりの質量）を σ とする。弦の振動のときと同様に，膜の中の微小部を考えてみる。つまり，x 座標および y 座標がそれぞれ $x \sim x + \Delta x$ と $y \sim y + \Delta y$ の間の微小領域について，その運動方程式をたててみる。

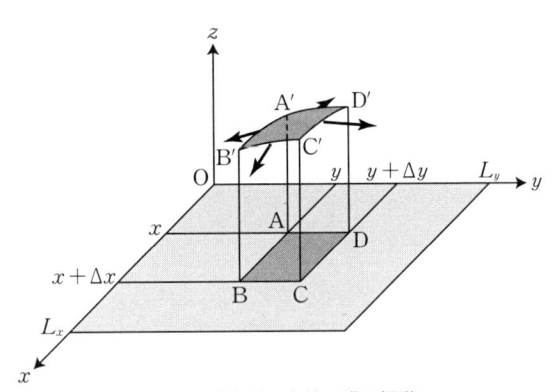

図6.4 長方形の太鼓の膜の振動

今，考えている微小領域にはたらく力を求めてみる。まず，x 軸に沿う方向を考える。つまり，微小領域の辺 A'D' と B'C' にはたらく力は，弦の場合の図 6.1 と同様に考えて，z 方向の力のみとなり，それは (6.5) 式および (6.8) 式と同様の考察から，$T \dfrac{\partial^2 z(x, y, t)}{\partial x^2} \Delta x \cdot \Delta y$ と書けることがわかる（ここで Δy が乗じられているのは，辺 A'D' の長さ方向に力を足し合わせているため）。同様に y 軸に沿う方向を考える。つまり，微小領域の辺 A'B' と C'D' にはたらく力は，同様に z 軸方向だけの力となり，それ

は $T\dfrac{\partial^2 z(x,y,t)}{\partial y^2}\Delta y\cdot \Delta x$ となる．よって，考えている微小部にはたらく力（z 軸方向のみ）は，x 軸方向と y 軸方向に沿う力の合計なので，求める運動方程式は

$$(\sigma \Delta x \Delta y)\frac{\partial^2 z}{\partial t^2} = T\left(\frac{\partial^2 z}{\partial x^2} + \frac{\partial^2 z}{\partial y^2}\right)\Delta x \Delta y \tag{6.45}$$

となる．あるいは整理して

$$\frac{\partial^2 z(x,y,t)}{\partial t^2} = \frac{T}{\sigma}\left(\frac{\partial^2 z(x,y,t)}{\partial x^2} + \frac{\partial^2 z(x,y,t)}{\partial y^2}\right) \tag{6.46}$$

となる．ここで膜の張力 T は単位長さ当たりの力なので，N/m $=$ kg/s^2 の次元を持つ．また面密度 σ は kg/m^2 の次元なので，T/σ の次元は (m/s)^2，つまり速さ v の 2 乗の次元を持つ．よって $T/\sigma = v^2$ と置いて，(6.46) 式を書き直すと，

$$\frac{\partial^2 z(x,y,t)}{\partial x^2} + \frac{\partial^2 z(x,y,t)}{\partial y^2} = \frac{1}{v^2}\frac{\partial^2 z(x,y,t)}{\partial t^2} \tag{6.47}$$

これが，膜の運動方程式であり，弦の振動のときの (6.11) 式を 2 次元に拡張した形になっていることがわかる．よって，弦の振動のときと同様な手順で運動方程式を解いて，基準振動を求めることができる．つまり，(6.12) 式と同様な解

$$z(x,y,t) = Z(x,y)\cos(\omega t + \alpha) \tag{6.48}$$

と仮定して (6.47) 式に代入してみる．そうすると，

$$\left(\frac{\partial^2 Z(x,y)}{\partial x^2} + \frac{\partial^2 Z(x,y)}{\partial y^2}\right)\cos(\omega t + \alpha) = -\frac{\omega^2}{v^2}Z(x,y)\cos(\omega t + \alpha) \tag{6.49}$$

となる．ここで，

$$\frac{v}{\omega} = \lambda \tag{6.50}$$

と，長さの次元を持つ定数 λ を定義して整理すると，$Z(x,y)$ に関する方程式

$$\frac{\partial^2 Z(x,y)}{\partial x^2} + \frac{\partial^2 Z(x,y)}{\partial y^2} + \frac{1}{\lambda^2}Z(x,y) = 0 \tag{6.51}$$

を得る．さらに，$Z(x,y)$ は，x のみの関数 $X(x)$ と，y のみの関数 $Y(y)$ の積であると仮定してみる（変数分離という）．つまり

第 6 章　連続体の振動

$$Z(x, y) = X(x)Y(y) \tag{6.52}$$

と置いて，(6.51) 式に代入してみる．両辺を XY で割って，x のみの関数を左辺に，y のみの関数を右辺にまとめると，

$$\frac{1}{X}\frac{d^2 X}{dx^2} = -\frac{1}{Y}\left(\frac{d^2 Y}{dy^2} + \frac{Y}{\lambda^2}\right) \tag{6.53}$$

となる[4]．この等式が任意の x と y に関して成り立つためには，左辺と右辺がそれぞれ定数に等しくなければならない．その定数を $-\mu^2$ と書くと，

$$\frac{1}{X}\frac{d^2 X}{dx^2} = -\mu^2 \tag{6.54}$$

$$\frac{1}{Y}\left(\frac{d^2 Y}{dy^2} + \frac{Y}{\lambda^2}\right) = \mu^2 \tag{6.55}$$

となる．すなわち，

$$\frac{d^2 X}{dx^2} = -\mu^2 X \tag{6.56}$$

$$\frac{d^2 Y}{dy^2} = -\left(\frac{1}{\lambda^2} - \mu^2\right)Y \tag{6.57}$$

となる．これらは第 2 章で習った単振動の式 (2.2) 式と同じ形になっている．よって，その一般解は (2.3) 式の形をしてるので，

$$X(x) = A\cos(\mu x + \beta) \tag{6.58}$$

$$Y(y) = B\cos(\sqrt{1/\lambda^2 - \mu^2}\cdot y + \gamma) \tag{6.59}$$

と書ける．未定数 $A, B, \beta, \gamma, \mu, \lambda$ は境界条件と初期条件によって決まる．とくに，λ が決まれば，(6.50) 式から固有角振動数 ω を求めることができる．

具体例として，図 6.4 で示した長方形の太鼓の膜の振動を考えてみる．つまり，辺の長さが L_x および L_y の長方形の枠で膜が固定されているので，境界条件として

$$x = 0,\ L_x,\ \text{および}\ y = 0,\ L_y\ \text{において}\quad z(x, y, t) = 0 \tag{6.60}$$

がつねに成り立っていなければならない．したがって，$x = 0$ および $y = 0$ での条件から

$$\beta = \gamma = -\frac{\pi}{2} \tag{6.61}$$

---

[4] λ の項を y の関数の方に含めているが，これを x の関数の方に含めても結果は変わらない．

としてよい。よって，(6.58) 式と (6.59) 式の余弦関数は正弦関数となる。

したがって，$x = L_x$ および $y = L_y$ での境界条件から
$$\sin \mu L_x = 0, \quad \sin(\sqrt{1/\lambda^2 - \mu^2} \cdot L_y) = 0 \tag{6.62}$$
でなくてはならない。よって，
$$\mu L_x = m\pi \quad (m = 1, 2, 3, \cdots) \tag{6.63}$$
$$\sqrt{1/\lambda^2 - \mu^2} \cdot L_y = n\pi \quad (n = 1, 2, 3, \cdots) \tag{6.64}$$
と書ける。したがって
$$\mu = \frac{m}{L_x}\pi, \quad \sqrt{1/\lambda^2 - \mu^2} = \frac{n}{L_y}\pi \tag{6.65}$$
となる。よって，この2式を合わせると
$$\frac{1}{\lambda^2} = \pi^2 \left(\frac{m^2}{L_x^2} + \frac{n^2}{L_y^2} \right) \tag{6.66}$$
となる。(6.50) 式と $v = \sqrt{T/\sigma}$ から固有振動数 ω が
$$\omega_{m,n} = \pi \sqrt{\frac{T}{\sigma} \left(\frac{m^2}{L_x^2} + \frac{n^2}{L_y^2} \right)} \quad (m, n = 1, 2, 3, \cdots) \tag{6.67}$$
と求められた。したがって，この膜の基準振動 $z_{m,n}(x, y, t)$ は
$$z_{m,n}(x, y, t) = A_{m,n} \sin\left(\frac{m\pi}{L_x}x\right) \sin\left(\frac{n\pi}{L_y}y\right) \cos(\omega_{m,n}t + \alpha_{m,n}) \tag{6.68}$$
と書ける。未定定数 $A_{m,n}$ および $\alpha_{m,n}$ は初期条件から決まる。このように，膜のような2次元の振動では2つの整数 m, n で基準振動が指定される。整数 m と n の色々な組み合わせに対する関数 $\sin\left(\frac{m\pi}{L_x}x\right)\sin\left(\frac{n\pi}{L_y}y\right)$ の様子を図 6.5 に示す。斜線の領域と斜線でない領域は，つねに逆位相で振動することを意味する。その境界線上では膜の変位が起こらない。このような線を**節線**という。弦の振動の場合と同じように，膜の任意の形の振動は基準振動 (6.68) 式の重ね合わせとして表すことができる。

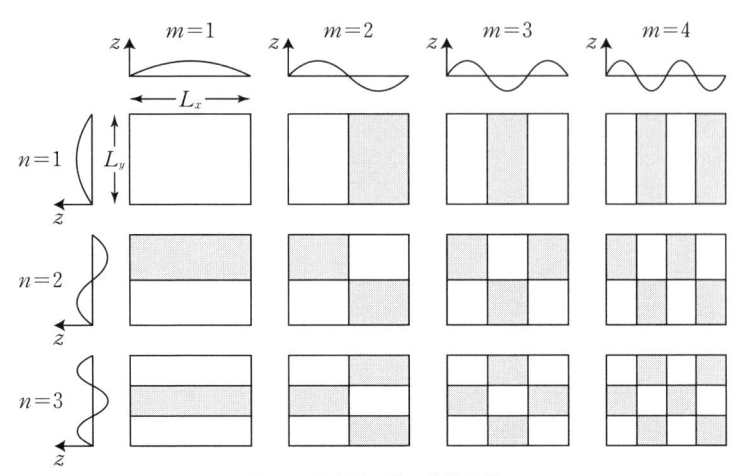

図6.5　長方形の膜の基準振動

章末問題

6.1　弦の振動

図 6.3(a) に示したように，張力 T で張られた長さ L，線密度 σ の弦の中央を指でつまんで距離 a だけ変位させた。時刻 $t=0$ でその指を放したとする。空気の抵抗などによる振動の減衰はないものとする。また，横方向に変位したとき，弦の張力は変化しないとする。変位 a は小さいものとして，a の最低次の項まで求めればよい。

(1) このときの振動のエネルギーを求めよ。

(2) この振動は，(6.44) 式のようにフーリエ級数で展開できたが，図 6.3(b) に示したように，$m=1\sim5$ までの基準モードの和だけで初期変位の三角形をかなり良く近似できる。この振動を $m=1\sim5$ までの基準モードの和だけとしたときの，振動のエネルギーを求めよ (それぞれの基準モードのエネルギーの和であることも計算の途中で示すこと)。その結果を (1) で求めたエネルギーの値と比較せよ。

(3) 図 6.3(a) に示す初期の形は，どれくらいの時間間隔で再び現れるか。

6.2 メルデの実験

図 6.6(a) に示すように，電磁音叉[5]の一端に糸をつなぎ，それを滑車とおもりを用いて一定の張力で張る．糸の線密度は $10\,\mathrm{g/m}$ であり，糸の長さ（音叉から滑車までの長さ）を $1\,\mathrm{m}$ とする．

(1) 電磁音叉を $400\,\mathrm{Hz}$ で振動させたとき，糸に基本振動の定在波（腹が1個の定在波）ができた．このときのおもりの重さと糸を伝わる波の速さを求めよ．

(2) おもりをどれだけにすれば定在波の腹が2つになるか．

(3) 次に，図 6.6(b) に示すように音叉を縦にして振動させた．(2) と同じおもりの場合，弦の振動の様子は (2) と比べてどう違うか．

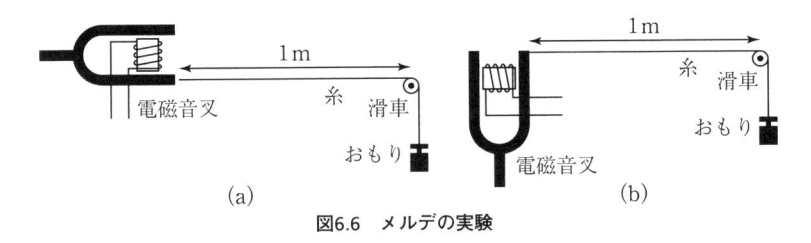

図6.6　メルデの実験

6.3 フーリエ級数展開

次の周期関数をフーリエ級数展開せよ．

(1) のこぎり波
$$f(x) = x - 2nl$$
$((2n-1)l < x < (2n+1)l,\ n\ \text{は}\ -\infty\ \text{から}\ \infty\ \text{の間の整数})$

(2) 全波整流波
$$f(x) = \cos[(\pi/2l)(x - 2nl)]$$
$((2n-1)l < x < (2n+1)l,\ n\ \text{は}\ -\infty\ \text{から}\ \infty\ \text{の間の整数})$

6.4 微分回路

(1) 図 6.7 のような RC 回路の端子 1, 2 間に，信号電圧

---

[5] 電磁音叉とは，電磁石を交流的に励磁し，その周波数を音叉の固有振動数に合わせることによって，音叉を連続的に振動させて鳴らすものである．

$$E(t) = \sum_{n=-\infty}^{\infty} A_n e^{in\omega_0 t} \tag{6.69}$$

を印加したとき,端子 3, 4 間に現れる出力電圧 $V(t)$ を求めよ.
(2) $\omega_0 RC \ll 1$ のとき,$E(t)$ と $V(t)$ の間にはどのような関係があるか.

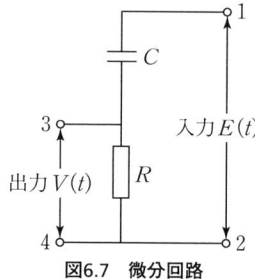

図6.7 微分回路

第 7 章

振動現象が隣の場所に次から次へと伝わっていくのが進行波。それは波動方程式で記述される。

1次元の進行波

　静かな池に小石を投げ入れたときに水面に広がる波，あるいは地面を伝わってくる地震の振動の波，スピーカーからの音は空気の振動の波などなど，身のまわりにはいろいろな波が存在する。空間の1ヶ所で発生した振動が次々と隣の部分に伝わっていく現象を波，あるいは波動という。波を伝える水や地面や空気を**媒質**という。波は，媒質が長距離移動することによって伝わるのではなく，媒質の各点が固定点(つり合いの位置)のまわりで周期的な振動を起こし，その振動が隣の場所に次から次へと伝わっていく現象である。だから，今までに学んできた振動と波は切っても切れない関係にある。遠い場所にまで波が伝播するには時間がかかるので，振動の遅れが見られる。その遅れは，その波が伝播する速さで決まり，それは，媒質の性質で決まる。たとえば，空気中の音速より水中の音速の方が大きい。この章では，まず簡単のために1次元の波を考え，第10章で2次元や3次元の波に拡張する。

7.1　進行波

　図 7.1 に示すように，波を伝える媒質としてピンと張ったゴムひも，または弦を考える。一端を壁に固定し，他端を手で引っ張った状態で，手を

第7章 1次元の進行波

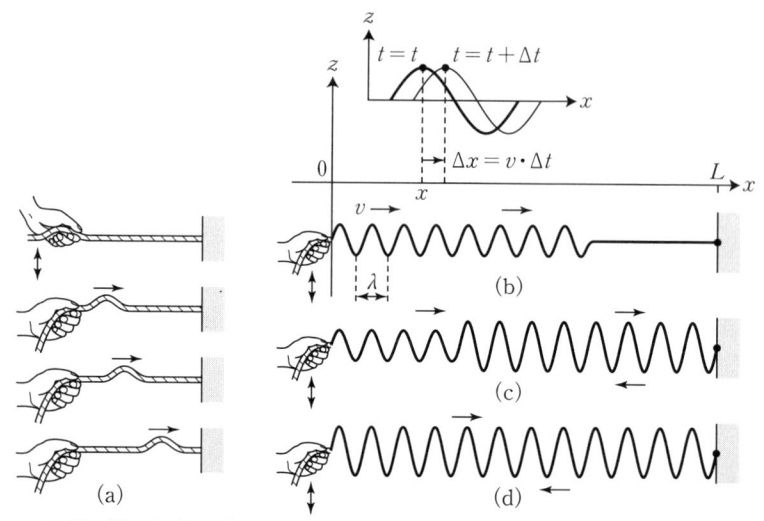

図7.1 (a) 引っ張ったゴムひもの一端を一振りしてパルス波をつくると，パルス波の形をほとんど変えずに進行する。(b) ゴムひもを連続的に振って進行波をつくり，固定端から反射させ，定在波(基準振動)をつくる。

 上下に一振りする。そうすると，(a) に示すように，パルス状にゴムひもが変形して，それが右に伝播していく。その伝播の速さを v とする。後で述べるが，この v は (6.10) 式で定義された波の速さである。このゴムひもまたは弦の振動は，どんな振動でもすべて運動方程式 (6.11) 式に従う。
 次に，(b) に示すように，手を上下に連続的に振ると連続的な波ができて右向きに進行していく。ゴムひもに沿って x 軸をとり，手の位置を $x=0$ とする。x 軸に直角方向に z 軸をとって，ゴムひもの変位を表す。そうすると，手の動き，すなわち，$x=0$ での変位 $z(0, t)$ は，正弦関数

$$z(0, t) = A \cos \omega t \tag{7.1}$$

と書ける。A は手の振動の振幅であり，ω はその振動の角振動数である。この振動が，速さ v でゴムひもを右向きに伝わっていったとき，座標 x の位置における時刻 t でのゴムひもの変位 $z(x, t)$ を求めてみる。座標 x の地点まで波が伝わるのにかかる時間は x/v である。したがって，位置 x で時刻 t での変位 $z(x, t)$ は，$x=0$ の地点において時刻 $t-x/v$ のときの変位に等しい。

$$z(x,t) = z\left(0, t - \frac{x}{v}\right) = A\cos\omega\left(t - \frac{x}{v}\right)$$
$$= A\cos 2\pi\left(\frac{t}{T} - \frac{x}{\lambda}\right) \tag{7.2}$$

と書ける。最後の等号は，単振動と同じ物理量を定義している。つまり，周期 T は，$T = 2\pi/\omega$ で定義される。また，波長 λ は 1 周期の間に進む距離なので，$\lambda = v \cdot T = 2\pi v/\omega$ と書けることを使った。この式から，位置 x の地点での振動は，$x = 0$ での振動より，位相が $\omega x/v$ だけ遅れているといってよい。このときの速さ v は，位相の変化が伝わる速さなので**位相速度**と呼ばれ，とくに v_ϕ と書く。また

$$k \equiv \frac{2\pi}{\lambda} = \frac{\omega}{v_\phi} \tag{7.3}$$

で定義された**波数**を定義すると，(7.2) 式は

$$z(x,t) = A\cos(\omega t - kx) \tag{7.4}$$

と書ける。連成振動において (5.52) 式と (5.53) 式で定義された波数，あるいは弦の振動の定在波において (6.22) 式で定義された波数 k は，とびとびの値しかとれなかったが，進行波の場合の波数は任意の連続値をとることができる。ゴムひもを持っている手の振動の仕方は任意に変えられるからである。

上述の見方では，位相が遅れて次々と x 方向に振動が伝わっていくという描像で進行波を捉えた。一方，(7.3) 式を使って (7.4) 式を書き直すと，

$$z(x,t) = A\cos\{k(x - v_\phi t)\} \tag{7.5}$$

となる。これは，t だけ時間が経過すると，関数がそのままの形で x 方向に $v_\phi t$ だけ平行移動することを意味している。(7.4) 式と (7.5) 式は同じものであり，右向きに (x 軸の正方向に) 進行する波を位相の遅れで表現してもいいし，位置の平行移動として表現してもよいことを表している。

弦の運動方程式は (6.11) 式であったので，(7.4) 式や (7.5) 式をそれに代入してみると，

$$\omega^2 = v_\phi^2 k^2, \quad \text{すなわち}\ \omega = v_\phi k \tag{7.6}$$

を満たすならば，(7.4) 式や (7.5) 式は弦の運動方程式 (6.11) 式の解となる。つまり，この場合の波では，弦の運動方程式 (6.11) 式の中の v が位

相速度 v_ϕ に等しい。振動数 ω と波数 k の関係を与える分散関係 (7.6) 式は (6.23) 式と同じである。つまり，弦を伝わる進行波は 6.1 節で学んだ弦の定在波と同じ分散関係を持つ。分散関係は波を伝える媒質の性質なので，波が進行波なのか定在波なのか，あるいは境界があるのかないのか，などによらない。

この弦の分散関係を，N 個のおもりの連成ばね振動子系の分散関係 (5.55) 式や (5.66) 式と比較すると，非常に単純であることがわかる。つまり，位相速度 v_ϕ は波数 k に単純に反比例する。(5.55) 式や (5.66) 式の場合にも，位相速度は k に依存してしまう。このような場合には「分散がある」という。

この「分散」の意味は，正弦波ではない，たとえば 6.2 節で考えた三角波のような場合を考えると明らかになる。そのような一般の波は，異なる波数 k を持ついくつかの正弦波の重ね合わせとして表されることを 6.2 節で学んだが，そのような波が分散のある媒質を進行する場合を考えてみる。波数 k によって伝播する速さが違うとすると，異なる波数を持つ正弦波の位相関係が時間とともに変化してしまい，その結果，波の形は時間とともにどんどん変化してしまう。このように，分散のある場合は，各波数 k の波の位相がバラバラになるという意味で「分散がある」という。分散がない媒質では三角波でも形を保って伝わっていく。1 つの波数で表される正弦波は，媒質が分散のあるなしにかかわらず，その形を保ったまま伝播する。

7.2　波動方程式

(7.2) 式や (7.4) 式，(7.5) 式は，x 軸の正の方向，つまり右向きに進行する波を表した。左向きに進行する波は，k を $-k$ にすれば表現できる ($v = \omega/k$ の関係から，v の符号を反転させると k の符号も反転する)。すなわち，

$$z(x,t) = A\cos 2\pi\left(\frac{t}{T} + \frac{x}{\lambda}\right) = A\cos(\omega t + kx)$$
$$= A\cos\{k(x + v_\phi t)\} \tag{7.7}$$

が左向き（$-x$ 方向）に進行する波を表す。

ここで波動を表す微分方程式をつくってみる。右向き進行波を表す (7.5) 式を x および t で偏微分してみると

$$\frac{\partial z}{\partial x} = -\frac{1}{v_\phi}\frac{\partial z}{\partial t} \tag{7.8}$$

という関係式が成り立つことがわかる。一方，左向き進行波を表す (7.7) 式を同様に x および t で偏微分してみると

$$\frac{\partial z}{\partial x} = +\frac{1}{v_\phi}\frac{\partial z}{\partial t} \tag{7.9}$$

となり，(7.8) 式と符号が違ってしまう。つまり，進む向きによって別々の方程式になってしまうので，波動を記述する一般的な方程式とはいえない。しかし，もう1回微分して2階微分をとれば，進む向きによらずに同じ方程式

$$\frac{\partial^2 z}{\partial x^2} = \frac{1}{v_\phi{}^2}\frac{\partial^2 z}{\partial t^2} \tag{7.10}$$

となることがわかる。これを**波動方程式**という。正弦波 (7.5) 式や (7.7) 式がこの方程式を満たすことは前節で見たが，それは同時に，フーリエ級数展開できる任意の形の波が，この波動方程式を満たすことを意味する。この波動方程式は，弦の基準振動で習った運動方程式 (6.11) 式と同一であるので，改めて波動方程式と呼ぶ必要もないかもしれない。ただ，次の節で見るように，基準振動，つまり定在波は，右向き進行波と左向き進行波の重ね合わせで表現できるので，波の様態にかかわらず，この方程式の解となっているし，また，ゴムひも（弦）の波に限らず，後続の章で習うように，音波（空気の粗密波）や電磁波など他の波動も同一の方程式で記述できるので，(7.10) 式は一般に波動方程式と呼ばれている。

(7.10) 式を満たすいくつかの解（波）を足し合わせた解（波）も，(7.10) 式の解であることは確かめておく必要がある。たとえば，$z(x, t) = f(x, t)$ と $z(x, t) = g(x, t)$ が (7.10) 式を満たすならば，

$$z(x, t) = f(x, t) + g(x, t) \tag{7.11}$$

も (7.10) 式を満たすことは，実際に代入してみれば確認することができる。つまり，ある地点に2つの波が同時に到来したとき，その地点での変

位 z はその 2 つの波の変位を加え合わせたものとなる。これは多くの場合に日常的な経験と一致する。これを**重ね合わせの原理**という。これは，波動方程式が線形微分方程式だから成り立つ。この原理のおかげで，フーリエ級数展開した任意の形の波が波動方程式を満たすといえるのである。

また，x の代わりに $x \pm vt$ というまとまった形で x と t に依存した関数であれば，どんな関数も波動方程式 (7.10) 式を満たす。つまり，$f(x)$ および $g(x)$ を 2 つの任意の関数とすると

$$z(x, t) = f(x - vt) + g(x + vt) \tag{7.12}$$

は (7.10) 式を満たす一般解である。これは実際に代入して計算してみれば確かめることができる[1]。これを**ダランベールの解**という。第 1 項が $+x$ 方向に進む波を表し，第 2 項が $-x$ に進む波を表すことがわかるだろう。フーリエ級数展開は，任意の形の波をいろいろな波数を持つ正弦波の重ね合わせで表せることを意味したが，(7.12) 式は，任意の波はその動きを含めて，右向きの波と左向きの波の重ね合わせで表せることを意味している。$v = \omega/k$ の関係からダランベールの解を

$$z(x, t) = f(kx - \omega t) + g(kx + \omega t) \tag{7.15}$$

と書いても (7.10) 式を満たすことを確かめられる。関数の引数が無次元量とする方がよいので，(7.12) 式より一般性がある表記といえる。

例題7.1 ゴムひもを伝わる波

図 7.2 のように，ピンと張った長いゴムひも（または弦）のまん中あたりで，局所的な変位 $z_0(x)$ を与え，その静止状態から手を放した。その後，このゴムひもにはどのような波が伝わるか。

解 初期条件 $t = 0$ で $\partial z/\partial t = 0$ なので，(7.12) 式で，$s = x \pm vt$ と置いて，t で微分して $t = 0$ と置くと，

---

[1] 関数 $f(x - vt)$ を x または t で微分するには，$s \equiv x - vt$ と置いて，まず f を s の関数とみなして s で微分し，さらに s を t で微分する（合成関数の微分）。

$$\frac{\partial f(x - vt)}{\partial t} = \frac{df(s)}{ds}\frac{ds}{dt} = \frac{df(s)}{ds} \cdot (-v) \tag{7.13}$$

となる。さらに t で微分すると

$$\frac{\partial^2 f(x - vt)}{\partial t^2} = \frac{d^2 f(s)}{ds^2}\frac{ds}{dt} \cdot (-v) = v^2 \frac{d^2 f(s)}{ds^2} \tag{7.14}$$

となる。$f(x - vt)$ を x で微分するときも s に変数変換してから同様に計算する。

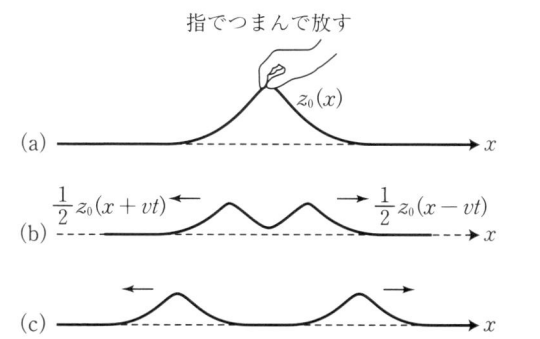

図7.2 ゴムひもをつまみ上げて手を放すと，両方向に進行する波ができる。

$$\frac{df(s)}{ds} = \frac{dg(s)}{ds}, \quad \text{したがって } g(x) = f(x) + C \quad (C \text{ は定数}) \tag{7.16}$$

また，初期条件 $t=0$ で $z(x) = z_0(x)$ だから，(7.12) 式から

$$f(x) + g(x) = z_0(x) \tag{7.17}$$

したがって，(7.16) 式と (7.17) 式から

$$f(x) = \frac{1}{2}z_0(x) - \frac{1}{2}C, \quad g(x) = \frac{1}{2}z_0(x) + \frac{1}{2}C \tag{7.18}$$

よって，任意の時刻 t では，$f(x)$ および $g(x)$ の x をそれぞれ $x \pm vt$ に置き換えて (7.12) 式から

$$z(x, t) = \frac{1}{2}z_0(x - vt) + \frac{1}{2}z_0(x + vt) \tag{7.19}$$

となる。つまり，図 7.2 に示すように，振幅は半分だが初期状態の変位の形を保ったまま，はじめに変位を与えられた場所から右向きに進む波 (第 1 項) と左向きに進む波 (第 2 項) が生じる。

∎

7.3　進行波と定在波

図 7.1(b) に描いたように，ゴムひもを右向きに進んできた正弦波は，やがて壁の固定端まで達して反射してくる。そして，この反射波は (c) のように左向きに進む。また，次章で述べるが，壁のような固定された端

（固定端）で波が反射すると振幅の符号が変わる（別な言い方をすると，位相が π だけずれる）ので，反射波は

$$z(x,t) = -A\cos 2\pi \left(\frac{t}{T} + \frac{x}{\lambda} \right) \tag{7.20}$$

と書ける。そうすると，手から発生して右向きに進む波（(7.2) 式）と壁から反射して左向きに進む波（(7.20) 式）が重なって振幅が大きくなり，ゴムひもが大きく振動する。

つまり，この 2 つの式を足し合わせると，三角関数の和積の公式[2]を使って，

$$z(x,t) = A\cos 2\pi \left(\frac{t}{T} - \frac{x}{\lambda} \right) - A\cos 2\pi \left(\frac{t}{T} + \frac{x}{\lambda} \right) \tag{7.25}$$

$$= 2A\sin\left(2\pi \frac{t}{T} \right) \sin\left(2\pi \frac{x}{\lambda} \right) \tag{7.26}$$

となる。この式は，座標 x と時刻 t に関して独立に振動していることを表しており，(6.17) 式と同じ形をしていることがわかる。つまり，位置 x に無関係に時間 t に関して同位相で振動している。これは，第 6 章で習った弦の基準振動と同じであり，場所によって位相がずれて振動する進行波とは明らかに違う。つまり，(7.2) 式や (7.20) 式と違い，進行波を表すのではなく定在波を表している。実際，$\sin 2\pi(x/\lambda) = 1$ となる位置 x の所が，時間に関して最大振幅で振動するので定在波の腹であり，$\sin 2\pi (x/\lambda) = 0$ を満たす位置 x は，いつでも振幅がゼロになるので節となっていることがわかる。

図 7.3 に右向き進行波と左向き進行波が重なった場合の波を示した。(a) から (b)，(c)，(d) へと時間が経過したとき，その 2 つの進行波の和は点線となり，振幅ゼロの位置（節）は動かずにつねに振幅ゼロになっていることがわかる。

ここで，注意したいのが波数 k の値である。ゴムひも (弦) の長さが L

---

[2] 三角関数の和積の公式：

$$\cos(\alpha+\beta) + \cos(\alpha-\beta) = 2\cos\alpha\cos\beta \tag{7.21}$$
$$\cos(\alpha+\beta) - \cos(\alpha-\beta) = -2\sin\alpha\sin\beta \tag{7.22}$$
$$\sin(\alpha+\beta) + \sin(\alpha-\beta) = 2\sin\alpha\cos\beta \tag{7.23}$$
$$\sin(\alpha+\beta) - \sin(\alpha-\beta) = 2\cos\alpha\sin\beta \tag{7.24}$$

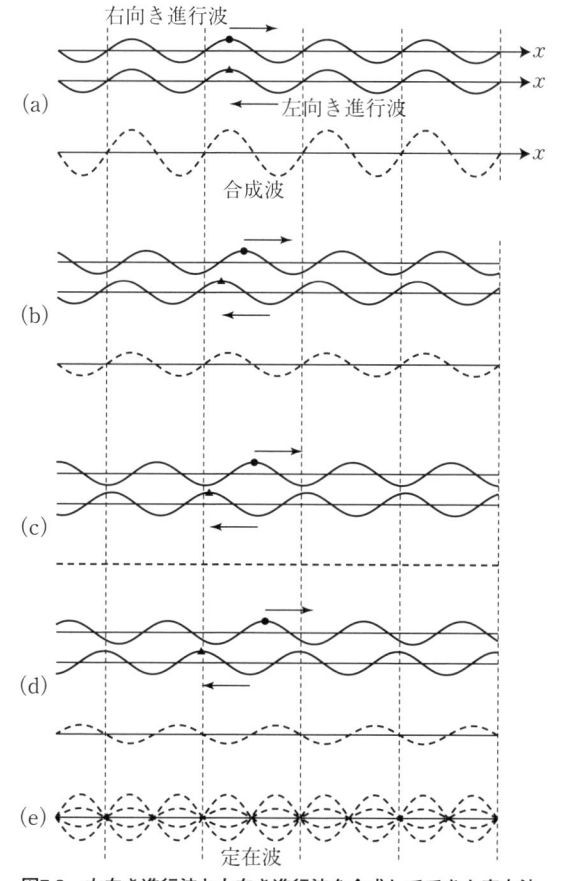

図7.3　右向き進行波と左向き進行波を合成してできた定在波

の場合，定在波をつくるkは，(6.22)式を満たすとびとびの値をとるはずだった。しかし，(7.3)式で定義される波数は任意の連続値をとることができた。つまり，進行波としては任意のkの値で存在するが，それが決まった長さのゴムひもで定在波となるには，特定のkしか許されないのである。それ以外のkの波は，ゴムひもの両端での反射を繰り返しているうちに消えてしまう。

7.4　波のエネルギーとその流れ

波は媒質の振動エネルギーを持っているので，進行波はその振動のエネルギーを運ぶことになる。岸壁にぶつかる波によって岩が浸食されるのを見れば，波のエネルギーを感じることができる。また，波のエネルギーを使って発電する方法も考え出されている。ここでは波のエネルギーとその流れを定量的に考えてみる。まず，6.1 節で，弦の振動のエネルギーを計算した。(6.28) 式から，弦またはゴムひもの単位長さ当たりの全力学的エネルギー（＝運動エネルギー＋ポテンシャルエネルギー）は

$$\varepsilon = \frac{1}{2}\left[\sigma\left(\frac{\partial z}{\partial t}\right)^2 + T\left(\frac{\partial z}{\partial x}\right)^2\right] \tag{7.27}$$

と書ける[3]。第 1 項が運動エネルギーを表し，第 2 項がポテンシャルエネルギー（つまりゴムひもが伸びることによる弾性エネルギー）を表す。これは，(7.8) 式または (7.9) 式より

$$\varepsilon = \frac{1}{2}\left(\sigma + \frac{T}{v_\phi^2}\right)\left(\frac{\partial z}{\partial t}\right)^2 \tag{7.28}$$

となる。さらに，位相速度 v_ϕ は (6.10) 式で与えられるので，**運動エネルギーとポテンシャルエネルギーは等しく**，結局，単位長さ当たりの全エネルギーは

$$\varepsilon(x, t) = \sigma\left(\frac{\partial z(x, t)}{\partial t}\right)^2 \tag{7.29}$$

となる。波は位相速度 v_ϕ で動いているので，このエネルギーも同じ速さで流れる。そうすると，エネルギー流密度，すなわち，単位時間にある場所を通過して流れるエネルギー $J(x, t)$ は

$$J(x, t) = v_\phi \cdot \varepsilon(x, t) \tag{7.30}$$

と書けるので，

$$J(x, t) = Z\left(\frac{\partial z(x, t)}{\partial t}\right)^2 \tag{7.31}$$

と得られる。ここで，Z は，$v_\phi = \sqrt{T/\sigma}$ より，

$$Z \equiv \sqrt{T\sigma} \tag{7.32}$$

---

[3] この式の T は，弦またはゴムひもを張る張力である。7.1 節〜 7.3 節での T は周期を表していた。同じ記号を使っているが，文脈から混同することはないと思う。

で定義される量である。この量は，実は次章の (8.45) 式で定義されるインピーダンスと呼ばれる量である。つまり，波を伝える媒質のインピーダンスが大きいほど波が運ぶエネルギー流が大きくなり，その結果，波が大きな仕事をしたり，摩擦などで散逸したりするエネルギーも大きくなる。この意味で，Z は電気回路で使うインピーダンス，つまり抵抗 R と同じ意味合いを持つ。電流 I に相当するのが $\partial z/\partial t$ であり，(7.31) 式は抵抗で生じるジュール熱 RI^2 に相当する。また，上記の意味からエネルギー流密度 J を波の**強さ**と呼ぶこともある。

例題7.2 **エネルギー流密度**

ピンと張った弦またはゴムひもを，正弦波の横波 $z(x, t) = A \sin(kx - \omega t)$ が伝わっている。このときのエネルギー流密度を求めよ。

解 (7.29) 式からエネルギー密度を計算すると

$$\varepsilon(x, t) = \sigma \omega^2 A^2 \cos^2(kx - \omega t) \tag{7.33}$$

これを 1 周期の時間間隔で平均すると，$\cos^2(kx - \omega t)$ が $1/2$ になるので，エネルギー密度は場所によらず

$$\varepsilon = \frac{1}{2} \sigma \omega^2 A^2 \tag{7.34}$$

エネルギー流密度 J は，これに速度 $v_\phi (=\sqrt{T/\sigma})$ を乗じればいいので，

$$J = \sqrt{T\sigma} \cdot \frac{1}{2} \omega^2 A^2 \tag{7.35}$$

となる。∎

実は，エネルギー密度 (7.34) 式は，単振動のエネルギー (2.25) 式で，質量 m の代わりに単位長さの質量 σ を入れれば，ただちに求めることができる。正弦波は弦の各点が単振動していることを考えれば，当然のことである。

章末問題

7.1 進行する正弦波

x 軸方向に張った弦に沿って，振幅 0.03 m，振動数 20 Hz の正弦波状の横波が速さ 80 m/s で $+x$ の向きに伝播している。

(1) この波の式を書き表せ。

(2) この波の波長と周期を求めよ。

(3) 位相が 30° 違っている 2 つの点の間の距離を求めよ。

(4) ある点で，時間が 0.01 s 経過すると位相がどれだけ変わるか。

7.2 進行する正弦波（その 2）

正弦波の横波が弦に沿って伝播しているとき，$x = 0$ と $x = 1\,\mathrm{m}$ の 2 点で波を観測する。その結果，その 2 点での弦の変位は次のように書き表せた。

$$z_1 = 0.2 \sin 3\pi t, \quad z_2 = 0.2 \sin(3\pi t + \pi/8) \tag{7.36}$$

(1) この波の振動数，波長，伝播する速さはいくらか。

(2) 波は弦のどちら向きに伝わっているのか。与えられた条件では決められない場合，可能性をすべて述べよ。

7.3 パルス波

次の式で書ける横波のパルス波が x 軸方向に張った弦を伝播している。

$$z(x, t) = \frac{a^3}{a^2 + (2x - ut)^2} \tag{7.37}$$

(1) このパルス波の伝播する速さはいくらか。また，進む向きはどちらか。

(2) 弦上のある点の横方向の速度 v_z は $v_z = \partial z/\partial t$ で定義される。$t = 0$ の瞬間での v_z を x の関数として求めよ。これをもとに，$t = \Delta t$ のときのパルスの略図を描け。

7.4 弦を伝わる波の減衰

線密度 σ の弦が，粘っこい液体の中に x 軸方向に張力 T で張られていて，z 軸方向に横振動しているとする。そうすると，弦の微小長さ Δx には，その速度 $\partial z/\partial t$ に比例する抵抗力 $-\beta(\partial z/\partial t)\,\Delta x$ が作用する（$\beta > 0$）。

(1) この場合の弦の運動方程式（波動方程式）を導け。

(2) この弦の原点 ($x = 0$) を角振動数 ω で単振動させて波を発生させたとき，弦を伝播する波の様子を解析せよ。

第 8 章

わずかに波長の異なる波が重なったときに起こる「うなり」，あるいは，媒質の境界に波が到達したときに起こる反射や透過現象など，1次元の波といえども波特有の多彩な現象と概念が出てくる。

波の性質

8.1　波の重ね合わせ

7.3 節では，同じ振動数（または周期），同じ波数（または波長）を持つが逆向きに進行する2つの正弦波を重ね合わせた場合を考えた。その結果，定在波ができることを見た。今度は，波数や振動数が少し異なるが同じ向きに進む2つの正弦波の重ね合わせを考えてみる。これは，AMラジオ放送の原理につながる。

簡単のために，この2つの波を振幅が等しく，$+x$ 向きに進む正弦波

$$z_1(x, t) = A \cos(k_1 x - \omega_1 t)$$
$$z_2(x, t) = A \cos(k_2 x - \omega_2 t) \tag{8.1}$$

とする。波数 k_1, k_2，および振動数 ω_1, ω_2 はそれぞれ近い値とする。図示すると図 8.1(a) のようになる。これら2つの波を重ね合わせると，三角関数の和積の公式 (7.21) 式を利用して

$$z(x, t) = z_1(x, t) + z_2(x, t)$$
$$= 2A \cos\left(\frac{\Delta k}{2} x - \frac{\Delta \omega}{2} t\right) \cdot \cos(\bar{k} x - \bar{\omega} t) \tag{8.2}$$

となる。ここで，

第8章 波の性質

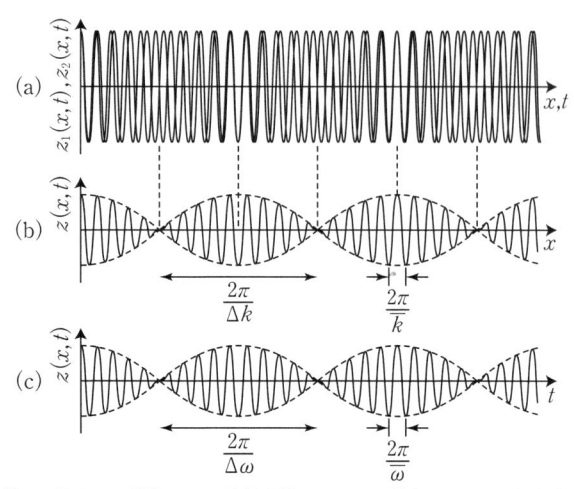

図8.1 (a) わずかに異なる周波数または波数を持つ2つの正弦波 (b) その合成波のある時刻での空間分布 (c) その合成波のある地点での時間変化

$$\Delta k \equiv k_1 - k_2, \quad \bar{k} \equiv \frac{1}{2}(k_1 + k_2) \tag{8.3}$$

$$\Delta \omega \equiv \omega_1 - \omega_2, \quad \bar{\omega} \equiv \frac{1}{2}(\omega_1 + \omega_2) \tag{8.4}$$

と定義している。前に仮定したように，$\Delta k \ll k_1, k_2$ および $\Delta \omega \ll \omega_1, \omega_2$ なので，(8.2) 式の前半の因子

$$B(x, t) \equiv \cos\left(\frac{\Delta k}{2}x - \frac{\Delta \omega}{2}t\right) \tag{8.5}$$

は x, t とともにゆっくり振動するが，第2の因子 $\cos(\bar{k}x - \bar{\omega}t)$ は時間，空間ともにすばやく振動する。だから (8.2) 式は，このすばやく振動する正弦波の振幅が $B(x, t)$ によってゆっくり変動するとみなせる。実際，ある時刻 t での (8.2) 式を図示すると，図8.1(b) のようになる。逆に，ある地点 x でこの波を観測したときの時間変化は図8.1(c) となり，形は (b) と同じになる。両者とも小刻みな振動の振幅が点線で示したようにゆっくり変化している。その振幅の変化が (8.5) 式で表されている。このように，振動数あるいは波数のわずかに異なる波が重なり合って，その結果，振幅が変化（変調）する小刻みな振動現象を**うなり**という。図8.1(b) と (c) を

見比べると，うなりの振幅が最大になるところは，もともとの 2 つの波の位相が一致するところ (山と山，谷と谷が一致するところ) であり，逆にうなりの振幅が最小になるところは，もとの 2 つの波の位相が逆になるところ (山と谷が重なるところ) であることがわかる。

たとえば，440 Hz の音と 442 Hz の音を重ねると 441 Hz の音として聞こえるが，音の大きさが 2 Hz の振動数 (0.5 秒の周期) で変化するように聞こえる。

実は，うなり現象は図 5.2(c) ですでに習っていた。そこでは，振動数のわずかに異なる振動子が連成した場合に起こるものであった。波も各点が単振動しているので，この連成振動と同じ状況になる。

余談だが，周波数 (振動数) や波長が著しく異なる 2 つの音が重なった場合には，このようなうなりの現象は起こらず，単に 2 つの別々の音として聞こえる。ただし，周波数が簡単な整数比になる場合には，和音として協和して聞こえる。たとえば，ド，ミ，ソの周波数はそれぞれ 262 Hz, 330 Hz, 392 Hz であり，それらの比は 4 : 5 : 6 である。ファ，ラ，ドの周波数は 349 Hz, 440 Hz, 523 Hz なので，それらの比もおよそ 4 : 5 : 6 となっている。これに対して，レ，ファ，ラの周波数の比は 27 : 32 : 40 となり，簡単な整数比ではないので濁った響きとなる。

群速度

うなりの話にもどろう。図 8.1(b) で示した空間的なうなりがどのくらいの速度で進んでいくのか考えてみる。(8.5) 式を変形すると

$$B(x, t) = \cos\left\{ \frac{\Delta k}{2} \left(x - \frac{\Delta \omega}{\Delta k} t \right) \right\} \tag{8.6}$$

と書けるので，図 8.1(b) の中で点線で示したうなりの形が速さ $\Delta\omega/\Delta k$ で進んでいるのがわかる。Δk や $\Delta\omega$ が十分小さいとき，この速さは

$$v_\mathrm{g} \equiv \frac{d\omega}{dk} \tag{8.7}$$

と微分で表せる。一般に振動数 ω は波数 k の関数として表され，分散関係と呼ばれることを前に学んだが，その微係数が，うなりの構造が移動する速さになる。これを**群速度**という。一方，(8.2) 式の後半で表されてい

る小刻みに振動する波の成分は $\cos \bar{k}\,(x - \bar{\omega}t/\bar{k})$ と書け，その波は

$$v_\phi \equiv \frac{\bar{\omega}}{\bar{k}} \tag{8.8}$$

の速さで進む．これを**位相速度**という．一般に群速度と位相速度は異なるが，弦やゴムひもでは分散関係 (7.6) 式が成り立っているので，$v_\mathrm{g} = v_\phi$ となる．そのときには，図 8.1(b) に示した形がそのまま右向きに進行していく（分散のない波）．しかし，分散関係が (5.55) 式や (5.66) 式のような場合，ω が k に複雑な形で依存するので，位相速度と群速度が一致しないことになる．その場合には，うなりをつくっているそれぞれの正弦波の進行速度が違ってしまうので，両者の位相差が時間とともに変化してしまい，波の進行に伴って，うなりの形が変化していくことになる（分散のある波）．分散のある波では v_ϕ が k に依存するので，(7.6) 式を k で微分すると $v_\mathrm{g} = v_\phi + k\,\mathrm{d}v_\phi/\mathrm{d}k$ となり，右辺第 2 項の分だけ群速度は位相速度と異なる．

AM ラジオ放送

　上に述べた振幅の変調を利用して，信号を送ることができる．したがって，信号は群速度で伝わる．AM ラジオはこれを利用している．AM とは Amplitude Modulation の略であり，音声信号を電波の振幅変調として放送している．そのとき，上で述べた平均振動数 $\bar{\omega}$ が各放送局の周波数となり（NHK 第 1 放送では 594 kHz），図 8.1(b) で示した小刻みな波に対応する．これを搬送波という．搬送波を $\sin \bar{\omega} t$ とし，送りたい音声信号を $V_\mathrm{s} = V_\mathrm{sm} \cos \omega_\mathrm{s} t$ とする．耳に聞こえる音の周波数は 16 Hz 〜 20 kHz 程度であり，ω_s はこの範囲の周波数である．AM 放送の電波は搬送波の振幅を音声信号に比例するように変化させるので，三角関数の和積の公式を使うと，

$$\begin{aligned}V &= V_\mathrm{s} \sin \bar{\omega} t = V_\mathrm{sm} \cos \omega_\mathrm{s} t \cdot \sin \bar{\omega} t \\ &= \frac{V_\mathrm{sm}}{2} \{\sin(\bar{\omega} - \omega_\mathrm{s})t + \sin(\bar{\omega} + \omega_\mathrm{s})t\}\end{aligned} \tag{8.9}$$

と表される．よって，周波数 ω_s の音声信号を送るには周波数 $\bar{\omega} - \omega_\mathrm{s}$ と $\bar{\omega} + \omega_\mathrm{s}$ の 2 つの正弦波を重ね合わせればよい．同じことがいろいろな音

声周波数についていえる。よって，ω_s の最大値が 20 kHz 程度なので，放送局の搬送波の周波数の上下 20 kHz 程度の周波数全体がその放送局によって使われていることになる。$\bar{\omega}$ から $\bar{\omega} - \omega_s$ の周波数帯を下側波帯，$\bar{\omega}$ から $\bar{\omega} + \omega_s$ の周波数帯を上側波帯と呼ぶ。このため，2 つの放送局の搬送波の周波数は，それぞれの側波帯が重ならないようにするために，あまり近づけることはできない。

例題8.1　プラズマ中の電磁波の速度

真空中を伝わる電磁波の分散関係は，c を光速度として，$\omega = ck$ と書ける。このため，電磁波の位相速度と群速度は等しく，ともに c である。一方，金属や電離層の中では，中性原子の電子が電離して，正イオンと自由電子から構成されるプラズマ状態となっているが，このプラズマの中を電磁波が伝わる場合，その分散関係は

$$\omega^2 = \omega_P^2 + c^2 k^2 \tag{8.10}$$

となる。ここで，ω_P はプラズマ振動数と呼ばれる一定値である（第 2 章の章末問題 2.5 **参照**）。この分散関係から，プラズマ中の電磁波の位相速度と群速度を求め，光速度と比較せよ。

解　定義より位相速度は

$$v_\phi = \frac{\omega}{k} = c\sqrt{1 + \frac{\omega_P^2}{c^2 k^2}} \tag{8.11}$$

群速度は

$$v_g = \frac{d\omega}{dk} = \frac{c}{\sqrt{1 + \frac{\omega_P^2}{c^2 k^2}}} \tag{8.12}$$

となる。以上より $v_\phi > c$, $v_g < c$ となる。■

一方，位相速度と群速度の相乗平均は $\sqrt{v_\phi v_g} = c$ であり，光速度に等しくなることがわかる。さて，この例題によると，位相速度が光速度より大きくなってしまうが，アインシュタインの相対性理論（の光速度不変の原理）に矛盾はしない。AM ラジオの例から明らかなように，位相速度で進む搬送波（正弦波）は，それだけでは意味のある信号や情報を伝えることはできないので，相対性理論とは矛盾しないのである。意味のある情報は振幅の変調として伝えられるのであり，それは群速度で伝わる。群速度は光速度を超えることはない。

8.2　端での反射

7.1 節の図 7.1 で示したように，壁に固定されてピンと張ったゴムひもを，波が右向きに進んできて，壁での固定端で反射されると，左向きの波ができる。その際，変位の符号が逆転すること，そして，それら 2 つの波が重なり合って定在波ができることを述べた。実際に，(7.25) 式に固定端の位置 $x = L$ を代入してみると，定在波ができるには L が λ の整数倍でなければならないので，

$$z(L, t) = A \cos\left(2\pi \frac{t}{T}\right) - A \cos\left(2\pi \frac{t}{T}\right) \tag{8.13}$$

となり，結局，$x = L$ ではつねに $z(L, t) = 0$ となる。右辺第 1 項が右向き進行波による変位，第 2 項が反射波による変位であり，それらがつねに打ち消し合うのである。

正弦波に限らず，パルス波の固定端による反射も図 8.2(a) に示すように同様に考えられる。ここでは簡単のために固定端の位置を $x = 0$ とする。ダランベールの解 (7.12) 式を使って反射波を求めてみる。固定端ではつねに変位がゼロなので，

$$z(0, t) = 0 \tag{8.14}$$

となる。入射波は右向き進行波なので $f(x - vt)$ と表す。この波が $x = 0$ に近づいてくるとき，このままでは条件 (8.14) 式を満たすことができないので，反射波 $g(x + vt)$ を考慮に入れる。つまり，変位を

$$z(x, t) = f(x - vt) + g(x + vt) \tag{8.15}$$

と書いて，$g(x + vt)$ を求めてみる。(8.15) 式に条件 (8.14) 式を入れてみると，

$$z(0, t) = f(-vt) + g(vt) = 0 \tag{8.16}$$

よって，$g(s)$ の関数形はもともとの波の形 $f(s)$ を使って

$$g(s) = -f(-s) \tag{8.17}$$

と書けるので，

$$z(x, t) = f(x - vt) - f(-x - vt) \tag{8.18}$$

となる。つまり，第 2 項で表される反射波は，図 8.2(a) の点線で表されるように入射波の変位と逆符号の変位を持ち，左向きに進む波である。入

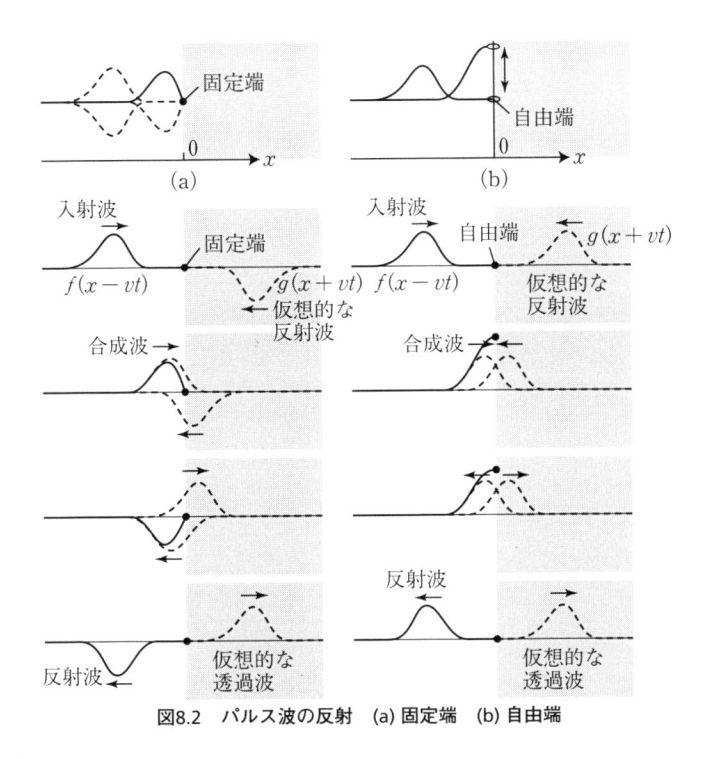

図8.2　パルス波の反射　(a) 固定端　(b) 自由端

射波が固定端に到達する前には（$x<0$ のとき），この反射波は，仮想的に壁に対して対称な位置（$x(>0)$）に存在すると考え，入射波が壁に近づくにつれて仮想的な反射波も壁に近づく．入射波が壁まで到達すると，この仮想的な波と重ね合わされることになる．さらに時間が経過すると，入射波と仮想的な反射波が重なり合いながらすり抜けて，今度は反射波が $x<0$ の領域で実在の波として左向きに進んでいく．入射波は $x>0$ の領域で仮想的な右向き進行波として進んでいく．

　なぜ，反射波の変位が逆転するのかを，定性的には次のように説明できる．図 8.2(a) に示すように，上向き変位の入射波が固定端に達すると，固定端にはゴムひもから上向きの力がはたらく．しかし，固定端は動けないので，ゴムひもに対して下向きの反作用を及ぼす．この力によって下向きの変位が生じるので，変位の符号が逆転する．変位の符号が逆転することは，$-\cos\theta = \cos(\theta + \pi)$ なので，位相が π だけずれることと同じで

115

ある。

　ゴムひもの端が自由端の場合はどうなるだろう。自由端とは，端が自由に変位できる場合であるが，そのような端をピンと張ったゴムひもにつくれるのかと疑問に思うかもしれない。たとえば，図8.2(b) に示すように，ゴムひもの端に小リングを取り付け，そのリングが鉛直に立った固定棒にかけられて，棒に沿って上下に自由に滑るという仕掛けを考えれば，自由端を実現することができる。つまり，リングには上下方向の力がまったくはたらかないことになるので，自由端での条件は

$$\left.\frac{\partial z(x,t)}{\partial x}\right|_{x=0} = 0 \tag{8.19}$$

となる。つまり，$x=0$ でゴムひもはつねに水平方向になっている。水平方向になっていないと小リングに上下方向に力がはたらくことになるが，小リングは摩擦なく自由に動けるので (これが自由端の意味)，すぐにゴムひもが水平方向になるようにリングが動いてしまい，つねに (8.19) 式を満たすようになる。この場合にも変位が (8.15) 式の形で書けるとして反射波 $g(x+vt)$ を求めてみる。$x=0$ での (8.19) 式に (8.15) 式を代入すると，

$$f'(-vt) + g'(vt) = 0 \tag{8.20}$$

となる。これがすべての時刻 t で成り立つためには

$$g'(s) = -f'(-s) \tag{8.21}$$

を満たさなければならない。よって，積分すると[1]

$$g(s) = f(-s) + C \tag{8.23}$$

　よって

$$z(x,t) = f(x-vt) + f(-x-vt) + C \tag{8.24}$$

となる。パルス波がまだ壁近くまで到達していないときには $z(0,t)=0$ なので，積分定数 $C=0$ となることがわかる。(8.24) 式の第2項が表す反射波は入射波と変位の符号が同じで，壁に対して入射波と対称な位置にあって左向きに進む進行波を表している。これは図8.2(b) の点線で示す

---

[1] $f'(-s)$ を s で積分するには，まず $-s=u$ と置いて積分変数を変換する。そうすると，負号が出てくる。

$$\int \frac{\mathrm{d}f(-s)}{\mathrm{d}s}\mathrm{d}s = \int \frac{\mathrm{d}f(u)}{\mathrm{d}u}\frac{\mathrm{d}u}{\mathrm{d}s}\mathrm{d}s = \int -\frac{\mathrm{d}f(u)}{\mathrm{d}u}\mathrm{d}u = -f(u) = -f(-s) \tag{8.22}$$

ような仮想的な反射波である．入射波が壁に到達すると，この仮想的な反射波も壁に到達し，両者がちょうど重なるところで変位がちょうど2倍になる．海の波が防波堤にぶつかるとき，ぶつかる前の振幅に比べて防波堤の壁面で大きな波となってしぶきを上げるのを目撃したことがあるだろう．あれは，自由端による波の反射に近い状況である．

固定端では反射波の位相が π だけずれたが，自由端の場合にはそのままの形で反射されるので，反射位相シフトはゼロである．

8.3 境界での反射と透過

上で述べた固定端と自由端の中間的な状態を考えてみる．つまり，線密度 (単位長さ当たりの質量) の異なる 2 本のゴムひもが接続されていると

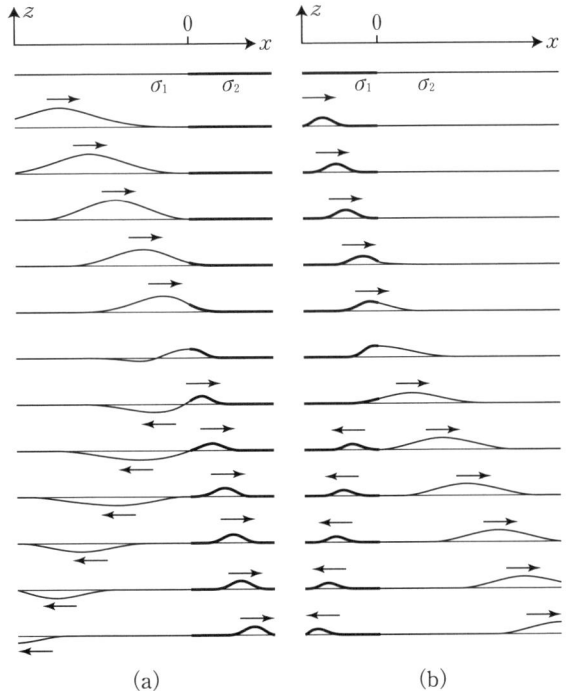

図8.3 異なる線密度のゴムひもを接続したところでの波の透過と反射
(a) 線密度の低い方から波が入ってきた場合
(b) 線密度の高い方から波が入ってきた場合

第8章 波の性質

ころを波が通過した場合，どのようなことが起こるのか考えてみる。

図 8.3(a) に示すように，線密度が σ_1 のゴムひもと σ_2 のゴムひもが，$x = 0$ のところで接続されている。前者が $x < 0$ の領域を占め，後者が $x > 0$ の領域を占めている。$\sigma_1 < \sigma_2$ とする。この図は，パルス波が左から進んできたときの時間経過を示している。波が接続点に到達した後，右側のゴムひもにパルス波が透過して右向きに進んでいるのがわかるが，それと同時に，振幅の反転した反射波が左側のゴムひもに沿って左に進んでいくのがわかる。しかも，透過波の波長が短くなっていること，反射波の振幅は，符号が反転しているだけでなく，入射波の振幅より小さくなっていることがわかる。この現象を数式を使って定量的に表現してみる。

まず最初の入射波 $z_i(x, t)$（添え字 i は incidence の意味）をダランベールの解 (7.15) 式を使って

$$z_i(x, t) = f(k_1 x - \omega t) \tag{8.25}$$

と書く。ここで k_1 は左側のゴムひもでの波の波数を表し，ω は角振動数を表す。接続点に波が到達した後に生じる反射波 $z_r(x, t)$（添え字 r は reflection の意味）を

$$z_r(x, t) = g_1(k_1 x + \omega t) \tag{8.26}$$

と書く。左向きに進んでいるので，ωt の前の符号が変わっていることに注意する。一方，右側のゴムひもに透過した波 $z_t(x, t)$（添え字 t は transmission の意味）は右向きに進むので

$$z_t(x, t) = g_2(k_2 x - \omega t) \tag{8.27}$$

と書ける。ここでの波の波長が違うので，波数を k_2 と書いた。ただし，線密度の異なるゴムひもに波が入ったとしても，角振動数 ω は変わらないことに注意する（なぜなら，（角）振動数は波を起こす波源，たとえばゴムひもを振動させる手の振動数で決まるから）。入射波が接続点近傍に到達したときには，これら入射波，反射波，および透過波が同時に存在している。そうすると，左側のゴムひもの変位 $z_1(x, t)$ は入射波と反射波の和

$$z_1(x, t) = z_i(x, t) + z_r(x, t) = f(k_1 x - \omega t) + g_1(k_1 x + \omega t) \quad (x < 0) \tag{8.28}$$

となり，一方，右側のゴムひもの変位 $z_2(x, t)$ は透過波だけなので

$$z_2(x, t) = z_t(x, t) = g_2(k_2 x - \omega t) \quad (x > 0) \tag{8.29}$$

となる。

次に、2種類のゴムひもの接続点 $x = 0$ で満たすべき条件を考えてみる。第1に、接続点で2つのゴムひもが接続されているので、両者の変位はつねに等しくなければならない。

$$z_1(0, t) = z_2(0, t) \tag{8.30}$$

第2に、接続点でゴムひもは滑らかに接続されている。つまり、x 軸に対する角度が $x = 0$ の両側で等しい。

$$\left.\frac{\partial z_1(x, t)}{\partial x}\right|_{x=0} = \left.\frac{\partial z_2(x, t)}{\partial x}\right|_{x=0} \tag{8.31}$$

なぜなら、この条件が満たされていないとすると、(6.1) 式で見たように、x 方向の力がゼロでなくなってしまい、ゴムひもの変位が純粋な横振動でなくなってしまう。今は、そのような場合を考えていない。

2つの条件 (8.30) 式と (8.31) 式に、(8.28) 式と (8.29) 式を代入すると

$$f(-\omega t) + g_1(\omega t) = g_2(-\omega t) \tag{8.32}$$

$$k_1\{f'(-\omega t) + g_1'(\omega t)\} = k_2 g_2'(-\omega t) \tag{8.33}$$

となる。(8.33) 式で f' や g_1' などは x に関する微分であるが、脚注に示すように変数変換して t で積分すると[2]

$$\frac{k_1}{\omega}\{-f(-\omega t) + g_1(\omega t)\} = -\frac{k_2}{\omega} g_2(-\omega t) \tag{8.36}$$

を得る。ここで、$f = 0$ のとき、当然 $g_1 = g_2 = 0$ なので、(8.35) 式の積分定数はゼロとした。よって、この式と (8.32) 式を連立させて解くと、$v_1 = \omega/k_1$, $v_2 = \omega/k_2$ と書いて

$$g_1(\omega t) = \frac{v_2 - v_1}{v_1 + v_2} f(-\omega t) \tag{8.37}$$

---

[2] $s_1 \equiv k_1 x - \omega t$ と置いて微分の変数を変換すると

$$\frac{\partial f(k_1 x - \omega t)}{\partial x} = \frac{\mathrm{d}f(s_1)}{\mathrm{d}s_1}\frac{\mathrm{d}s_1}{\mathrm{d}x} = k_1 \frac{\mathrm{d}f(s_1)}{\mathrm{d}s_1} \tag{8.34}$$

また、積分でも変数変換して (8.33) 式の $f'(-\omega t)$ を t で積分すると

$$\int \frac{\partial f(k_1 x - \omega t)}{\partial x}\,\mathrm{d}t = \int \frac{\mathrm{d}f(s_1)}{\mathrm{d}s_1}\frac{\mathrm{d}s_1}{\mathrm{d}x}\frac{\mathrm{d}t}{\mathrm{d}s_1}\,\mathrm{d}s_1 = -\frac{k_1}{\omega}\int \frac{\mathrm{d}f(s_1)}{\mathrm{d}s_1}\,\mathrm{d}s_1 = -\frac{k_1}{\omega}f(s_1) + 定数$$

$$\to\ -\frac{k_1}{\omega}f(-\omega t) + 定数\ (x = 0\ で) \tag{8.35}$$

となる。g_1' や g_2' に対する微分と積分も同様にできるので、結局 (8.36) 式を得る。

$$g_2(-\omega t) = \frac{2v_2}{v_1 + v_2} f(-\omega t) \tag{8.38}$$

となる。これは $x=0$ での解であるが，任意の x 座標で書くと

$$g_1(k_1 x + \omega t) = \frac{v_2 - v_1}{v_1 + v_2} f(-k_1 x - \omega t) \tag{8.39}$$

$$g_2(k_2 x - \omega t) = \frac{2v_2}{v_1 + v_2} f(k_2 x - \omega t) \tag{8.40}$$

と書ける。さらに，(6.10) 式からゴムひもの張力を T とすると，$v_1 = \sqrt{T/\sigma_1}$，$v_2 = \sqrt{T/\sigma_2}$ であるから，これらの式は

$$g_1(k_1 x + \omega t) = \frac{\sqrt{\sigma_1} - \sqrt{\sigma_2}}{\sqrt{\sigma_1} + \sqrt{\sigma_2}} f(-k_1 x - \omega t) \tag{8.41}$$

$$g_2(k_2 x - \omega t) = \frac{2\sqrt{\sigma_1}}{\sqrt{\sigma_1} + \sqrt{\sigma_2}} f(k_2 x - \omega t) \tag{8.42}$$

と書くこともできる。よって，透過波 g_2 は入射波 f と同じ形であるが，振幅が (8.42) 式右辺の係数だけ小さくなっている。反射波 g_1 も入射波 f と同じ形であるが，逆向きに進行し，振幅がやはり (8.41) 式右辺の係数だけ変化している。入射波と透過波の振幅の比 T_a，および入射波と反射波の振幅の比 R_a は，それぞれ

$$T_\mathrm{a} = \frac{2\sqrt{\sigma_1}}{\sqrt{\sigma_1} + \sqrt{\sigma_2}} \tag{8.43}$$

$$R_\mathrm{a} = \frac{\sqrt{\sigma_1} - \sqrt{\sigma_2}}{\sqrt{\sigma_1} + \sqrt{\sigma_2}} \tag{8.44}$$

であり，それぞれ**透過係数**および**反射係数**という。$\sigma_1 < \sigma_2$ を仮定したので T_a および R_a ともに絶対値は 1 より小さく，かつ R_a は負となる。これは，反射波の変位の符号が逆転することを意味している。これは前に考えた固定端での反射と同じである。透過係数 T_a はつねに正なので，透過波の変位はつねに入射波と同じ向きとなる。さらに，$\sigma_2 \to \infty$ とすると，$T_\mathrm{a} \to 0$，$R_\mathrm{a} \to -1$ となる。つまり，右側のゴムひもが極めて重い場合，固定端での反射そのものになることがわかる。

逆に図 8.3(b) に示すように，$\sigma_1 > \sigma_2$ の場合には少し異なる現象が起こる。つまり，この場合には反射係数 R_a が正になるので，反射波の変位は入射波と同じ符号を持つことになる。実際，図 8.3(b) に示された模式図のとおりとなる。これは図 8.2(b) で考えた自由端での反射と同様な現象

である。さらに $\sigma_2 \to 0$ とすると，$R_\mathrm{a} \to 1$ となり，自由端での反射そのものになる。このとき $T_\mathrm{a} \to 2$ となり，自由端では透過波の振幅が2倍に増強されることに対応している。しかし，$x > 0$ の領域で透過波の振幅が2倍になってしまい，波のエネルギーが増大するのではないかと疑問に思うかもしれないが，$\sigma_2 = 0$ なのでエネルギーが増大するわけではなく，振幅の増大は $x = 0$ のところでしか意味がない。

また，$\sigma_1 = \sigma_2$ の場合，$R_\mathrm{a} = 0$，$T_\mathrm{a} = 1$ なので，まったく反射が起きずに波はそのままスーッと接続点を透過していく。

実は，一般に波が性質の異なる媒質に入っていくとき，ここで見たように，その境界で反射が起きる。上の例では張力が両方のゴムひもで等しいので，ゴムひもの線密度の違いが波の反射を生んだ。ゴムひもや弦の場合，(7.32) 式で示されたように，

$$Z \equiv \sqrt{T\sigma} \tag{8.45}$$

と，張力 T と線密度 σ で定義される量を媒質の**インピーダンス**という。一般に，透過係数と反射係数は，(8.43) 式と (8.44) 式の代わりに，インピーダンスを使って

$$T_\mathrm{a} = \frac{2Z_1}{Z_1 + Z_2}, \ R_\mathrm{a} = \frac{Z_1 - Z_2}{Z_1 + Z_2} \tag{8.46}$$

と書ける。

この反射係数および透過係数は波の振幅の比であったが，次に，波の強さの反射率および透過率を求めてみる。波の強さとは，単位時間に，ある場所を通過して流れる波動エネルギーであり，(7.31) 式で定義されていた。よって，今の場合には

$$\text{入射波の強さ } J_\mathrm{i} = Z_1 \left(\frac{\partial f(x,t)}{\partial t} \right)^2 \tag{8.47}$$

$$\text{反射波の強さ } J_\mathrm{r} = Z_1 \left(\frac{\partial g_1(x,t)}{\partial t} \right)^2 = Z_1 \left(R_\mathrm{a} \frac{\partial f(x,t)}{\partial t} \right)^2 \tag{8.48}$$

$$\text{透過波の強さ } J_\mathrm{t} = Z_2 \left(\frac{\partial g_2(x,t)}{\partial t} \right)^2 = Z_2 \left(T_\mathrm{a} \frac{\partial f(x,t)}{\partial t} \right)^2 \tag{8.49}$$

と書ける。よって，(8.46) 式を代入して，反射波および透過波の強さの入射波に対する比を計算すると

$$\text{反射率}: \frac{J_\mathrm{r}}{J_\mathrm{i}} = \left(\frac{Z_1 - Z_2}{Z_1 + Z_2}\right)^2 \tag{8.50}$$

$$\text{透過率}: \frac{J_\mathrm{t}}{J_\mathrm{i}} = \frac{4Z_1 Z_2}{(Z_1 + Z_2)^2} \tag{8.51}$$

となる。この反射率と透過率を足すとつねに1となり,エネルギーが保存されていることがわかる。また,インピーダンスが大きく違う場合 ($Z_1 \gg Z_2$,または $Z_1 \ll Z_2$),明らかに透過波の強さはほぼゼロとなり,ほとんどすべてのエネルギーは反射される。

　反射波が生じるのはインピーダンスが合っていない(マッチングしていない)ためで,反射波が生じないようにインピーダンスを合わせることを「インピーダンス・マッチングをとる」という。これは,ゴムひもや弦での波に限らず,電磁波や交流電流などでも使われる概念である。電磁波の場合,屈折率の違う物質が接している界面で光が反射されるが,この場合には屈折率がインピーダンスに対応する(10.3節 参照)。

章末問題

8.1　重ね合わせ

次の2つの波を重ね合わせるとする(xはm単位,tは秒単位)。

$$z_1(x, t) = A \sin(5x - 10t) \tag{8.52}$$
$$z_2(x, t) = A \sin(4x - 9t) \tag{8.53}$$

(1) 合成した波の式を書け。
(2) その波の群速度はいくらか。
(3) 合成した波の振幅がゼロになる隣接する点の間の距離はいくらか。

8.2　正弦波の反射と透過

図8.3に示したように線密度 σ_1 および σ_2 の2種類のゴムひもが接続されているところに,左から正弦波 $z_i(x, t) = A \sin(k_1 x - \omega t)$ が入射してきたとする。そのとき生じる反射波と透過波の振幅と位相をともに求めよ。

8.3 インピーダンス・マッチング (無反射条件)

(1) 弦を伝わる波が終端に到達し，反射波を生じた。反射波の振幅が入射波の振幅と同じ符号で半分の場合，終端のインピーダンス Z_2 と弦のインピーダンス Z_1 との比を求めよ (終端のインピーダンスとは，この弦が線密度の異なる別の弦に接続されていると考えたときの，その別の弦のインピーダンスとみなせる)。

(2) 反射波をなくすためには，この弦の張力をどのように変えればよいか。

8.4 水中に音波を入れる

水中に潜ると，水面上のざわめきや声はほとんど聞こえない。空気中から音波を水面に垂直に入射した場合，水面での透過率を計算してみる。音波は，11.2 節で学ぶように，空気の疎密が伝わる縦波である。音波による空気の変位を ξ，鉛直下向きを z 軸の正とする。水面での境界条件は，変位 ξ および圧力 $K(\partial \xi / \partial z)$ が連続である，という条件である。ここで，K は体積弾性率であり，音波の速さは $v = \sqrt{K/\rho}$ と書ける。空気および水の密度を ρ_1, ρ_2，空気中および水中での音速を v_1, v_2 とする。

(1) 入射音波を振動数 ω の正弦波として，水面での音波の反射率および透過率を求めよ。

(2) $\rho_1 = 1.2 \times 10^{-3}$ g/cm^3，$\rho_2 = 1.0$ g/cm^3，$v_1 = 340$ m/s，$v_2 = 1400$ m/s として，前問で求めた透過率を計算せよ。

第 9 章

一般に，波はいろいろな周波数成分を含んでいる。フーリエ解析によって，周波数成分の分布を求めることができる。

波のフーリエ解析

　6.2 節では，任意の形の振動は固有モードの重ね合わせ，すなわちフーリエ級数で表されることを学んだ。しかし，そこでは特定の長さの弦を考えていたので，各固有モードの波数は離散的な値しかとることができなかった。進行波についても同様に，正弦波の重ね合わせで任意の形の波を表現することができる。そのときの正弦波の波数は連続的な値をとりうる。前章では，パルス波など任意の形をした進行波が波動方程式を満たすことを，暗黙のうちに仮定して話を進めてきた。この章ではフーリエ級数展開を一般化したフーリエ解析を学び，その仮定が正しいことを明確にする。この章で学ぶフーリエ変換は，音や振動，光の周波数解析だけでなく物理学のさまざまな場面で利用される。

9.1　　パルス波とフーリエ変換

　7.2 節では，図 7.1(b) で示したような連続的な正弦波が波動方程式 (7.10) 式を満たすことを明確に示したが，図 7.1(a) で示したようなパルス波が波動方程式を満たすことは実は自明ではなく，それを満たすと仮定して話を進めてきた。パルス波もゴムひもを伝わるので，ゴムひもの運動方程式 (6.11) 式を満たしており，よって同一の形をした波動方程式 (7.10) 式も

満たしているはずなので，この仮定は妥当なものと考えられる．実は，6.2 節で習ったように，任意の形の波はフーリエ級数，つまり，異なる波数を持つ正弦波の重ね合わせで表すことができるので，結局，任意の形の波は波動方程式を満たすといえる．しかし，6.2 節では，有限の長さ L の弦での波を扱っていたので，波数 k は (6.22) 式で定義されるように，$\Delta k \equiv \pi/L$ の整数倍の値，つまり離散的な値しかとらなかった．ただし，L が無限大になると，Δk は無限小になるので k は実質的に連続な値をとることになる．だから，図 7.1(a) のようなパルス波は，連続的に異なる波数を持つ正弦波の重ね合わせ，つまり波数に関する積分で表せる．図 9.1(a) に示したパルス波は，実際に (b) に示すような余弦波の重ね合わせで表すことができるはずである．これらの余弦波を足し合わせると，$x = 0$ 近傍のみで位相がそろっているので値が残り，そこから離れたところでは正と負が入り混じってそれぞれの波がお互いに打ち消し合ってしまう．もちろん与えられたパルス波を正確に表すには，ここに描いた余弦波だけでなく，波数がゼロから無限大まで連続的に異なる無数の余弦波が必要である（例題 9.1 参照 ）．以上のことを数式で表してみる．

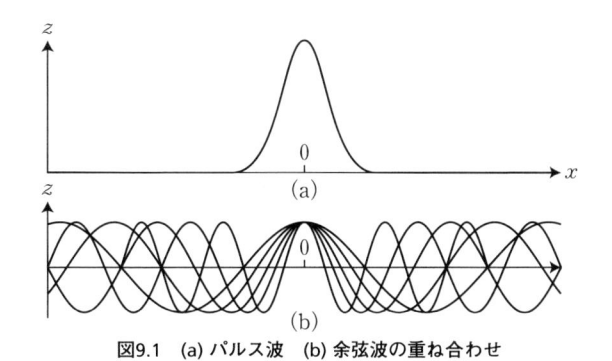

図9.1 (a) パルス波 (b) 余弦波の重ね合わせ

　まず，与えられたパルス波（図 9.1(a)）は $x = 0$ に対して対称なので，変位 $z(x)$ は余弦波だけの重ね合わせで書ける（正弦波の成分は必要ない）．(6.34) 式にならって

$$z(x) = \sum_{k=0}^{\infty} A_k \cos(kx) = \frac{1}{2} \sum_{k=-\infty}^{\infty} A_k \cos(kx) \tag{9.1}$$

と書く。2番目の等号は k に関して偶関数であることを考慮すると成り立つ。はじめに長さ L のゴムひも（または弦）を考えて，

$$\Delta k \equiv \frac{\pi}{L}, \quad a(k) \equiv \frac{L}{2\pi} A_k \tag{9.2}$$

と書くと，(9.1) 式は

$$z(x) = \sum_{k=-\infty}^{\infty} a(k) \cos(kx) \cdot \Delta k \tag{9.3}$$

と書き直せる。ここで $L \to \infty$ とすると，$a(k)$ は大きな値になるが，$\Delta k \to 0$ となるので，それらの積は有限な値となり，上の級数の各項は発散しない。そうすると，Δk を dk と書き，上式の和は積分に置き換えられる。

$$z(x) = \int_{-\infty}^{\infty} a(k) \cos(kx) \, dk \tag{9.4}$$

波数 k が連続的な値をとるので，k に関する積分となった。$a(k)$ は，フーリエ級数の各項の係数（フーリエ成分）に対応するもので，$z(x)$ の**フーリエ変換**という。

次に $a(k)$ を求めてみよう。(9.4) 式の両辺に $\cos k'x$ を掛けて，x について $-\infty$ から ∞ まで積分すると

$$\int_{-\infty}^{\infty} z(x) \cos(k'x) \, dx = \int_{-\infty}^{\infty} a(k) \left\{ \int_{-\infty}^{\infty} \cos(kx) \cos(k'x) \, dx \right\} dk \tag{9.5}$$

脚注に示すように[1]，上式の右辺の $\{\ \}$ 内は $\pi \delta(k-k')$ になる。ここで，$\delta(k)$ はデルタ関数と呼ばれ，

$$\lim_{x \to \infty} \frac{\sin kx}{\pi k} = \delta(k) \tag{9.8}$$

で定義され，

$$\int_{-\infty}^{\infty} a(k) \delta(k) \, dk = a(0) \tag{9.9}$$

となる性質を持つ。これを利用すると，(9.5) 式は

---

[1]　(9.5) 式の $\{\ \}$ 内を計算する。三角関数の和積の公式 (7.21) 式より

$$\int_{-\infty}^{\infty} \cos kx \cos k'x \, dx = \frac{1}{2} \int_{-\infty}^{\infty} \left[\cos(k+k')x + \cos(k-k')x \right] dx \tag{9.6}$$

$$= \frac{1}{2} \left[\frac{\sin(k+k')x}{k+k'} + \frac{\sin(k-k')x}{k-k'} \right]_{-\infty}^{\infty} \tag{9.7}$$

第1項はゼロになり，第2項は (9.8) 式から $2\pi \delta(k-k')$ となる。

$$\int_{-\infty}^{\infty} z(x)\cos(k'x)\,\mathrm{d}x = \pi \int_{-\infty}^{\infty} a(k)\delta(k-k')\,\mathrm{d}k = \pi a(k') \quad (9.10)$$

よって

$$a(k) = \frac{1}{\pi}\int_{-\infty}^{\infty} z(x)\cos(kx)\,\mathrm{d}x \quad (9.11)$$

これが $z(x)$ のフーリエ変換である。この重みで波数 k の余弦波を重ね合わせれば，任意の形の波 $z(x)$ をつくることができるのである。

例題9.1 ガウス関数型パルス波のフーリエ変換

図 9.1(a) のパルス波をガウス関数

$$z(x) = \exp\left(-\frac{x^2}{2\sigma^2}\right) \quad (9.12)$$

で書けるとする。2σ はパルス波の幅を表す。このパルス波のフーリエ変換 $a(k)$ を計算せよ。

解 (9.11) 式に代入して計算する。その際，オイラーの定理 (2.4) 式を利用すると計算が楽になる。つまり，$\cos kx$ の代わりに複素指数関数 $\exp(ikx)$ を使い，計算結果の実部だけをとればよい。すなわち，

$$a(k) = \mathrm{Re}\left[\frac{1}{\pi}\int_{-\infty}^{\infty}\exp\left(-\frac{x^2}{2\sigma^2}+ikx\right)\mathrm{d}x\right] \quad (9.13)$$

$\mathrm{Re}[\ ]$ はカッコ内の実部をとることを意味する。$\exp$ のカッコ内は

$$-\frac{x^2}{2\sigma^2}+ikx = -\frac{1}{2\sigma^2}(x-ik\sigma^2)^2 - \frac{1}{2}\sigma^2 k^2 \quad (9.14)$$

と書けるので，積分変数を $y \equiv x - ik\sigma^2$ と置いて，

$$a(k) = \frac{1}{\pi}\exp\left(-\frac{1}{2}\sigma^2 k^2\right)\cdot\mathrm{Re}\left[\int_{-\infty-ik\sigma^2}^{\infty-ik\sigma^2}\exp\left(-\frac{y^2}{2\sigma^2}\right)\mathrm{d}y\right] \quad (9.15)$$

被積分関数は y の大きなところでほとんどゼロなので，積分の上限と下限は単純に $-\infty \sim \infty$ としてもよい。そうすると，虚部はゼロとなり，実部のみとなる。ここでガウス関数の積分公式

$$\int_{-\infty}^{\infty}\exp\left(-\frac{y^2}{2\sigma^2}\right)\mathrm{d}y = \sqrt{2\pi}\,\sigma \quad (9.16)$$

を使うと，

$$a(k) = \sqrt{\frac{2}{\pi}}\,\sigma \exp\left(-\frac{1}{2}\sigma^2 k^2\right) \quad (9.17)$$

となる。つまり，ガウス関数のフーリエ変換は k のガウス関数になる。■

(9.12) 式では，$x = \pm\sigma$ のときピーク値の $1/\sqrt{e}$ になり，x がそれより大きくなると，$z(x)$ の値は急激に小さくなる。つまり，波としての空間的な拡がり Δx は 2σ 程度である。同様に (9.17) 式のガウス関数の拡がり，つまり k 空間での拡がり Δk は $2/\sigma$ となる。このように，実空間 (x 空間) での拡がりが大きい波は波数空間 (k 空間) での拡がりは小さくなるし，逆に，実空間で拡がりが小さければ波数空間では拡がりが大きくなる。すなわち $\Delta x \cdot \Delta k = 4$ (一定値) となる。これは，量子力学でいう不確定性関係である。

(9.4) 式で表されるパルス波が速さ v で $+x$ 方向に進む場合，(7.12) 式から x を $x - vt$ に置き換えればいいので，

$$z(x, t) = \int_{-\infty}^{\infty} a(k) \cos\{k(x - vt)\} \mathrm{d}k \tag{9.18}$$

と書ける。

また，上述の例は，$x = 0$ について左右対称な波形であったので余弦波だけで書き表されたが，一般には左右対称でないので正弦波の成分も必要となり，(9.4) 式の代わりに

$$z(x) = \int_0^{\infty} a(k) \cos(kx) \mathrm{d}k + \int_0^{\infty} b(k) \sin(kx) \mathrm{d}k \tag{9.19}$$

と書き，それぞれのフーリエ成分は

$$a(k) = \frac{1}{\pi} \int_{-\infty}^{\infty} z(x) \cos(kx) \mathrm{d}x \tag{9.20}$$

$$b(k) = \frac{1}{\pi} \int_{-\infty}^{\infty} z(x) \sin(kx) \mathrm{d}x \tag{9.21}$$

となる。

これらを複素指数関数を用いて書くこともできる。オイラーの定理 (2.4) 式から，$\cos(kx) = \{\exp(ikx) + \exp(-ikx)\}/2$，$\sin(kx) = \{\exp(ikx) - \exp(-ikx)\}/2i$ であり，また，

$$\begin{aligned} A(k) &\equiv \frac{1}{2}(a(k) - ib(k)) \\ A(-k) &\equiv \frac{1}{2}(a(k) + ib(k)) \end{aligned} \tag{9.22}$$

と置くと，k による積分範囲を $-\infty \sim \infty$ にして，(9.19) 式のフーリエ変換は

$$z(x) = \int_{-\infty}^{\infty} A(k) e^{ikx} \mathrm{d}k \tag{9.23}$$

$$A(k) = \frac{1}{2\pi} \int_{-\infty}^{\infty} z(x) e^{-ikx} \mathrm{d}x \tag{9.24}$$

と書ける[2]。そうすると，$+x$ の向きに進む波は

$$z(x,t) = \int_{-\infty}^{\infty} A(k) e^{ik(x-vt)} \mathrm{d}k \tag{9.27}$$

$$A(k,t) = \frac{1}{2\pi} \int_{-\infty}^{\infty} z(x) e^{-ik(x-vt)} \mathrm{d}x \tag{9.28}$$

と書け，さまざまな波数 k で進行する波 $e^{ik(x-vt)}$ の重ね合わせで表現することができる。

9.2　波束と群速度

前節で扱ったパルス波は，図 9.1(a) に示すように実空間で形が指定されたパルス波であった。今度は波数空間で指定されたパルス波を考えてみる。つまり，(9.19) 式のフーリエ成分が $b(k) = 0$ で

$$a(k) = \begin{cases} 1 & (k_1 < k < k_2 \text{ のとき}) \\ 0 & (k < k_1, \ k > k_2 \text{ のとき}) \end{cases} \tag{9.29}$$

のように限られた波数範囲の成分しかない場合を考えてみる。よって，(9.19) 式から

$$z(x) = \int_{-\infty}^{\infty} a(k) \cos(kx) \mathrm{d}k = \int_{k_1}^{k_2} \cos(kx) \mathrm{d}k = \frac{1}{x} (\sin k_2 x - \sin k_1 x)$$

$$= \frac{2}{x} \sin\left(\frac{k_2 - k_1}{2} x\right) \cos\left(\frac{k_2 + k_1}{2} x\right) = 2 \frac{\sin\left(\frac{\Delta k}{2} x\right)}{x} \cos \overline{k} x \tag{9.30}$$

となる。ここで $\Delta k \equiv k_2 - k_1$，$\overline{k} \equiv (k_2 + k_1)/2$ と置いた。これは実空間

---
[2]　教科書によってはフーリエ変換の係数の定義が少し異なり，

$$z(x) = \frac{1}{\sqrt{2\pi}} \int_{-\infty}^{\infty} A(k) e^{ikx} \mathrm{d}k \tag{9.25}$$

$$A(k) = \frac{1}{\sqrt{2\pi}} \int_{-\infty}^{\infty} z(x) e^{-ikx} \mathrm{d}x \tag{9.26}$$

としているものもあるが，本質は変わらない。

第9章 波のフーリエ解析

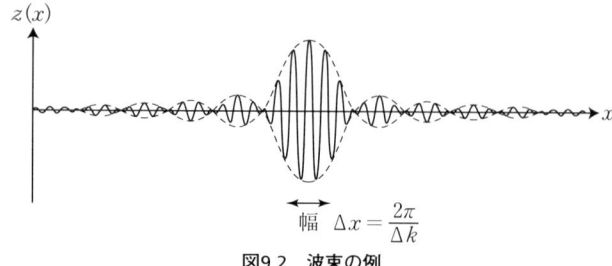

図9.2 波束の例

幅 $\Delta x = \dfrac{2\pi}{\Delta k}$

では図 9.2 のような形の波になる。つまり，x 座標のある幅にほぼ集中したパルス状の波となっている。このように，実空間でも波数空間でも局在したパルス状の波を**波束**という。この図の中で，波長の短い細かな振動が $\cos \bar{k}x$ で表される振動であり，その振幅の包絡線が点線で示されているが，それが $\sin(x\Delta k/2)/x$ で表される波束全体の形である。この包絡線の関数から，波束の拡がり Δx がおよそ $\Delta x = 2\pi/\Delta k$ であることがわかる。つまり，$\Delta x \cdot \Delta k = 2\pi$ であり，これは例題 9.1 で述べた位置と波数に関する不確定性関係である。8.1 節で習った「うなり」は，このように局在した波ではなく，振幅の変調が延々と繰り返す点が波束と異なる。

　この波束は時間とともにどう動いていくのだろうか。$+x$ の向きに進む場合，(9.18) 式まで立ち返って (9.29) 式を代入すると，$kv = \omega$ なので

$$z(x, t) = \int_{k_1}^{k_2} \cos(kx - \omega t) \, dk \tag{9.31}$$

と書ける。前章までに習った分散関係によって一般に ω は k に依存するので，この式はすぐには積分できない。そこで，Δk はそれほど大きくないとして，波数 k に関する積分は $\bar{k}$ 近傍だけになっているとする。そうすると，ω は $\bar{k}$ に対応する値 $\omega(\bar{k}) \equiv \omega_0$ 付近でテイラー展開（(2.31) 式 ▶**参照**）して

$$\omega \approx \omega_0 + \frac{d\omega}{dk}(k - \bar{k}) = \omega_0 + v_g(k - \bar{k}) \tag{9.32}$$

と近似できる。ここで，$d\omega/dk \equiv v_g$ と置いた。これは，(8.7) 式で定義した群速度である。これを (9.31) 式に代入すると，三角関数の和積の公式 (7.24) 式を使って

$$z(x,t) = \int_{k_1}^{k_2} \cos\{k(x-v_{\rm g}t)-(\omega_0-v_{\rm g}\bar{k})t\}{\rm d}k$$
$$= \frac{\sin\{k_2(x-v_{\rm g}t)-(\omega_0-v_{\rm g}\bar{k})t\}-\sin\{k_1(x-v_{\rm g}t)-(\omega_0-v_{\rm g}\bar{k})t\}}{x-v_{\rm g}t}$$
$$= 2\frac{\sin\dfrac{\Delta k}{2}(x-v_{\rm g}t)}{x-v_{\rm g}t}\cdot\cos(\bar{k}x-\omega_0 t) \tag{9.33}$$

これは波束 (9.30) 式が時間 t 経過した後の状態である。包絡線を表す

$$2\frac{\sin\dfrac{\Delta k}{2}(x-v_{\rm g}t)}{x-v_{\rm g}t} \tag{9.34}$$

は，(9.30) 式の包絡線と同じ形の関数形であり，波束の中心が $x=v_{\rm g}t$ まで移動したことを表している。このように，波束全体の進む速さ $v_{\rm g}$ を**群速度**という。もう一度その定義式を書くと

$$v_{\rm g} = \frac{{\rm d}\omega}{{\rm d}k} \tag{9.35}$$

となり，分散関係から求められる。8.1 節でも群速度が出てきたが，波束とうなりの違いはあるものの，群速度の意味は同じである。

一方，(9.33) 式の cos の部分を見てみると，(9.30) 式の $\cos\bar{k}x$ が $\cos(\bar{k}x-\omega_0 t)$ に時間発展したことになる。これは書き換えると

$$\cos\left\{\bar{k}\left(x-\frac{\omega_0}{\bar{k}}t\right)\right\} = \cos\{\bar{k}(x-v_\phi t)\} \tag{9.36}$$

となる。ここで，**位相速度** v_ϕ は

$$v_\phi = \frac{\omega_0}{\bar{k}} \tag{9.37}$$

で定義される。すなわち，波束の内部の細かい振動の波は位相速度 v_ϕ で進んでいくことがわかる。つまり，波束全体としては群速度 (9.35) 式で進むが，その中の小刻みな振動は位相速度 (9.37) 式で進んでいく。群速度は分散関係の微係数で決まり，位相速度は中心周波数と中心波数で決まる。(7.6) 式のように，単純に ω が k に比例する分散関係の場合には群速度と位相速度は一致し，(9.32) 式で行ったテイラー展開の高次項がないので，上で述べた議論が厳密に成り立つ。つまり，(9.34) 式で書かれた包絡線関数，すなわち波束の形がそのまま変わらずに進んでいくことにな

る．しかし，分散関係によっては，両者は必ずしも一致しない．つまり，分散関係が線形でない場合には，位相速度が波数によって異なるので，波束の形が時間発展とともに変形していく（ばらけて拡がっていく）．

　波としての変位の大きさは波束の包絡線で表されるので，われわれが波として観測しているものは波束である．また，波としてのエネルギーの輸送は包絡線の移動に対応するので，群速度で輸送されることがわかるであろう．

　光は電磁波という波であり，プリズムの中では位相速度が波数，すなわち波長によって異なるので，進行方向が波長によって異なり，つまり屈折角が波長によって違うために分散する．その結果，白色光をプリズムに通すといろいろな色の光に分かれる（図 10.3 参照 ）．真空中の電磁波の分散関係は，単純に ω が k に比例するので，光は色に分散しない．

　位相速度と群速度が著しく異なる例は，水深の深いところで起こる水面波，とくに重力波といわれる波である．11.1 節で述べるように，そのときの波の位相速度は波数 k に依存して

$$v_\phi = \sqrt{\frac{g}{k}} \tag{9.38}$$

と書ける．ここで g は重力加速度である．(9.37) 式から $v_\phi = \omega/k$ と書けるので，上式と合わせると

$$\omega = \sqrt{gk} \tag{9.39}$$

という分散関係が得られる．そうすると群速度は

$$v_\mathrm{g} = \frac{\mathrm{d}\omega}{\mathrm{d}k} = \frac{1}{2}\sqrt{\frac{g}{k}} \tag{9.40}$$

となり，(9.38) 式と見比べると，これはちょうど v_ϕ の半分，つまり $v_\mathrm{g} = v_\phi/2$ となる．よって，最初は大きなうねりとして波が立っていた状態から，そのうねりをつくっていた成分波が抜け出してしまって，うねりは小さくなり，やがて消えてしまう．

　空気中を伝わる音波は分散を持たない．つまり，単純に ω が k に比例する分散関係を持つ．これは非常に幸運なことである．なぜなら，もし，分散を持ったとすると，音の高さ（振動数）によって音速が違ってしまい，異なる高さの音が時間差で耳に届くことになり，大いに混乱するだろう．

そのようなことがもしコンサートホールで起こったらどうなるか，想像してみるのも楽しいかもしれない。

これまでは，波の空間的な変化を主に考えてきたが，ある特定の場所で波を観測した場合，その時間的な変化も同様にフーリエ解析することができる。つまり，(9.27) 式および (9.28) 式は座標 x と波数 k の組み合わせのフーリエ解析であったが，その代わりに時間 t と角振動数 ω の組み合わせで書くと

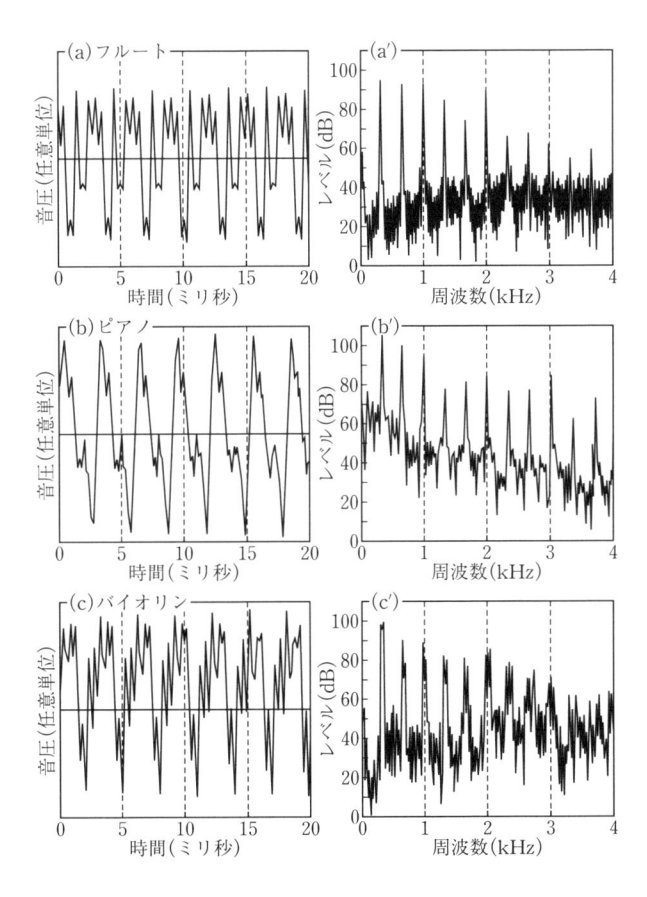

図9.3 (a) フルート, (b) ピアノ, (c) バイオリンのE4 (ミの音, 330Hz) の定常音の波形, および, それぞれの周波数スペクトル(a')(b')(c') (鶴秀生氏ご提供)。周波数スペクトルは，およそ200周期 (約0.6秒間) の波形データをフーリエ変換して得たものである。

$$z(x,t) = \int_{-\infty}^{\infty} A(\omega, x) e^{i(kx-\omega t)} \mathrm{d}\omega \tag{9.41}$$

$$A(\omega, x) = \frac{1}{2\pi} \int_{-\infty}^{\infty} z(x, t) e^{-i(kx-\omega t)} \mathrm{d}t \tag{9.42}$$

となる。$A(\omega, x)$ は，座標 x で観測される波の中に角振動数 ω の成分がどのくらい含まれているのかを示す量であり，$|A(\omega, x)|^2$ は，**周波数スペクトル**，あるいは**スペクトル密度**と呼ばれる。$A(\omega, x)$ は一般には複素数であるが，その実部と虚部は (9.22) 式と (9.19) 式から，cos 成分と sin 成分の比率で決まるので，ω 成分の強さは $|A(\omega, x)|^2$ で表される。このスペクトルによって音の場合には音色が決まり，光の場合には色彩が決まる。このように周波数 (振動数) 成分に分解することを (フーリエ解析の一種であるが，とくに) **スペクトル解析**という。

　たとえば，フルート，ピアノ，およびバイオリンの同じ高さの音 (E4，ミの音，330 Hz) をマイクで測定した波形が，図 9.3(a)(b)(c) である。同じ高さの音なので，繰り返し周期は約 3 ミリ秒で同じだが，1 周期内の微細な形がずいぶん異なることがわかる。それぞれの波形をフーリエ変換して得られた周波数スペクトルが，図 9.3(a′)(b′)(c′) である[3]。ピアノもバイオリンも，ある一定の長さの弦の振動によって音を出しているので，そのような場合には 6.1 節および 6.2 節で習ったように，その音は基本モードと高調波の振動の重ね合わせであり，その振動数は (6.16) 式で表されるように基本振動数の整数倍になっているはずである。実際，図 9.3(b′)(c′) の周波数スペクトルを見ると，基本振動数 (基音の周波数，こ

---

[3] このグラフの縦軸の単位は dB(デシベル) であり，音圧レベルを表す。音は空気の疎密波であり，圧力が局所的・瞬間的に変化しているので，音の大きさは圧力の変化で表す。また，人間の耳で聞こえる最低限の音圧と，聴くに耐えないほどの大きな音の音圧との間には，約 10^6 倍もの差があるが，人間の感覚はそれに対してほぼ対数的に反応する。そこで，音圧 p (単位 Pa，パスカル) に対して音圧レベル L_p を

$$L_p = 20 \log_{10}\left(\frac{p}{p_0}\right) = 10 \log_{10}\left(\frac{p}{p_0}\right)^2 \tag{9.43}$$

と定義し，デシベルと呼ぶ。ここで，p_0 は人間の聴覚で感知できる最小の音の音圧 $p_0 = 20\,\mu\text{Pa}$ である。音楽を聴くときの通常の範囲は 40〜100 dB であり，120 dB 以上になると，耳が痛くなるほどの大音響といえる。音波によって運ばれるエネルギーは p の 2 乗に比例するので，最右辺の定義式も使われる。

の場合には 330 Hz)の整数倍の周波数のところでスペクトル密度が大きくなっていることがわかる。もちろん，振動しているのは弦だけでなく，弦の振動によって誘起されて，楽器本体もさまざまな振動数で振動している。これによって，スペクトルには基音の整数倍の周波数だけでなく，連続的に分布する他の周波数成分も弱いながら含まれている。また，フルートは管の中の気柱の振動であり，この場合にも空気の圧縮振動が基本モードと高調波の振動モードの重ね合わせで表現できる。この図から，それぞれの楽器で倍音のスペクトル密度の分布が異なるのがわかり，これがそれぞれの楽器特有の音色となっている。よく見ると，バイオリンの倍音のピーク幅が高調波になるほど太くなって2つに分裂しているように見える。これは2つのわずかに異なる基音の高調波成分からなっているからである。このデータ解析のもととなっている原音を聞くと，ビブラートがかかっており（弦を押さえている指の位置をわずかに振動的にずらす），わずかに音の高さが揺らいでいるので，このことに起因していると思われる。

倍音の成分が多い音では，基本周波数が同じでも，やや甲高い音，明るい音，あるいは角がある音に聞こえる。逆に倍音成分の少ない音は，やや低く落ち着いた音，暗い音，丸みのある音に聞こえる。

例題9.2　パルス波のスペクトル解析

木槌で物体を叩いて，図9.4(a)に示す矩形状のパルス波を発生させたとする。この変位のスペクトル解析をしてスペクトル密度を計算しなさい。

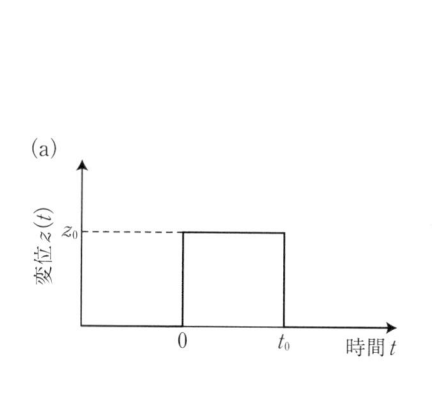

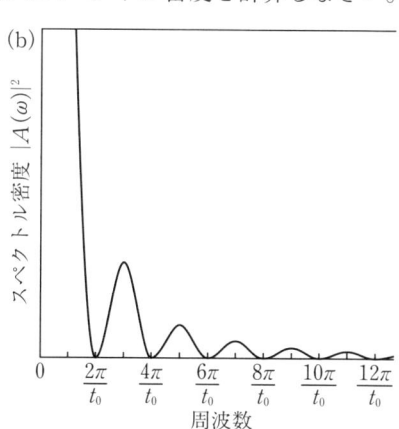

図9.4　(a) パルス矩形波状の変位　(b) パルス矩形波の周波数スペクトル

解 図 9.4(a) は

$$z(t) = \begin{cases} 0 & (t<0,\ t>t_0\ \text{のとき}) \\ z_0 & (0 \leq t \leq t_0\ \text{のとき}) \end{cases} \tag{9.44}$$

と書けるので，(9.42) 式は

$$A(\omega) = \frac{1}{2\pi}\int_{-\infty}^{\infty} z(t) e^{i\omega t} \mathrm{d}t = \frac{1}{2\pi}\int_{0}^{t_0} z_0 e^{i\omega t} \mathrm{d}t$$

$$= \frac{z_0}{2\pi i\omega}(e^{i\omega t_0}-1) = \frac{z_0}{\pi\omega} e^{i\omega t_0/2} \sin\left(\frac{\omega t_0}{2}\right) \tag{9.45}$$

となる。よって，スペクトル密度は

$$|A(\omega)|^2 = \left(\frac{z_0}{\pi\omega}\right)^2 \sin^2\left(\frac{\omega t_0}{2}\right) \tag{9.46}$$

これをグラフにすると図 9.4(b) となる。■

$0 \leq \omega \leq 2\pi/t_0$ の範囲のスペクトル密度が圧倒的に高いことがわかるので，このパルスの周波数軸上での拡がりはおよそ $\Delta\omega = 2\pi/t_0$ と書ける。一方，図 9.4(a) から明らかなように，このパルスの時間軸上での拡がりは $\Delta t = t_0$ と書けるので，$\Delta t \cdot \Delta\omega = 2\pi$ となる。これは，例題 9.1 および図 9.2 で述べた不確定性関係である。ただし，今回は時間と振動数（周波数）に関する不確定性関係となっているので，とくに**バンド幅定理**と呼ぶこともある。木槌からの力が撃力の場合，つまり，$t_0 \cdot z_0$ の値を一定に保ったまま $t_0 \to 0$ とすると，$|A(\omega)| \to t_0 z_0/2\pi$ と ω に依存しない一定値になる。つまり，すべての周波数範囲にわたってスペクトル密度が一定なスペクトルとなる。このような撃力はデルタ関数なので，そのフーリエ変換は一定値になることを意味しており，すべての周波数成分を一定割合で足し合わせた結果といえる。

章末問題

9.1 パルス波のフーリエ変換

図 9.5(a) および (b) に示すようなパルス波をフーリエ変換し，スペクトル密度を求めよ。

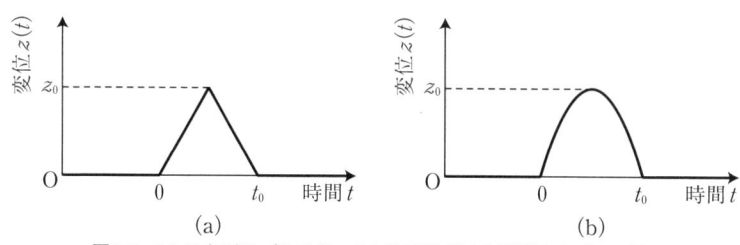

図9.5 (a) 三角形のパルス波 (b) 半周期だけの正弦波のパルス波

9.2 **AM 変調**

振幅が変調された波 $\xi(t) = (A + B\cos\omega t)\cos(n\omega t)$ の周波数スペクトルを計算せよ。ただし、n は十分大きな整数とする。

9.3 **不確定性原理 (バンド幅定理)**

角周波数 ω の波の角周波数を、精度 α ％で測定するには、最小でどれだけの測定時間が必要か計算せよ。

9.4 **フーリエ変換を使ってダランベールの解を求める**

波動方程式 (7.10) 式を、$z(x, t)$ の x についてのフーリエ変換

$$U(k, t) \equiv \frac{1}{2\pi}\int_{-\infty}^{\infty} z(x, t) e^{-ikx} \mathrm{d}x \tag{9.47}$$

を使い、初期条件

$$z(x, 0) = f(x) \tag{9.48}$$

のもとに解いて、(7.10) 式の解が、$z(x, t) = f(x \pm vt)$ と書けることを示せ。

第 10 章

2次元または3次元的に拡がる波の進み方は，ホイヘンスの原理で理解できる。媒質の境界では屈折や反射，回折など波特有の現象が起きる。これによって虹ができるメカニズムも理解できる。

2, 3次元の波

　これまでの章では，主に弦やゴムひもを伝わる1次元の波を考えてきたが，日常出会う現象は2次元または3次元的に拡がる波の場合が多い。水面に拡がる波，スピーカーから出る音波，震源から拡がる地震波，花火の音や光など，四方八方に拡がる波が多い。波が拡がるにつれて波のエネルギーは小さくなる。また，異なるインピーダンスの媒質に波が侵入するとき，境界面で反射や透過が起こることを学んだが，2次元や3次元では，境界面で屈折が起こって進行方向が変わる。また，障害物の後ろに波が回り込む回折という現象も起こる。このように2, 3次元では，1次元系では見られない波動現象が見られる。

10.1　3次元での波動方程式

　これまでは，波の変位をzで表していたが，3次元に拡張した場合，空間座標にx, y, zの記号を使うので，以後，波の変位をξで書くことにする。1次元の場合のダランベールの解 (7.12) 式は，x軸方向に進む波であった。同様にy軸方向やz軸方向に進む波は，$\xi = f(y \pm vt)$，$\xi = f(z \pm vt)$と書けるのは明らかであろう。位置ベクトルを$\bm{r} = (x, y, z)$と書き，x, y, z軸方向の単位ベクトルを$\bm{e}_x, \bm{e}_y, \bm{e}_z$と書くと，$x = \bm{e}_x \cdot \bm{r}$，$y = \bm{e}_y \cdot \bm{r}$，

$z = \boldsymbol{e}_z \cdot \boldsymbol{r}$ とベクトルの内積で書ける。よって

$$
\begin{aligned}
x\text{軸方向に進む波}&: \xi_x = f(\boldsymbol{e}_x \cdot \boldsymbol{r} \pm vt) \\
y\text{軸方向に進む波}&: \xi_y = f(\boldsymbol{e}_y \cdot \boldsymbol{r} \pm vt) \\
z\text{軸方向に進む波}&: \xi_z = f(\boldsymbol{e}_z \cdot \boldsymbol{r} \pm vt)
\end{aligned}
\tag{10.1}
$$

となる。任意の方向へ進む波の場合，波の進行方向の単位ベクトルを $\boldsymbol{u} = (l, m, n)$ とおくとき，l, m, n を，その方向の方向余弦という。このとき，$\boldsymbol{u}$ の向きに進む波の変位は

$$
\xi(x, y, z, t) = f(\boldsymbol{u} \cdot \boldsymbol{r} \pm vt) \tag{10.2}
$$
$$
= f(lx + my + nz \pm vt) \tag{10.3}
$$

と書ける。波の変位 ξ は，4つの変数 (x, y, z, t) の関数となる。これが満たす微分方程式を求めてみる。

$$
lx + my + nz \pm vt \equiv \eta \tag{10.4}
$$

と置いて，微分での変数変換をすると

$$
\frac{\partial \xi}{\partial t} = \frac{df}{d\eta}\frac{\partial \eta}{\partial t} = \pm v \frac{df}{d\eta} \tag{10.5}
$$

よって，
$$
\frac{\partial^2 \xi}{\partial t^2} = \frac{d}{d\eta}\left(\pm v \frac{df}{d\eta}\right)\frac{\partial \eta}{\partial t} = v^2 \frac{d^2 f}{d\eta^2} \tag{10.6}
$$

となる。同様に微分での変数変換をして，x について次式を得る。

$$
\frac{\partial \xi}{\partial x} = l \frac{df}{d\eta}, \quad \frac{\partial^2 \xi}{\partial x^2} = l^2 \frac{d^2 f}{d\eta^2} \tag{10.7}
$$

同様に y と z についても次式を得る。

$$
\frac{\partial^2 \xi}{\partial y^2} = m^2 \frac{d^2 f}{d\eta^2}, \quad \frac{\partial^2 \xi}{\partial z^2} = n^2 \frac{d^2 f}{d\eta^2} \tag{10.8}
$$

以上の式より，方向余弦に関する $l^2 + m^2 + n^2 = 1$ という関係を使うと，

$$
3\text{次元での波動方程式}: \frac{\partial^2 \xi}{\partial t^2} = v^2 \left(\frac{\partial^2 \xi}{\partial x^2} + \frac{\partial^2 \xi}{\partial y^2} + \frac{\partial^2 \xi}{\partial z^2} \right) \tag{10.9}
$$

を得る。∇(ナブラ) という演算子を使うと [1]

$$
\frac{\partial^2 \xi}{\partial t^2} = v^2 \nabla^2 \xi \tag{10.11}
$$

---

[1] ナブラの定義式は

$$
\nabla \equiv \boldsymbol{e}_x \frac{\partial}{\partial x} + \boldsymbol{e}_y \frac{\partial}{\partial y} + \boldsymbol{e}_z \frac{\partial}{\partial z}, \quad \triangle \equiv \nabla^2 = \nabla \cdot \nabla = \frac{\partial^2}{\partial x^2} + \frac{\partial^2}{\partial y^2} + \frac{\partial^2}{\partial z^2} \tag{10.10}
$$

と書ける。ここで，$\triangle$ をラプラシアンという。

とも書ける。これは3次元空間の中で単位ベクトルuの方向に進む波に関して導かれた方程式であるが，最後の結果(10.9)式にはuの情報が入っていない。つまり，任意の方向に進む波についてもこの式は成立するのである。1次元の波動方程式(7.10)式と(10.9)式を見比べると，3次元への拡張が自然な形で行われていることがわかる。もちろん，2次元の波動方程式は，たとえばzの項がないもので，(6.47)式と同一の形になる。

10.2　平面波と球面波

(10.3)式を正弦波で書くと
$$\xi = A \sin k(lx + my + nz \pm vt) \tag{10.12}$$
となる。ここで，$kl = k_x, km = k_y, kn = k_z$で定義される$k_x, k_y, k_z$を成分とするベクトル$\bm{k} \equiv (k_x, k_y, k_z)$を使うと，上式は
$$\xi = A \sin(\bm{k}\cdot\bm{r} \pm \omega t) \tag{10.13}$$
とも書ける。ただし，$\omega = kv$である。ベクトル$\bm{k}$を**波数ベクトル**という。

今，正弦関数の中の位相がθ_0の瞬間を考える。つまり，$\bm{k}\cdot\bm{r} \pm \omega t = \theta_0$である。これを満たす位置ベクトル$\bm{r}$で指定される点の集合体を**波面**という。1つの波面上では位相の値が等しいので**等位相面**ともいう。これは，$\bm{r}$の$\bm{k}$方向への射影がある時刻で一定値である面なので，$\bm{k}$に垂直な平面となる。位相が2πごとに繰り返されるので，この波面は図10.1(a)に示

(a)平面波　　　　　(b)球面波

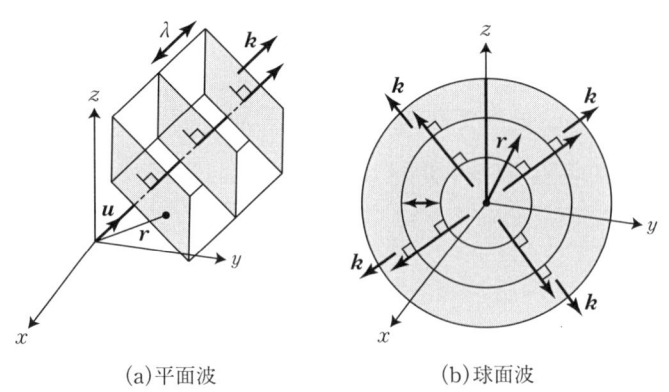

図10.1　(a)平面波　(b)球面波

すように，一定間隔に並んだ平面の列となる。このような波を**平面波**という。波面と波面の間隔が波長 λ なので，$k \cdot \lambda = 2\pi$ から，

$$\lambda = \frac{2\pi}{k}, \ k = \frac{2\pi}{\lambda} \tag{10.14}$$

と書ける。よって，波数ベクトル $\boldsymbol{k}$ は波が進む方向を示し，波面はつねに $\boldsymbol{k}$ に垂直であり，$\boldsymbol{k}$ の大きさは波長の逆数に比例する。波数ベクトル $\boldsymbol{k}$ は，振動数 ω とともに，波の性質を表す重要な量である。

3次元空間を伝播する波には平面波の他に，1点の波源から波が発生してすべての方向に一様に同じ速さで拡がっていく波がある。それは，図10.1(b) で描かれているように，波面が球形となる。このような波を**球面波**という。この波では，変位 ξ が波源からの距離 r と時間 t だけの関数である (方向によらない)。波の進む向きは波面に垂直方向なので，等方的に四方八方に進むことがわかる。このような波が3次元での波動方程式 (10.9) 式を満たしていることを示そう。

波源を原点として x-y-z 直交座標系をとると，波源から点 (x, y, z) までの距離 r は $r = \sqrt{x^2 + y^2 + z^2}$ である。そうすると，脚注に示すように[2]，x, y, z についての微分は，r についての微分で書き直せる。(10.9) 式に代入すると，

$$\frac{\partial^2 \xi}{\partial t^2} = v^2 \frac{1}{r} \frac{\partial^2}{\partial r^2}(r\xi), \ \text{または，} \ \frac{\partial^2}{\partial t^2}(r\xi) = v^2 \frac{\partial^2}{\partial r^2}(r\xi) \tag{10.18}$$

となる。これは関数 $r\xi$ についての1次元波動方程式 (7.10) 式となっていることがわかる。よって，ダランベールの解 (7.15) 式より

$$r\xi = f(kr - \omega t) + g(kr + \omega t), \ \text{あるいは，} \ \xi = \frac{f(kr - \omega t)}{r} + \frac{g(kr + \omega t)}{r}$$

---

2) $r = \sqrt{x^2 + y^2 + z^2}$ より，$\partial r / \partial x = x/r$ だから

$$\frac{\partial \xi}{\partial x} = \frac{\partial \xi}{\partial r} \frac{\partial r}{\partial x} = \frac{x}{r} \frac{\partial \xi}{\partial r} \tag{10.15}$$

$$\frac{\partial^2 \xi}{\partial x^2} = \frac{\partial}{\partial x}\left(\frac{x}{r} \frac{\partial \xi}{\partial r}\right) = \frac{1}{r} \frac{\partial \xi}{\partial r} - \frac{x^2}{r^3} \frac{\partial \xi}{\partial r} + \frac{x^2}{r^2} \frac{\partial^2 \xi}{\partial r^2} \tag{10.16}$$

同様に y および z について，2階微分も r での微分に変換して

$$\frac{\partial^2 \xi}{\partial x^2} + \frac{\partial^2 \xi}{\partial y^2} + \frac{\partial^2 \xi}{\partial z^2} = \frac{3}{r} \frac{\partial \xi}{\partial r} - \frac{x^2 + y^2 + z^2}{r^3} \frac{\partial \xi}{\partial r} + \frac{x^2 + y^2 + z^2}{r^2} \frac{\partial^2 \xi}{\partial r^2}$$

$$= \frac{2}{r} \frac{\partial \xi}{\partial r} + \frac{\partial^2 \xi}{\partial r^2} = \frac{1}{r} \frac{\partial^2}{\partial r^2}(r\xi) \tag{10.17}$$

$$\qquad(10.19)$$

という形の解を持つ。$f(kr - \omega t)/r$ は波源から四方八方に速さ $v = \omega/k$ で拡がる波を，$f(kr + \omega t)/r$ は四方八方から速さ v で 1 点に集束する波を表している。正弦波で 1 つの例を書くと

$$\xi(r, t) = A \frac{\sin(kr - \omega t)}{r} \qquad (10.20)$$

となる。波面は波源を中心とする球面であり，波動の振幅は距離 r に逆比例して減衰していく波である。波面と波面の間隔，つまり波長 λ は平面波の場合と同じように (10.14) 式で書ける。(10.19) 式より，原点から発散していく球面波と，逆に原点に集束する球面波を重ね合わせると定在波となる。

$$\begin{aligned}\xi(r, t) &= A\left[\frac{\sin(kr - \omega t)}{r} + \frac{\sin(kr + \omega t)}{r}\right] \\ &= \frac{2A}{r} \sin kr \cdot \cos \omega t\end{aligned} \qquad (10.21)$$

よって，$\sin kr = 0$ を満たす r の位置ではつねに振幅がゼロなので，定在波の節となる。

球面波のエネルギー

平面波の場合，波動エネルギーは一定に保たれて波が伝播していることは容易に想像できるが，球面波の場合はどうだろう。球面波の場合にも，波動のエネルギーは全体で一定値に保たれていることを示そう。単位体積当たりの波動エネルギー ε は，単振動のエネルギーなので，1 次元の場合の (7.29) 式と同様に変位の時間微分の 2 乗に比例する。その比例係数は媒質の密度 ρ なので，(10.20) 式を使って具体的に計算すると

$$\varepsilon(r, t) = \rho \left(\frac{\partial \xi}{\partial t}\right)^2 = \rho A^2 \omega^2 \frac{\cos^2(kr - \omega t)}{r^2} \qquad (10.22)$$

よって 1 周期にわたって時間平均すれば，$\cos^2(\ )$ が 1/2 になるので，$\overline{\varepsilon(r)} = \rho A^2 \omega^2 / 2r^2$ となる。これを半径 r の波面上で積分すれば，全体の波動エネルギー E になるので，

$$E = \int_{\text{波面上}} \overline{\varepsilon(r)}\, \mathrm{d}S = 4\pi r^2 \cdot \overline{\varepsilon(r)} = 2\pi \rho A^2 \omega^2 \qquad (10.23)$$

となり，r によらない一定値になる。つまり，球面波では，(10.20) 式が示すように振幅が $1/r$ で減衰するが，これは波面が拡がっても全エネルギーを一定に保つために必要な性質なのである。

空高く打ち上げられた花火が炸裂して発する音は，まさに球面波となって四方八方に拡がる。振幅が距離に反比例して減衰するので，遠くになればなるほど音が小さくなる。花火の炸裂と同時に光も球面波の電磁波として放射される。音波の速さは，電磁波の速さよりずっと遅いので，音は光よりやや遅れて聞こえる。

10.3 反射と屈折

8.3 節では，1 次元の波が異なる媒質（線密度の異なる弦）に入射したとき，その境界で反射や透過現象が起こることを学んだ。3 次元の波でも同様な現象が起こるが，境界面に対して波が斜めに入ってきた場合には波の進行方向が変化する。光の場合では，高校物理で「反射の法則」「屈折の法則」として学んでいるが，それらは光だけでなく，一般にいろいろな波について成り立つ法則である。この節では，波が電磁波であるか水面波であるかにかかわらず，一般的に成り立つことを述べる。

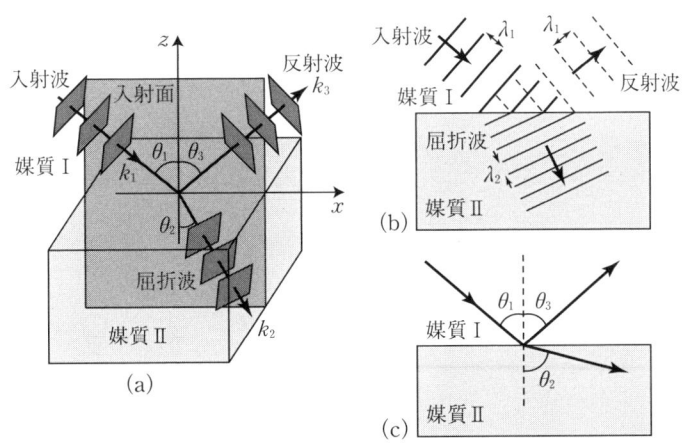

図10.2 異なる媒質の境界面での反射と屈折
　　　　(a) 屈折率 $n_{12} > 1$ の場合　(b) 波面を重視して描いた模式図　(c) 屈折率 $n_{12} < 1$ の場合

図 10.2(a) に示すように，媒質 I が $z > 0$ の領域を占め，媒質 II が $z < 0$ の領域を占めて，xy 平面が両者の境界面となっている状況を考える。入射波が xz 平面内で波数 $\bm{k}_1$ を持って境界面に入射したとする。屈折波と反射波の波数をそれぞれ $\bm{k}_2$，$\bm{k}_3$ とすると，それぞれの波は

$$\text{入射波：} \xi_1 = A \sin(\bm{k}_1\cdot\bm{r} - \omega t) \tag{10.24}$$

$$\text{屈折波：} \xi_2 = B \sin(\bm{k}_2\cdot\bm{r} - \omega t) \tag{10.25}$$

$$\text{反射波：} \xi_3 = C \sin(\bm{k}_3\cdot\bm{r} - \omega t) \tag{10.26}$$

と書ける。波の振動数 ω は媒質が異なっても変わらないのは，1 次元の波の場合と同じである。なぜなら，波の振動数は波源での振動によって決まり，波動を伝える媒質の性質にはよらないからである。

境界面では，媒質 I 側と媒質 II 側で波動の変位 ξ は連続でなければならないので，つねに

$$\xi_1 + \xi_3 = \xi_2 \tag{10.27}$$

が成り立っていなければならない。つまり，

$$A \sin(\bm{k}_1\cdot\bm{r} - \omega t) + C \sin(\bm{k}_3\cdot\bm{r} - \omega t) = B \sin(\bm{k}_2\cdot\bm{r} - \omega t) \tag{10.28}$$

これがつねに成り立つためには，3 つの正弦波の位相が境界面の至るところでつねに等しくなければならない。

$$\bm{k}_1\cdot\bm{r} - \omega t = \bm{k}_3\cdot\bm{r} - \omega t = \bm{k}_2\cdot\bm{r} - \omega t \tag{10.29}$$

すなわち

$$\bm{k}_1\cdot\bm{r} = \bm{k}_3\cdot\bm{r} = \bm{k}_2\cdot\bm{r} \tag{10.30}$$

図 10.2(a) に示したように，入射波の波数ベクトルを xz 平面内にとったので，$\bm{k}_1$ の y 成分はゼロであり，$k_{1y} = 0$。よって，(10.30) 式の y 成分の比較から

$$k_{2y} = k_{3y} = 0 \tag{10.31}$$

となる。つまり，反射波の波数ベクトルも屈折波の波数ベクトルも，xz 平面内にある。つまり，**(1) 入射波，反射波，屈折波の進む方向と境界面の法線はすべて同一面内にある**，という重要な性質が示せた。この面 (xz 平面) を**入射面**という。

(10.30) 式の x 成分について，任意の位置 $\bm{r}$ に対してこの等式が成立するには

$$k_{1x} = k_{2x} = k_{3x} \tag{10.32}$$

が成立する必要がある。z軸と各波の進行方向がなす角度を図10.2に示すように，θ_1(入射角)，θ_2(屈折角)，θ_3(反射角)とし，各波数ベクトルの大きさを使うと，上式は

$$k_1 \sin \theta_1 = k_2 \sin \theta_2 = k_3 \sin \theta_3 \tag{10.33}$$

と書き直せる。媒質Ⅰおよび媒質Ⅱでの波の速さ(位相速度)をそれぞれ v_1，v_2 と書くと，$k_1 = \omega/v_1$，$k_3 = \omega/v_1 (= k_1)$，$k_2 = \omega/v_2$ なので，上式は

$$\frac{\sin \theta_1}{v_1} = \frac{\sin \theta_3}{v_1} = \frac{\sin \theta_2}{v_2} \tag{10.34}$$

となる。よって，

$$\theta_1 = \theta_3 \quad :反射の法則 \tag{10.35}$$

$$\frac{\sin \theta_1}{\sin \theta_2} = \frac{v_1}{v_2} \equiv n_{12} :屈折の法則 \tag{10.36}$$

が得られる。(10.35)式は，**(2) 入射角と反射角は等しい**という**反射の法則**を意味している。(10.36)式は，**(3) 屈折の法則またはスネルの法則**として知られている。この式で定義されている速度の比 n_{12} を(相対)**屈折率**という。$v = \lambda \cdot \omega / 2\pi$ なので，屈折率は波長の比でもあり，$n_{12} = v_1/v_2 = \lambda_1/\lambda_2$ となる。光の場合，媒質Ⅰが真空または空気の場合，$v_1 = c$(光速)であり，この相対屈折率を単に媒質Ⅱの屈折率と呼び，$n = c/v_2$ と表される。つまり，**屈折率 n の物質内では，波長が $1/n$ になり，光速度が c/n となる**。8.3節で波を伝える媒質のインピーダンスについて述べたが，ここでの屈折率がインピーダンスに相当する[3]。

(10.28)式で位相の関係を考えることによって，上述の3つの法則を導くことができた。これらの法則は波の種類に依存しない。一方，波の振幅 A，B，および C について考えると，反射率や透過率を求めることができるが，それは，波の具体的な性質に依存する。つまり，波が電磁波なのか音波なのか水面波なのかで異なる結果になる。

(相対)屈折率が1より小さいと図10.2(c)に示すように，$\theta_1 < \theta_2$ となる。$\theta_2 = 90°$ となるときの θ_1 を θ_{1C} と書くと，(10.36)式より

$$\sin \theta_{1C} = n_{12} \tag{10.37}$$

---

[3] ゴムひもや弦を伝わる波の速さ v は(6.10)式で与えられ，インピーダンス Z は(8.45)式で与えられるので，$v = T/Z$ と書ける。よって，媒質Ⅰでの速さ v_1 と媒質Ⅱでの速さ v_2 の比は，$v_1/v_2 = Z_2/Z_1$ となり，(10.36)式に対応する。

と書ける。$\theta_1 > \theta_{1C}$ の場合, $\theta_2 > 90°$ なので, 屈折波は媒質IIに侵入しない。つまり, 波はすべて反射される。この現象を**全反射**といい, (10.37) で与えられる θ_{1C} を**全反射臨界角**という。全反射といっても, 実は境界面から媒質IIの方に波はわずかに浸み込んでいる。浸み込む厚さは波長程度であり, その波動場の強さは境界面から離れるにしたがって指数関数的にすみやかに減衰する (波数が純虚数として表現される)。そのため, それは進行波として媒質IIの中を伝わらないので, エネルギーを運ぶことはできない。したがって, 入射波のエネルギーはすべて反射波にいってしまう。境界面から媒質IIにわずかに浸み込んだ波動場を, **エバネッセント波**あるいは近接場という。

ダイヤモンドの屈折率は 2.42 と大きいので, 外部からダイヤモンドに入った光は内部で全反射しやすい。指輪などに使われるダイヤモンドは, 内部に入った光が内部で全反射され, 上部からしか外に出て行けないような形にカットされている。これをブリリアントカットといい, 58 面体にしている。これが輝きを増すのに役立っている。

例題10.1 水面波

水深が水面波の波長に比べて十分小さいとき, 水面波の速度 v は水深を h とすると, $v = \sqrt{gh}$ と書ける (11.1 節 **参照**)。ここで, g は重力加速度である。今, プールの底に直線的な段差があり, その段差の方向を y 軸とする。その左側 ($x < 0$) の領域での水深を h_1, 右側 ($x > 0$) の領域での水深を h_2 とする。y 軸に平行な波面を持つ平面波状の水面波が, x 軸に沿ってこの段差のところにやってきたとき, (8.50) 式および (8.51) 式を用いて, 波の強さの反射率および透過率を求めよ。

解 $v = \sqrt{gh}$ と (10.36) 式から, この場合の相対屈折率 n_{12} は

$$n_{12} = \frac{v_1}{v_2} = \sqrt{\frac{h_1}{h_2}} \tag{10.38}$$

よって, (8.50) 式および (8.51) 式で媒質Iのインピーダンスを 1, 媒質IIのインピーダンスを相対屈折率 n_{12} として計算すると,

$$反射率 = \left(\frac{\sqrt{h_2} - \sqrt{h_1}}{\sqrt{h_2} + \sqrt{h_1}}\right)^2 \tag{10.39}$$

$$透過率 = \frac{4\sqrt{h_1 h_2}}{(\sqrt{h_2}+\sqrt{h_1})^2} \tag{10.40}$$

ちなみに $h_1 = 2$ m, $h_2 = 1$ m として計算すると, 反射率は 0.03, 透過率は 0.97 となる。■

分散と虹と屈折率

図 10.3(a) に示すように, 三角プリズムに太陽光を通過させると, 虹色のスペクトルが得られることはよく知られている。これは, ガラスの屈折率が, 光の波長によってわずかに異なるためである。つまり, プリズム表面で光が屈折するとき, 異なる波長の光はわずかに異なる屈折角で曲げられる。普通, 波長が短い光ほど屈折は大きくなるので, 赤よりも紫色の光の方が大きな角度で屈折する。この現象を**分散**という。前章までに習った分散は, 角振動数 ω が波数 k に依存することを分散と呼んでいたので, プリズムの場合の分散とは一見違うもののように思えるかもしれないが, 実は同じことである。真空中での光の角振動数, 波数, 光速度を ω, k, c と書くと, $\omega = ck$ と書ける。その光が屈折率 n の物質内に入ると光速度が c/n になるが, 振動数は変わらず,

$$\omega = c\left(\frac{k}{n}\right) \tag{10.41}$$

と書け, n 対 $\lambda (=\pi/k)$ の関係が ω 対 k の関係になるので, いずれも分散関係といってよい。プリズムの中では光の位相速度が k に依存する。

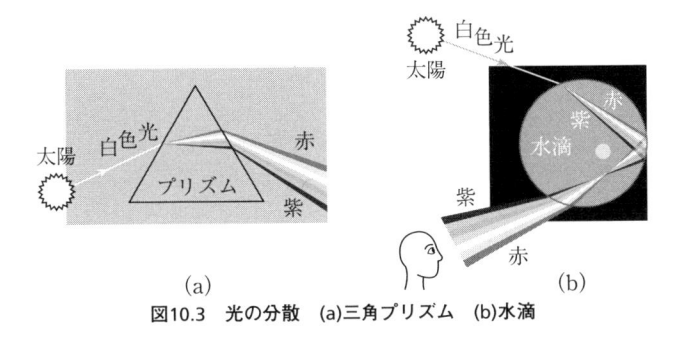

図10.3 光の分散 (a)三角プリズム (b)水滴

虹は, 図 10.3(b) に示すように, 雨上がりの大気中に漂う多数の細かな

水滴に太陽光が当たって，水滴内部での光の全反射とプリズムと同様な分散現象が起こり，光が色ごとに分解される現象である。虹が見えるかどうかは太陽と観測者の相対位置による。普通，太陽が観測者の後ろに来ているときに見える。この図に示すように，紫色光が赤色光より上にくるので，高度の高い水滴からは赤色光が観察者の目に届き，高度の低い水滴からは紫色光が届く。よって，虹は，上側が赤色で下側が紫色に見える。

それではなぜ，光の波長（または波数）に依存してガラスや水の屈折率の値が異なるのだろうか。12.1 節で述べるように，光は振動電場と振動磁場の波である。とくに，電場 $\boldsymbol{E}$ が物質にかかると，その中の各原子の正電荷を持つ原子核と，そのまわりをとりまく負の電荷を持つ電子の中心位置がずれて，分極が起こる。物質全体での分極を $\boldsymbol{P}$ と書くと，それは印加した電場に比例するから，その比例係数を真空の誘電率 ε_0 を用いて $\boldsymbol{P} = \chi \varepsilon_0 \boldsymbol{E}$ と書ける。χ を電気感受率という。そうすると，電束密度 $\boldsymbol{D}$ は

$$\boldsymbol{D} = \varepsilon_0 \boldsymbol{E} + \boldsymbol{P} = (1+\chi)\varepsilon_0 \boldsymbol{E} \equiv \varepsilon \boldsymbol{E} \tag{10.42}$$

と書ける。ここで物質の誘電率 ε は $\varepsilon = (1+\chi)\varepsilon_0$ で定義される。$\chi > 0$ なので，つねに $\varepsilon > \varepsilon_0$ である。一方，真空中での光速度を c と書くと，屈折率 n の物質中での光速度は c/n となる。また，12.1 節で学ぶように，真空の透磁率 μ_0 と誘電率 ε_0 を使うと，光速度は $c = 1/\sqrt{\mu_0 \varepsilon_0}$ と書けるので，物質の中での光速度 c は透磁率を μ と書くと，$c' = 1/\sqrt{\mu \varepsilon}$ となる。ゆえに，物質の屈折率は

$$n = \frac{c}{c'} = \frac{\sqrt{\mu \varepsilon}}{\sqrt{\mu_0 \varepsilon_0}} \tag{10.43}$$

となる。よって，物質の分極 P が大きいことは誘電率 ε が大きいことを意味し，その結果，屈折率 n も大きいことになる。そのため，光の振動数，つまり，振動電場の振動数に依存して，物質の分極の大きさがどう変わるかわかれば，物質の分散の性質がわかることになる。

光の振動電場によって変位するのは，電子の方である（原子核は重いのでほとんど変位しない）。しかし，電子は原子核に束縛されているので，つり合いの位置から x だけ変位すると，それを元に戻そうとする復元力 $-\kappa x$ がはたらくと考えられる。そうすると，第 2 章で習ったように，電子の質量を m とすると，電子は固有振動数 $\omega_0 = \sqrt{\kappa/m}$ で単振動する。光

の振動電場の角振動数を ω とすると，その電場から電子は $-eE_0\cos\omega t$ の力を受けるので (E_0 は振動電場の振幅)，電子の運動方程式は

$$m\frac{d^2x}{dt^2} = -m\omega_0^2 x - eE_0\cos\omega t \tag{10.44}$$

となる。これは，強制単振動の (4.3) 式で $\gamma = 0$ と置いた場合に相当する。よって，電子の変位の振動の振幅は (4.10) 式で与えられるので，物質の分極 P の大きさは電子の変位に比例するから，

$$P \propto \frac{1}{\omega_0^2 - \omega^2} \tag{10.45}$$

となる。通常，電子の固有振動数 ω_0 は紫外線の振動数の領域にあるので，可視光の ω では $\omega < \omega_0$ である。よって，可視光の領域では，光の振動数 ω が大きくなると，つまり赤色から紫色の光になると，P が大きくなり，よって，屈折率 n が大きくなることがわかる。このようなわけで，光の分散現象が起き，虹ができるのである。

10.4　ホイヘンスの原理

　これまでは，自由空間を平面波または球面波として，波が伝播する様子を見てきた。しかし，たとえば，空高く打ち上げられた花火が見えない裏庭にいても花火の音が聞こえるように，音波は物陰にまで伝播してくる。このように，一般には複雑な形の境界などがあるため，波面の形も複雑となり，波がどのように伝播していくのか，すぐにはわからない。波が空間を伝播する様子は，媒質の性質（屈折率や弾性率，張力など）と波源や反射する物体などの境界条件を考慮して，波動方程式を解けば原理的には求めることができる。しかし，その作業は一般に大変難しく，コンピュータを使った数値計算を必要とする。そこで，波の伝播の様子を直感的に知る方法として**ホイヘンスの原理**が便利である。

　波の伝播の様子を知るには，波面（等位相面）がどのように空間を移動して行くかわかればよい。ある瞬間の波面の形がわかっているとき，それから短い時間だけ経過したときの波面の形を簡単に求める方法として，次の手続きをとればよい。ある瞬間の波面上の各点から球面波が出てくると

第 10 章　2, 3 次元の波

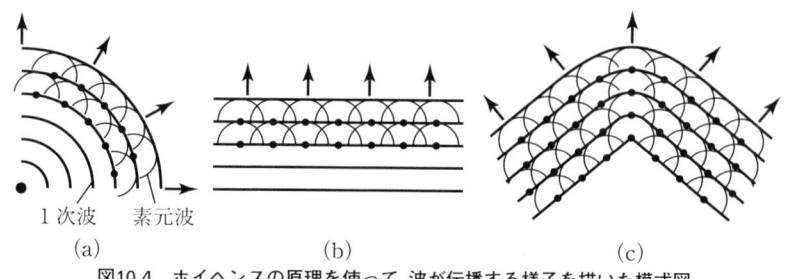

図10.4　ホイヘンスの原理を使って，波が伝播する様子を描いた模式図
(a) 球面波　(b) 平面波　(c) 複雑な波面

考える。これを**素元波**，または**要素波**，あるいは 2 次波と呼ぶ。つまり，**ある時刻の波面上の各点から発生した無数の素元波の等位相面の包絡面が，次の瞬間の新たな波面となる**。眼に見える波を素元波に対して 1 次波と呼ぶ。このホイヘンスの原理によって波の伝播，反射，屈折の現象を簡単に説明することができる。

　第 7 章で 1 次元の進行波について習ったように，ある点での振動が隣接する点に伝わっていくのが波であった。ホイヘンスの原理は，その考え方を 3 次元に拡張したものである。ある点での振動が素元波となって拡がり，無数の素元波が重なり合って次の時刻の (1 次波の) 波面が形成されるのである。この原理を使えば，図 10.4 に示すように，平面波は平面波のまま，球面波は球面波として伝播することがすぐに理解できる。あるいは (c) に示すように，複雑な形の波面が伝播するにしたがって形を変えていくこともわかる。一般に，鋭角的な角度を持つ波面は伝播するにつれて丸みを帯びてくる。

　しかし，ホイヘンスの考え方には欠点が 2 つあった。その 1 つは，後退波が出てきてしまうことである。素元波が 1 次波の波面上の各点から球面波として出てきて，次の時刻の波面は，その球面波の波面の包絡面であるのなら，図 10.5(b) に示すように，前に進む波だけでなく，後ろ向きに進む波も生成されてしまう。これは現実の現象と合わない。もう 1 つの欠点は，波が障害物の後ろ側に回りこむ**回折**という現象を説明できないことである。図 10.5(a) に示すように，スリットを波が通り抜けるとき，ホイヘンスの原理によると，スリットの幅で規定された領域だけにほとんどの波

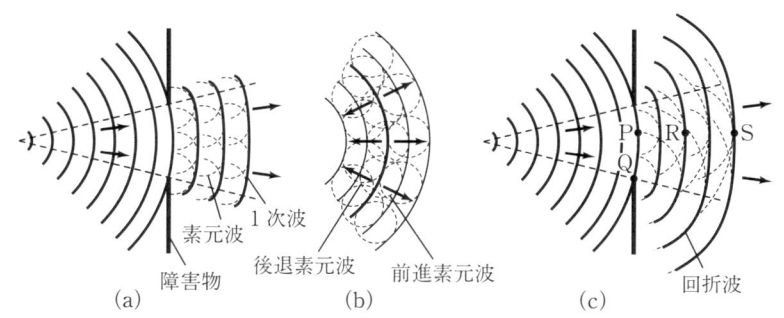

図10.5 ホイヘンスの原理によると，(a) 回折現象をうまく説明できないことと，(b) 後退波ができてしまうという欠点があった。(c) フレネルの考え方を示す模式図。

の強度が現れることになるが，これは裏庭で花火の音が聞こえることを説明できない。つまり，音波が障害物の後ろに大きく回り込む回折現象を説明できないのである。

そこでフレネルは，ホイヘンスの原理に重ね合わせの原理を組み合わせて，次の2点において修正した。(1) 素元波の強度は等方的ではなく，前方に強く，後方ではゼロである。(2) 1次波の波面は，その直前の時刻の1次波の波面から出た素元波の包絡面ではなく，過去に発生した素元波のうち，その時刻にその場所に到達するすべての素元波が重ね合わされ干渉した結果として，その時刻の1次波の波面が決定される。図10.5(c)に示すように，S点での波は，P点，Q点，R点，…などすべての点からの素元波を考えて，それらが干渉した結果できると考えるのである。このようなフレネルの修正によって，回折現象が現れることも後退波がないことも説明できるようになった。つまり，障害物の後ろ側に大きく回り込む回折波を説明できることになった。現在，ホイヘンスの原理といわれているのは，このフレネルの修正を含めた意味であることが多い。これを明確に**ホイヘンス‐フレネルの原理**と呼ぶこともある。そのあとキルヒホッフはホイヘンス‐フレネルの原理を波動方程式と結び付けて定式化した。それについては，第13章で改めて述べる。

ホイヘンスの原理を用いて，10.3節で述べた境界面での反射と屈折の現象も説明することができる。図10.6(a)に示すように，平面波が入射角θ_1で媒質Ⅰから媒質Ⅱの境界面に入射するときを考える。波面ABに注

第 10 章 2, 3 次元の波

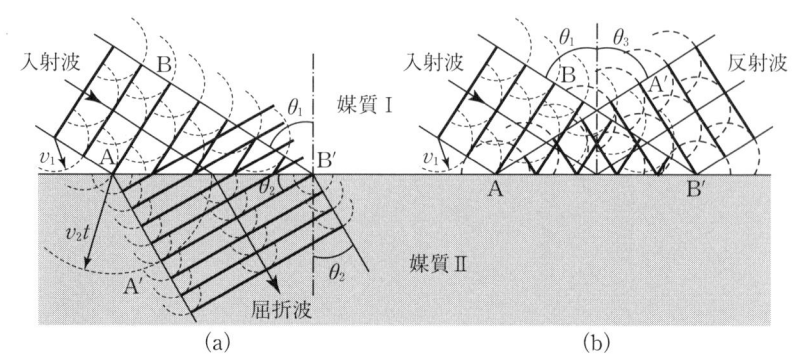

(a) (b)

図10.6 ホイヘンスの原理による (a) 屈折と, (b) 反射の現象を説明する模式図

目すると，波面は媒質 I の中では速さ v_1 で，媒質 II の中では速さ v_2 で進む。B で表される波面上の点が境界面上の点 B′ に到達するのに時間 t だけかかるとすると，

$$\overline{BB'} = v_1 t = \overline{AB'} \cos\left(\frac{\pi}{2} - \theta_1\right) = \overline{AB'} \sin\theta_1 \tag{10.46}$$

である。一方，先に境界面に到達した波面上の点 A からも素元波が出る。その素元波の進む速さは媒質 II の中では v_2 であるので，その素元波は時間 t の間に A′ のところまで進むので，この図より，屈折角を θ_2 とすると，

$$\overline{AA'} = v_2 t = \overline{AB'} \sin\theta_2 \tag{10.47}$$

と書けることがわかる。(10.46) 式と合わせると，

$$\overline{AB'} = \frac{v_1 t}{\sin\theta_1} = \frac{v_2 t}{\sin\theta_2} \tag{10.48}$$

となる。よって，屈折の法則 (10.36) 式が得られる。

今度は図 10.6(b) を使って反射の法則を導いてみる。同様に波面 AB に注目してみる。点 B が境界面上の点 B′ に到達するまでに，点 A から発生した素元波は媒質 I の中を v_1 で拡がるので，$AA' = v_1 t$ となる。よって，反射角を θ_3 と書くと，

$$\overline{AA'} = v_1 t = \overline{AB'} \cos\left(\frac{\pi}{2} - \theta_3\right) = \overline{AB'} \sin\theta_3 \tag{10.49}$$

よって，(10.46) 式と組み合わせると，

$$\overline{AB'} = \frac{v_1 t}{\sin\theta_1} = \frac{v_1 t}{\sin\theta_3} \tag{10.50}$$

よって，反射の法則 (10.35) 式が得られる。

任意の形をした境界面（たとえば球面など）での反射・屈折の様子も素元波の作図より求めることができる。また，屈折率が場所に依存して変化する光ファイバーのように（章末問題 10.1 参照），媒質が一様ではなく，場所によって波が進行する速さが異なる場合でも，その変化が緩やかならば，素元波の作図より波の進む様子を知ることができる。

10分補講

バビネの原理

ホイヘンスの原理から導かれる興味深い原理を紹介しよう。図 10.7(a) に示すように，スリットに平面波が入射する場合を考える。スリットの後方ではホイヘンスの原理にしたがって回折波ができる。ある 1 点 P で観測した波動を ξ_a と書く。次に，スリットの代わりに，(b) に示すように，(a) のスリットの開口部だけをふさいだ幅の狭いつい立てを同じ場所に置いて，同じ平面波を入射させた場合を考える。この場合もホイヘンスの原理にしたがって，つい立ての後ろに回折波ができる。そのときに点 P で観測される波動を ξ_b と書く。(a) と (b) のように，波に対して障害物の役割が逆転したものを「互いに相補的である」という。(a) では，スリットの開口部からの素元波を足し合わせて，回折波ができたのであり，(b) では，その部分以外からの素元波を足し合わせて，回折波がつくられている。このように相補的な障害物からの回折波を足し合わせると，スリットもつい立ても何もない状態に等価な状態となるはずである。何もないときには，(c) に示

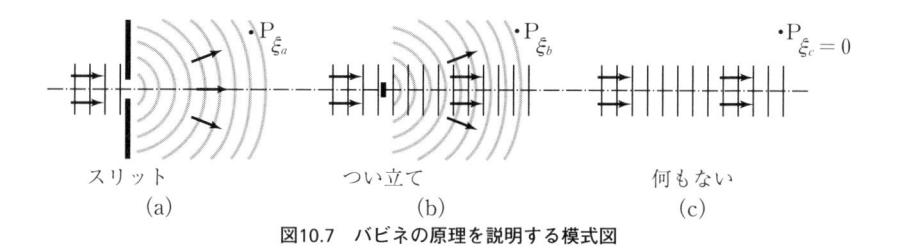

スリット	つい立て	何もない
(a) $\cdot \mathrm{P}_{\xi_a}$	(b) $\cdot \mathrm{P}_{\xi_b}$	(c) $\cdot \mathrm{P}_{\xi_c} = 0$

図10.7 バビネの原理を説明する模式図

すように入射波が直進するだけなので，P 点が入射波の経路からはずれていれば，そこでの波動 ξ_c はゼロのはずである．つまり，$\xi_c = \xi_a + \xi_b$ なので，

$$\xi_a + \xi_b = 0 \tag{10.51}$$

よって，観測される波の強度は ξ の絶対値の 2 乗なので，$|\xi_a|^2 = |\xi_b|^2$ と書ける．つまり，**互いに相補的な物体による回折パターンは同じである**，という思いがけない結論を得る．これを**バビネの原理**という．これは，レーザー光線による回折だけでなく，たとえば，X 線回折や電子回折において結晶内の原子配列の回折パターンを観察したとき，余分な原子が存在するときと，その位置の原子が抜けている（原子空孔）ときでは，回折パターンがまったく同じで区別がつかないことを説明する（第 13 章の章末問題 13.1 を 参照 ）．

章末問題

10.1 光ファイバー

図 10.8 に示すように，光ファイバーの芯は半径 a の円柱状の細長いガラスであるが，その屈折率 n は，中心からの距離 x に依存して

$$n(x) = n_1 \sqrt{1 - \alpha^2 x^2} \tag{10.52}$$

のように滑らかに変化している．n_1 および α は定数である．

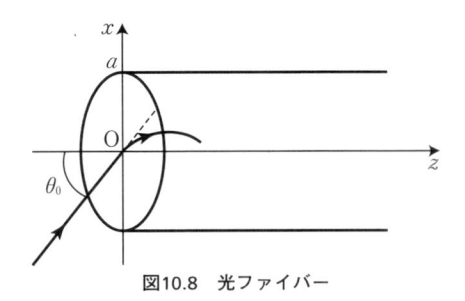

図10.8 光ファイバー

(1) 単色光が，xz 面を入射面として，断面の中心 O からファイバーに入射角 θ_0 で入射した．ファイバー内での光の軌道上の任意の点において，この光線と z 軸とのなす角 θ とその場所での屈折率 n は，

C を定数として，関係式 $n \cos\theta = C$ をつねに満たすことを示せ。また，この定数 C を n_1 と θ_0 を用いて表せ。

(2) 前問の結果と三角関数の関係式 $\cos\theta = 1/\sqrt{1+\tan^2\theta}$ を用いて，この光の軌道上の点 (x, z) での接線の傾き $\tan\theta = dx/dz$ に対する方程式を導け。また，その方程式の両辺を z で微分して，d^2x/dz^2 に対する方程式も求めよ。

(3) 前問で得られた方程式を解き，その解 $x = f(z)$ の表式を求めよ。これが，ファイバー内の光線の軌道である。

(4) 2つの異なる入射角 θ_0 でファイバーに入射した光線の軌道の概略図を，1周期にわたって描け。

(5) 光線がこのファイバー内を伝播するためには，入射角 θ_0 はいくら以下でなければならないか。その最大値 θ_{0M} を求めよ。

10.2 導波管と遮断周波数

波長と同程度の太さの管の中を波が通るとき，波動方程式を管壁での境界条件のもとで解けば波の様子がわかる。ここでは簡単のために，2枚の平行平板の反射板の間を（2次元的な）導波管とみなして考えてみる。

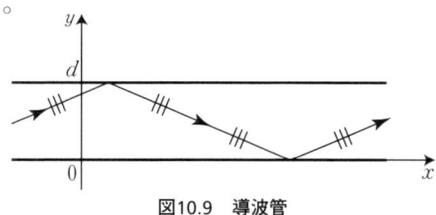

図10.9 導波管

図10.9に示すように，y 軸を反射板に垂直な方向にとり，$y = 0$ に1枚の反射板，$y = d$ にもう1枚の反射板があるとする。反射板に添う方向に x 軸をとり，波が xy 平面内で進むとする。この導波管に次の平面波が入射した。

$$\xi_1 = A_1 \exp[i(k_x x + k_y y - \omega t)] \tag{10.53}$$

境界条件として，管壁で波は完全に反射され，管壁で $\xi = 0$ とする。

(1) この入射波が壁で反射を繰り返し，入射波と干渉を起こすとし

て，波動方程式を解かずに，この導波管内の波を求めよ．その結果から，エネルギーの低い3つの波動モードの概略図を描け．

(2) この導波管を伝播する波の角振動数 ω は，ある値 ω_c 以上でなければならず，これ以下の角振動数の波は管の中を伝播できないことを示せ．また，この ω_c の値を求めよ．この ω_c を遮断周波数という．

10.3 光の反射率

媒質1(屈折率 n_1)から媒質2(屈折率 n_2)に，その境界面(xy 面とする)に垂直に光が入射する場合の反射率と透過率を求めよ．境界面($z=0$)で光波は連続で滑らかに接続されているという境界条件を用いよ．

10.4 反射防止膜

めがねのレンズ表面には，反射防止膜が塗布されており，反射される光の量をなるべく抑える工夫がなされている．今，空気，反射防止膜，およびめがねのレンズの屈折率を $n_0(=1)$，n_1，n_2 とし，反射防止膜の厚さを d とする．波長 λ の光が表面に垂直に入射した場合，反射光がゼロになるために，n_1 および d が満たすべき条件を求めよ．

第 11 章

現実の波の例として水面波，音波，および地震波をとり上げ，それぞれの波が伝播する速さが何によって決まるのか考えてみる。

媒質を伝播する現実の波

　今まで考えてきた波は，波としての変位が波の進行方向と垂直な方向に単振動する単純な波であった。しかし，水面を伝わる波，音波，地震波など現実の波は，それほど単純ではなく，それぞれ固有の複雑さを持っている。しかし，それらの波を理解するには，今まで学んだ単振動をもとにする波の考え方が基本になる。この章では，いくつかの代表的な現実の波，とくに，水や空気，岩盤など，波を伝える媒質が力学的に振動する波を紹介する。それらの波の詳細を理解するには，流体力学や弾性体力学，熱力学などの知識が必要だが，ここではそれらの詳細になるべく立ち入らずに理解できる範囲で述べる。

11.1　水面波

　最も身近で目に触れる機会が多い波は水面波であろう。水面波は，しかしながら，この節で述べるように単純な波ではなく，水の複雑な運動に基づく波である。水の運動の様子や波の伝播速度が，水深に依存したり波数に依存したりする（分散のある波）。この分散のために，伝播するにしたがって波の形が変わってくる。海水浴で砂浜から少し沖まで泳いでいくと，波によって体が上下しながら前後するのを感じる。しかし，その波が砂浜

に近づくと急に盛り上がったかと思うと豪快に崩れるのはなぜだろう，と誰しも不思議に思う．これは，分散性や海底との摩擦などが関わっている複雑な現象である．

　静かな水面は水平で平らであるが，何らかの原因でその一部が盛り上がったとする．そうすると，その部分の液面を元の位置に戻そうとする復元力がはたらく．その復元力は重力と表面張力に起因する[1]．海岸でよく目にする波は波長が 1 m 以上であり，それは主に重力が復元力としてはたらいている (**重力波**)[2]．一方，風が強い日に池や川の水面上で，波長 1 cm 程度の縮緬のようなさざ波ができているのを見たことがあるだろう．この波では，表面張力が支配的な復元力としてはたらいている (**表面張力波**)．おおざっぱにいって，波長が 1.7 cm 程度以下の細かな波は表面張力波といえ，重力波はそれ以上の長い波長を持つ水面波である．

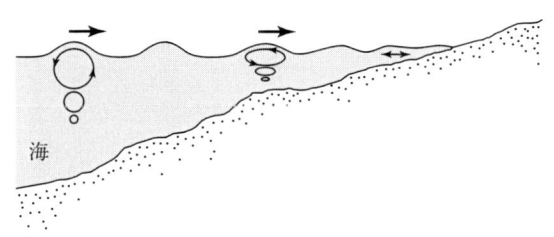

図11.1　水面波の水深による違い

　図 11.1 に示すように，十分深いところでの水面波では，水が円運動をしていることが知られている．しかし，水面から水中に少し入ると，その円運動の半径は急激に小さくなり，水面から波の波長程度潜ると水はほとんど動いていない．このように，水面波は水面近傍だけで起こる表面波で

---

[1] 表面張力とは，表面積をできるだけ小さくしようとする傾向を定量的に表す量であり，液体の分子間の結合力に起因する．「力」という名前がついているが，実は力の次元ではなく単位面積当たりのエネルギーの次元を持つ．つまり，液体内部では1つの分子が四方八方に隣接する分子と結合をつくって安定化している（エネルギーが低くなっている）が，液面上の分子は片側には結合すべき相手がないので，その分だけ内部に存在する分子よりエネルギーが高くなっている．その過剰なエネルギーを表面張力という．だから，液体の表面積をなるべく少なくすれば，その過剰なエネルギーが少なくてすむので安定化する．

[2] 相対性理論による時空のひずみが波として伝播する「重力波」と同じ名前だが，混同しないと思う．

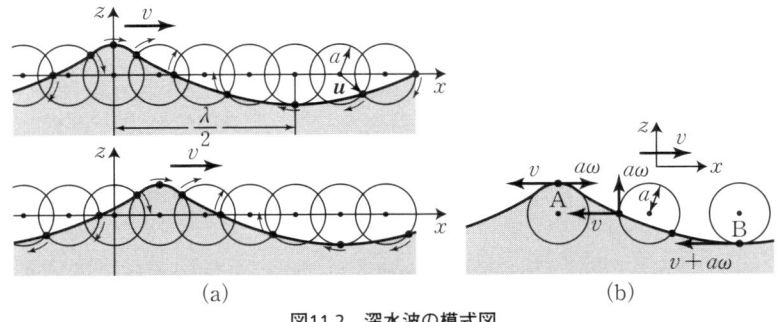

図11.2　深水波の模式図

ある。水深がだんだん浅くなると，水の円運動が上下に平べったくなった楕円運動になる。砂浜の浅瀬にくると，その楕円がさらにつぶれて，水は前後に往復運動するだけとなる。

深水波

水深 h が波の波長 λ に比べて十分大きい場合 ($h \gg \lambda$)，水面近傍の水は図 11.2(a) に示すように，それぞれの場所で等速円運動をしている。その円運動の位相が，波の進行方向 (x 軸とする) に沿って少しずつずれている。各位置での水面の運動方向は，この時計回りの円運動によって決まり，それが全体として右向きに移動する水面の波となるのがわかるだろう。よって，位置 x での水の微小部分の変位 $\boldsymbol{u} = (u_x, u_z)$ は，鉛直上方を z 軸にとって

$$u_x = -a \sin(kx - \omega t), \quad u_z = a \cos(kx - \omega t) \qquad (11.1)$$

と書ける。ここで，ω は円運動の角速度，a は円運動の半径，k は場所 (x 座標) による円運動のずれを表す定数であるが，それはすなわち波数といえる。また，円運動が 1 回転すると波としても 1 周期の運動をするので，ω が波としての角振動数でもある。u_x は波の進行方向に沿った変位なので縦波の成分であるが，u_z は進行方向に垂直方向の変位なので横波の成分である。このように，縦波と横波が合成された波が水面波なのである。

　この波の伝播速度 v を求めてみよう。サーファーになったつもりで，この波に乗って波と一緒に速さ v で移動する座標系から見ると，水面の形は変わらず，水全体が速さ v で後向きに (x 軸の負の向きに) 運動していく

ように見えるのが想像できるだろう。そうすると、図 11.2(b) に示すように、波頭 (A 点) での水の微小部分の速度は $a\omega - v$ となり、一方、波の底の部分 (B 点) での水の速度は $-v - a\omega$ と書けることがわかる。また、この図からわかるように、A 点と B 点の高さの差は $2a$ である。ここで、A 点と B 点における水の微小部分の力学的エネルギー (＝運動エネルギー＋ポテンシャルエネルギー) は等しいはずだから、水の密度を ρ と書くと、

$$\frac{1}{2}\rho(a\omega - v)^2 + ag\rho = \frac{1}{2}\rho(-a\omega - v)^2 - ag\rho \tag{11.2}$$

と書ける。ここで g は重力加速度である。これを整理して v について解くと、$v = g/\omega$ となるが、波の波長 λ を使うと、$\omega = 2\pi v/\lambda$ なので、

$$v = \sqrt{\frac{g\lambda}{2\pi}} \tag{11.3}$$

となる。つまり、波の速度は水深に依存せず、波の波長が長いほど速いことになる。$v = \omega/k$ より、

$$\omega = \sqrt{gk} \tag{11.4}$$

これが分散関係なので、群速度 v_g および位相速度 v_ϕ はそれぞれ、

$$v_g = \frac{d\omega}{dk} = \frac{1}{2}\sqrt{\frac{g}{k}}, \quad v_\phi = \frac{\omega}{k} = \sqrt{\frac{g}{k}} \tag{11.5}$$

よって、位相速度が群速度の 2 倍になっているのがわかる。

静かな池に小石を投げ込むと、同心円状のさざ波が拡がる。小石による水面の擾乱はパルス的だが、波をよく観察すると、水面に振動がある程度の間持続して波が連なって拡がっているように見える。9.1 節で学んだように、パルス的な波は、いろいろな波数 (またはその逆数である波長) を持つ正弦関数または余弦関数で書き表される成分の重ね合わせである。よって、それぞれの波長の成分の波が拡がっていくとき、(11.3) 式より、波長の長い成分の波が先に拡がり、波長の短い波の成分が遅れて拡がる。そのために、波がある程度連なって拡がっているように見えるのである。だから、あの同心円状のさざ波は、水面波の分散関係 (11.3) 式を見ていることになる。

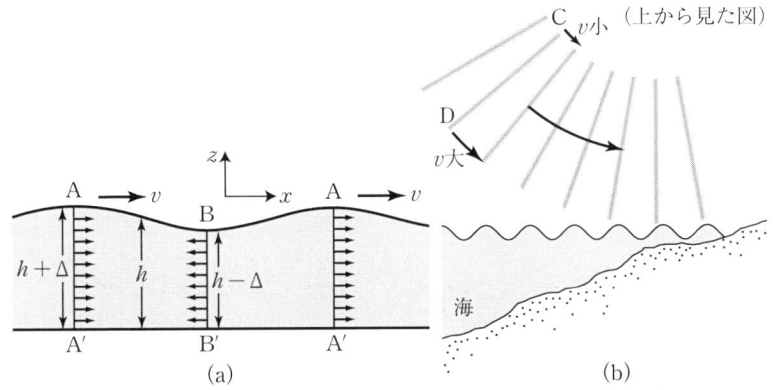

図11.3 (a) 浅水波の模式図　(b) 砂浜に平行に波が押し寄せる理由

浅水波

　水深 h が波の波長 λ に比べて浅い場合 ($h \ll \lambda$)，図11.1で述べたように，水は鉛直方向にほとんど変位せず，波の進行方向にのみ変位する縦波成分だけとなる。このような浅水波では，図11.3(a) で示すように，水面から底まで水は歩調をそろえて前後に単振動する。$+x$ 方向の速度が最大 $+u$ になるところが波頭になり，$-x$ 方向に最大の速度 $-u$ になるところで波の底となる。波頭での深さを $h+\Delta$，波の底での深さを $h-\Delta$ とする。図11.2と同様に，波の伝播速度 v で波とともに移動する座標系から見ると，水は速さ v で $-x$ 方向に流れる。波頭 A 点と波の底 B 点での力学的エネルギーは等しいので，

$$\frac{1}{2}\rho(-v+u)^2 + \rho g \Delta = \frac{1}{2}\rho(-v-u)^2 - \rho g \Delta \quad (11.6)$$

と書ける。よって，$v = g\Delta/u$ となる。一方，水は非圧縮性流体（力が加わっても体積は変化しない流体）とみなせるので，断面 AA′ を通る水量と断面 BB′ を通る水量は等しいはずだから，

$$(v-u)(h+\Delta) = (v+u)(h-\Delta) \quad (11.7)$$

よって，$v = hu/\Delta$ となる。上の結果と合わせると，$\omega = kv$ から

$$v = \frac{\omega}{k} = \sqrt{gh} \quad (11.8)$$

となり，波の伝播速度（位相速度）は波長（または波数）に依存しないが，

水深 h が浅くなるほど速度が遅くなることがわかる。また，ω を k で微分すると，群速度と位相速度が等しいこともわかる。

砂浜に押し寄せる波は，必ず砂浜に平行な波面を持って押し寄せてくる。砂浜に対して大きな角度で押し寄せる波はない。その理由は図 11.3(b) に示すように，波面が砂浜に対して斜めであったとしても，D 点での水深のほうが C 点より深いので，(11.8)式より位相速度が大きく，その結果，伝播するにしたがって波面が少し回転し，砂浜に近づくにつれて波面はしだいに砂浜に平行になっていくからである。

砂浜での波打ち際の波は，水深を 0.4 m とすると，(11.8) 式より $v ≒ 2$ m/s となる。一方，津波の波長は通常，数 10 km から数 100 km に及ぶので，海の深さ（0.1 km 〜 10 km）に比べて十分長く，したがって大海を伝播する津波も浅水波とみなせる。そうすると，その伝播速度も (11.8) 式から計算でき，$v = 30 \sim 300$ m/s となる。上で計算した波打ち際の通常の波より，津波の伝播速度は 1 桁以上速いことがわかる。300 m/s は空気中の音速に近い速さで，ジェット機よりも速い。

11.2　音波

音は音源から音波となって拡がり，それがわれわれの耳に届く。大きな音を出している太鼓の皮やスピーカーに顔を近づけると，空気の振動を肌で感じることができる。太鼓の皮やスピーカーの振動板によって，空気の密度が局所的・瞬間的に密になったり疎になったりする変化がつくり出され，それが伝播するのが音波である。それゆえ音波は**疎密波**（または圧縮波）といわれ，この圧力の変化が音波の進行方向に沿う変化なので縦波である。

前節で述べた水面波の伝播速度は，重力や水深で決められた。空気中を伝わる音の伝播速度，つまり音速は何で決まっているのだろうか。空気の微小な塊が ξ だけ変位すると，空気の密度 ρ が局所的に変化し，その結果，圧力 P が局所的に変化する。そうすると，その圧力の変化が隣接する場所の空気の塊を変位させるので，変位 ξ が隣に伝わることになる。よって，ξ と ρ と P の間の関係を用いて，それらの変化が伝わる速さ，すなわち音波が伝播する速さを計算してみる。

今，音波のない $(\xi = 0)$ ときの空気の平均の密度と圧力を，それぞれ ρ_0 と P_0 とする。それらは位置 x や時間 t に依存しない一定値である（温度が一定なら）。音波が来ると，それらは $\rho(x, t) = \rho_0 + \Delta \rho(x, t)$ および $P(x, t) = P_0 + \Delta P(x, t)$ と場所と時間の関数として変化することになる。

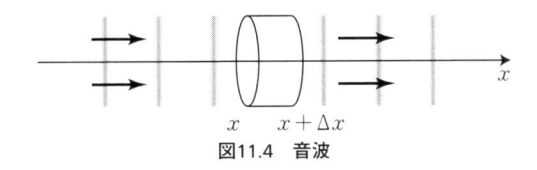

図11.4 音波

図 11.4 に示すように，今，音波が $+x$ 軸方向に進んでいるとする。座標 x 近傍に微小な円柱状の空気の塊を考える。その底面は x 軸に垂直で単位面積を持ち，その幅は Δx とする。この空気の微小塊にはたらく力は，左側と右側の底面にかかる圧力の差なので，$+x$ 方向に $P(x) - P(x + \Delta x) = -(\partial \Delta P/\partial x) \Delta x$ と書ける。よって，この空気塊に対する運動方程式は，両辺を Δx で割ると

$$\rho_0 \Delta x \frac{\partial^2 \xi}{\partial t^2} = \left(-\frac{\partial \Delta P}{\partial x} \right) \Delta x \quad \rightarrow \quad \rho_0 \frac{\partial^2 \xi}{\partial t^2} = -\frac{\partial \Delta P}{\partial x} \quad (11.9)$$

となる。一方，圧力の変化 ΔP は，密度の変化 $\Delta \rho$ によって引き起こされているので，

$$\Delta P = \frac{\partial P}{\partial \rho} \Delta \rho \equiv v^2 \Delta \rho \quad (11.10)$$

と書ける。ここで定義した

$$v \equiv \sqrt{\frac{\partial P}{\partial \rho}} \quad (11.11)$$

は速さの次元を持ち，音波が来る前の密度と圧力の近傍での値で，簡単のため一定値とみなしてよい。次に，密度の変化 $\Delta \rho$ と空気塊の変位 ξ との関係を求める。図 11.4 で考えている円柱の左側の底面の位置での空気の変位は $\xi(x)$，右側の底面でのそれは $\xi(x + \Delta x)$ と書け，この円柱の体積 V は底面積が 1 なので，$V_0 = \Delta x$ から変化して

$$V = V_0 + \Delta V = \Delta x + \xi(x + \Delta x) - \xi(x) = \Delta x \left(1 + \frac{\partial \xi}{\partial x} \right) \quad (11.12)$$

となる。空気の量は変わらないので，$\rho V = \rho_0 V_0$ である。よって，密度は

ρ_0 から

$$\rho = \rho_0 \cdot \frac{V_0}{V} = \rho_0 \frac{1}{1+\frac{\partial \xi}{\partial x}} \approx \rho_0 \left(1 - \frac{\partial \xi}{\partial x}\right) \tag{11.13}$$

に変化する。したがって

$$\Delta \rho = -\rho_0 \frac{\partial \xi}{\partial x} \tag{11.14}$$

と書ける。これを (11.10) 式に代入し，さらにそれを運動方程式 (11.9) 式に代入し，両辺を ρ_0 で割ると，

$$\frac{\partial^2 \xi}{\partial x^2} = \frac{1}{v^2}\frac{\partial^2 \xi}{\partial t^2} \tag{11.15}$$

を得る。これは (7.10) 式と同じ形をしており，波動方程式そのものである。つまり，空気の変位 ξ が速さ v で伝わることを意味しているので，(11.11) 式で定義される v が**音速**ということになる。また，(11.15) 式の両辺を x で偏微分すると，t についての偏微分と微分する順番を入れ替えることができるので，$\partial \xi/\partial x$ について同じ形の方程式が成り立つ。そうすると，(11.14) 式から，それは密度（の変化）に関する方程式になり，

$$\frac{\partial^2 \rho}{\partial x^2} = \frac{1}{v^2}\frac{\partial^2 \rho}{\partial t^2} \tag{11.16}$$

と書ける。ただし，ρ_0 は一定値なので，その x や t による微分はゼロであることを利用している。この式は，（当然だが）音波による密度の変化も音速で伝わることになる。さらに，(11.10) 式を使えば，圧力の変動が伝播する波動方程式も同じ形で書ける。

さて，(11.11) 式で定義される音速をさらに具体的に求めてみる。ラプラスは，音波による空気の圧縮・膨張過程はすばやく，また空気の熱伝導率はそれほどよくないので，この圧縮・膨張過程では熱の出入りがない断熱過程と考えた。そうすると，圧力 P と体積 V の間には，熱力学で習った関係式

$$PV^\gamma = C \text{（定数）} \tag{11.17}$$

が成り立つ。ここで，γ は定圧比熱 C_p と定積比熱 C_v の比であり，$\gamma = C_p/C_v = 1.403$（空気の場合）と書ける。よって，$P = CV^{-\gamma}$ と書けるので，

$$\frac{dP}{dV} = -\gamma C V^{-\gamma-1} = -\frac{\gamma P}{V} \tag{11.18}$$

となる．一方，体積 V に含まれる空気の質量を M と書くと，密度は $\rho = M/V$ なので，

$$\frac{dV}{d\rho} = -\frac{M}{\rho^2} = -\frac{V^2}{M} \tag{11.19}$$

よって，(11.18) 式と (11.19) 式を組み合わせると，

$$\frac{dP}{d\rho} = \frac{dP}{dV} \cdot \frac{dV}{d\rho} = \frac{\gamma PV}{M} \tag{11.20}$$

となる．さらに，圧力は音波のないときの圧力 P_0 から大きくずれていないので $P \approx P_0$ とし，また，体積 V の空気を，温度 T で n モルの理想気体とみなすと，ボイル – シャルルの法則（理想気体の方程式）$P_0 V = nRT$ が使えて，

$$\frac{dP}{d\rho} = \frac{\gamma RT}{m}, \quad \text{ただし，} \ m \equiv \frac{M}{n} \tag{11.21}$$

と書ける．ここで R は気体定数である．よって，(11.11) 式で定義される音速は

$$v = \sqrt{\frac{\gamma RT}{m}} \tag{11.22}$$

となる．0℃で1気圧の乾燥空気の1モル当たりの質量 $m = 28.98$ g/mol を入れ，2原子分子では $\gamma = 7/5$ なので，音速は $v = 331.5$ m/s と計算される．この値は実測値に非常に良く一致している．また，音速は気温 T が高いほど，また軽い気体分子ほど速くなることがわかる．疎密波の伝播の素過程は気体分子同士の衝突なので，個々の気体分子の速度が速いほど疎密波の伝播も速くなるのである．

例題11.1 等温過程の場合の音速

上では，ラプラスにしたがって音波での圧縮・膨張過程を断熱過程として計算したが，これより前にニュートンは，この過程を等温過程と考えて音速を計算した．その場合の音速を求め，断熱過程とみなした場合と比較せよ．

解 等温過程では，(11.17) 式の代わりにボイルの法則 $PV = C$（定数）が成り立つので，上の議論で $\gamma = 1$ と置けばよい．よって，(11.22)

式から

$$v = \sqrt{\frac{RT}{m}} \qquad (11.23)$$

となる。空気では $\gamma = 1.403$ なので，(11.22) 式と比べると 15% ほど小さな値になる。これは実測値と合わないので，やはり等温過程という仮定が間違っているといわざるを得ない。∎

11.3　地震波

　固体に力を加えると変形するが，力があまり大きくない場合には，その力を取り除くと，変形は消失して固体は元の形に戻る。また，変形の大きさは加えた力に比例する。これは，ばねを考えれば容易に理解できる現象であろう。このような固体の性質，つまり**弾性**に注目するとき，この固体を**弾性体**と呼ぶ。固体中のある断面に力 F がはたらくとき，その単位面積当たりの力を**応力** σ といい (気体の場合の圧力と同じ)，それによって生じる固体の変形を**歪み** ε という。ε と σ の間の比例係数 E を**弾性率**という。

$$\sigma = E \cdot \varepsilon \qquad (11.24)$$

　この応力は考えている断面に垂直にかかるとは限らないし，固体の性質によっては，生じる歪みが力の方向とも限らない (特定の方向に変形しやすい固体などがある)。たとえば，x 軸に垂直な断面に対して垂直な応力は σ_{xx} と書くし，その断面に y 軸方向に力 (せん断応力，またはずれ応力という) がかかった場合には σ_{xy} と書く。また，同様に，その断面に垂直方向の歪み (垂直歪み)ε_{xx} や，その断面に沿う方向の歪み (せん断歪み)ε_{xy} が，生じる場合がある。せん断歪みは固体のねじれ変形を引き起こす (ねじれる状態が存在しない気体や液体では，せん断歪みは存在しない)。よって，一般には ε も σ もテンソル量である。よって，(11.24) 式は，応力テンソルが歪みテンソルの 1 次関数で表されるという意味であり，ばねの場合の (2.1) 式を弾性体に拡張したものであるといえる。これを**一般化されたフックの法則**と呼ぶ。弾性率 E の中には，単純に圧縮や伸張によって体積が変化することに対する弾性率 (体積弾性率，またはヤング率)，

およびせん断応力に対する弾性率（ずれ弾性率）があるが，詳細は弾性体力学で学ぶ．気体や液体などの流体では，応力はつねに断面に垂直な圧力だけなので体積変化に対しては弾性を示すが，ずれ弾性はないところが固体との相違点である．

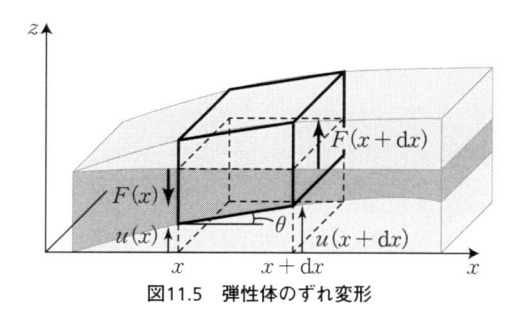

図11.5　弾性体のずれ変形

図 11.5 に示すように，弾性体の内部で，x 軸に垂直な断面（断面積 S）を考え，そこに z 方向にせん断力 F がはたらいているとき，弾性体は z 方向にずれ変形して，ずれの角度 θ が生じる．このとき，ずれ弾性率を G とすると，θ が小さいときには一般化されたフックの法則より

$$\frac{F}{S} = G \cdot \theta \tag{11.25}$$

と書ける．x の位置での z 方向の変位を $u(x)$ と書くと，dx だけ離れた $x + dx$ の位置での変位は $u(x+dx)$ なので，

$$\theta \approx \tan\theta = \frac{u(x+dx) - u(x)}{dx} = \frac{du(x)}{dx} \tag{11.26}$$

一方，図 11.5 で示した直方体の運動方程式を求めてみる．この弾性体の密度を ρ とすると，直方体の質量は $\rho S dx$ なので，

$$\rho S dx \cdot \frac{\partial^2 u(x,t)}{\partial t^2} = F(x+dx) - F(x) \tag{11.27}$$

よって，(11.25) 式と (11.26) 式を使うと，

$$\begin{aligned}\rho S dx \cdot \frac{\partial^2 u(x,t)}{\partial t^2} &= SG\left[\left(\frac{\partial u(x,t)}{\partial x}\right)_{x+dx} - \left(\frac{\partial u(x,t)}{\partial x}\right)_x\right] \\ &= SG dx \frac{\partial^2 u(x,t)}{\partial x^2}\end{aligned} \tag{11.28}$$

よって，

$$\frac{\partial^2 u(x,t)}{\partial t^2} = \frac{G}{\rho} \cdot \frac{\partial^2 u(x,t)}{\partial x^2} \tag{11.29}$$

と書けるので，波動方程式 (7.10) 式と見比べると，ずれ変形は速さ

$$v = \sqrt{\frac{G}{\rho}} \tag{11.30}$$

で波として伝播することがわかる。図 11.5 から明らかなように，この波の変位は進行方向に対して垂直なので横波である。

同様に考えれば，弾性体の圧縮伸張の波は縦波であり，導出は省略するが，その伝播速さは上式のずれ弾性率 G の代わりに $K + (4/3)G$ にすればよい。ここで K は体積弾性率という。

地球をつくっている岩盤は固くて変形しないように思うかもしれないが，実は，力がかかればわずかに変形するので弾性体とみなせる。地下のある場所で断層が生じたりして，その場所の岩盤に力がかかり，急激で局所的な変形が生じることがある (震源)。そうすると，その周囲に応力を及ぼし，歪みを生じさせ，それが次々と隣接する岩盤に力を及ぼして変形させる。その変形が伝わるのが**地震波**である。

日常体験する地震の揺れは，まずガタガタと細かく揺れ，次にグラグラと大きく揺れる。最初に感じる細かな揺れを初期微動といい，地震波のうち**P波** (Primary wave, 最初に届く波という意味) と呼ばれる地震波が届いたことによる。初期微動の後に感じる大きな揺れは主要動といい，**S波** (Secondary wave, 2番目に届く波という意味) と呼ばれる地震波が到達したことによる。

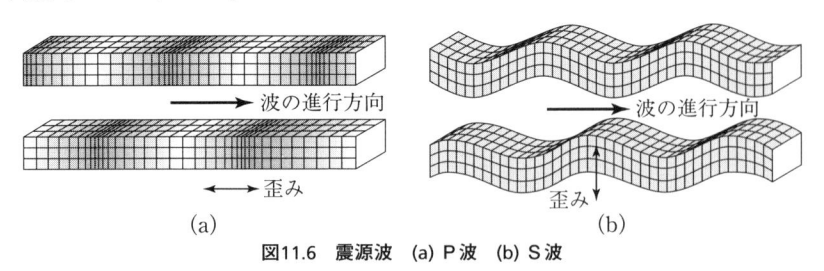

図11.6 震源波 (a) P波 (b) S波

P波は，岩盤において地震波の進行方向に垂直な断面を考えたときに，垂直歪みが伝播する波であり，音波と同じように膨張収縮という体積弾性

によって起こる疎密波なので，図 11.6(a) に示すような縦波である。一方，S 波は，地震波の進行方向に垂直な断面に対するせん断歪みが，ずれ弾性によって伝わるものであり，岩盤の変位が波の進行方向に垂直なので，図 11.6(b) に示すような横波である。だから，せん断歪みがそもそも存在しない液体や気体中ではS波は伝播しない[3]。

震源での応力のかかり方は複雑で，その結果発生する歪みも複雑なので，P 波も S 波も同時に発生する。しかし，P 波の方が先に観測点に到達するということは，P 波の伝播速さの方が S 波のそれより大きいということである (約 1.7 倍程度)。これは，固体では，圧縮伸張の波である P 波を起こす体積弾性率の方が，ずれ変形の波である S 波を起こす，ずれ弾性率 G より大きな値であることに起因する。つまり，固体は，圧縮伸張の変形に対する方がずれ変形より「硬い」ので，伝播速さが大きいのである。岩盤の質によっても異なるが，P 波の速さ v_P はおよそ 5.5 km/s，S 波の速さ v_S はおよそ 3.3 km/s である。よって，初期微動の継続時間 (P-S 時間と呼ばれる) T は，震源からの距離 d とすると，$T = d/v_S - d/v_P$ なので，これから，

$$d = \frac{v_P v_S}{v_P - v_S} T \tag{11.31}$$

の関係式が得られる。この式から震源までの距離 d を求めることができる。これは，大森房吉が発見したので，**大森の公式**という。大森は，$v_P v_S/(v_P - v_S) = 7.42$ km/s の値を得ているが，この値は岩盤の性質で異なり，4〜9 km/s 程度の範囲でばらつく。

大森の公式によって，ある観測点から震源までの距離を知ることができるが，震源の位置を決めるには次の手順による。今，図 11.7 に示すように，3 つの地点 A, B, C で地震を観測し，それぞれの観測点で P-S 時間を測定し，大森の公式を使ってそれぞれの地点から震源までの距離 d_A, d_B,

---

[3] 縦波と横波は，縦揺れ (上下動) と横揺れ (水平振動) とは意味が違う。地震波が地面に沿ってやってきた場合，縦揺れは横波である S 波でしか起こらないが，横揺れは P 波も S 波でも起こる (地面に平行方向の歪みを生じる S 波もありうるため)。地震波が下から伝播してきた場合，縦揺れは P 波で起こる。縦波・横波はあくまでも波の進行方向に対しての表現であり，縦揺れ・横揺れは地面に対しての表現である。

d_C を計算する。次に，それぞれの地点から，(b) に示すように，その距離を半径とする半球を描く（地面から下に）。そうすると震源は，3 つの半球が交わる P 点ということになる。実際には v_P や v_S の値が場所によって異なるため，多数の観測点での P-S 時間の測定データから震源の位置を割り出している。

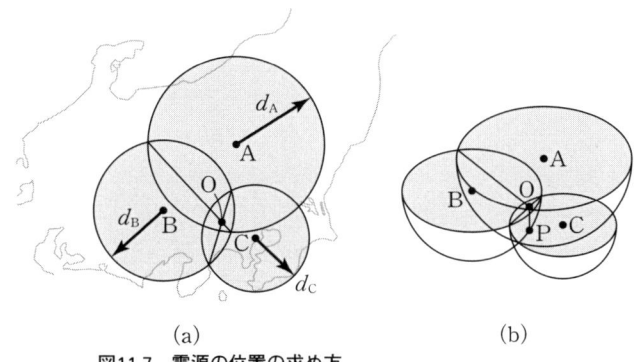

図11.7 震源の位置の求め方
震源 P の真上の地表での地点 O を震央と呼ぶ。

章末問題

11.1 音波のエネルギー

圧力 p_0，密度 ρ_0 の大気中を x 方向に $\xi(x, t) = A \sin(kx - \omega t)$ の平面波の音波が通過している。

(1) この音波による空気の圧縮膨張のエネルギーが，空気の運動エネルギーに等しいことを示せ。

(2) 音波の全エネルギーの平均密度が，$\rho_0 \omega^2 A^2 / 2$ で与えられることを示せ。

11.2 波の偏向

(1) 海岸線を x 軸に平行な直線とし，それに垂直な方向を y 軸とする。はじめ x 方向に進んでいた波があったとする。海岸に近づくにしたがって浅くなるので，(11.8) 式に従って，波の速さ v が遅くなる。それによって，波の進む方向が，半径 $R = |v/(dv/dy)|$ で表される円弧に沿って進むことを示せ。

(2) 音波は (11.22) 式が示すように温度によって変化する．鉛直上向きを z 軸とすると，高度が上がるほど気温 T が低くなるので，音波は，半径 $R = |2T/(dT/dz)|$ の円弧に沿って進むことを示せ．この考察をもとに，上空のある1点から放射状に出た音波の経路の模式図を描け．

(3) 気温は，高度が 152.1 m 上がるごとに 1 ℃ 下がる．4572 m の高度を飛んでいる飛行機の音が地上で最初に聞こえる場所は，飛行機が音を出したときの位置の真下の地点ではなく，ある距離だけ水平方向にずれている．その水平距離を求めよ．ただし，地上での音速を 335 m/s とする．

第 12 章

電磁波や物質波は，波を伝える媒質は必要ない。しかし，通常の波と同じように，回折や干渉現象を示す。また，これら波の性質と同時に粒子としての性質も同時に持つ。

波と量子

今まで見てきた水面波，音波，地震波は，水や空気や岩盤など，波を伝える媒質の一部分で生じた振動状態が，ニュートンの運動方程式にしたがって伝播する，いわば力学的な波であった。だから，このような波にはそれを伝える媒質は欠かせない。たとえば真空中では音は伝わらない。しかし，この節で扱う光は，何もない真空中でも伝わる波である。電場や磁場という「力の場」に生じた変動が伝播する波なので，媒質は必要ない。光，すなわち**電磁波**の詳細を理解するには，電磁気学を勉強する必要があるので，ここではその波としての性質を定性的に述べるにとどめる。また，量子力学の基礎となる物質波についても述べる。物質波は振動している実体のない「波」であるが，音波や電磁波など実体のある波と同じように回折や干渉現象を示す。

12.1　光波

電磁波

コイルを貫く磁束の量が変化すると，それを打ち消すような電流（誘導電流）を流そうとしてコイルに起電力が生じることは，**電磁誘導**の現象として知られている。これを一般的な言葉でいうと，空間のある部分で磁束

図12.1 電磁波とは

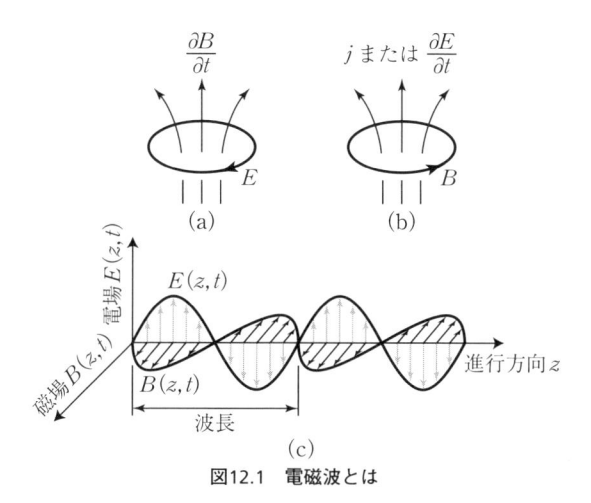

密度 B の時間変化 $\partial B/\partial t$ があると，図 12.1(a) に示すように，その変化を打ち消すように電場 E が生じる。逆に，(b) に示すように，電流 j または電場 E の時間変化 $\partial E/\partial t$ が存在すると，そのまわりには磁場 B が誘起される。

このような，磁場（電場）の時間変化が電場（磁場）を誘起するという関係は，マクスウェル方程式にまとめられている。よって，ひとたび，たとえば振動磁場がつくられると，その周辺に振動電場が誘起される。そうすると，その電場の周囲にはまた振動磁場がつくられる。このように，振動電場と振動磁場が鎖のようにつながって，お互いをつくり出しながら伝播するのが電磁波である。よって，電場と磁場は必ず相伴って発生するので，どちらか一方だけの電磁波はありえない。

たとえば，電磁波の一種である電波を発生させるには，アンテナなどの金属棒に振動電流を流す。そうするとそのまわりに振動磁場ができ，それによってさらにその周辺に振動電場が誘起され，…という過程で電波がアンテナからまわりの空間に放射される。

また，図 12.1(a)(b) からわかるように，振動電場と振動磁場の振動面は直交しており，しかもそれらは電磁波の進行方向にも直交しているので，(c) に示すような形で伝播していく。この意味で電磁波は横波である。

マクスウェル方程式から，電場 $\boldsymbol{E}$ だけ，または磁場 $\boldsymbol{B}$ だけの方程式に

変形すると，

$$\frac{\partial^2 \boldsymbol{E}}{\partial t^2} = \frac{1}{\varepsilon_0 \mu_0} \left(\frac{\partial^2 \boldsymbol{E}}{\partial x^2} + \frac{\partial^2 \boldsymbol{E}}{\partial y^2} + \frac{\partial^2 \boldsymbol{E}}{\partial z^2} \right) \tag{12.1}$$

$$\frac{\partial^2 \boldsymbol{B}}{\partial t^2} = \frac{1}{\varepsilon_0 \mu_0} \left(\frac{\partial^2 \boldsymbol{B}}{\partial x^2} + \frac{\partial^2 \boldsymbol{B}}{\partial y^2} + \frac{\partial^2 \boldsymbol{B}}{\partial z^2} \right) \tag{12.2}$$

が得られる。ここで，ε_0 と μ_0 は真空の誘電率と透磁率である。これらの式は，3次元での波動方程式 (10.9) 式と同じ形である。よって，電場や磁場が振動しながら速さ（光速度）

$$c \equiv \frac{1}{\sqrt{\varepsilon_0 \mu_0}} = 299{,}792{,}458 \text{ m/s} \tag{12.3}$$

で波として伝播することを意味している。この速度は，真空中では電磁波の振動数（または波長）に依存せずに一定であるので，分散のない波動といえる。しかし，10.3 節で述べたように，物質中では誘電率の値が振動数に依存して異なるので，分散を持つ。

電磁波は，その波長によって図 12.2 に示すようにさまざまな種類に分類される。人間の眼が感じる可視光は，波長が 380 nm から 750 nm の範囲の電磁波である。色別にいうと，紫 (380 〜 450 nm)，青 (450 〜 495 nm)，緑 (495 〜 570 nm)，黄色 (570 〜 590 nm)，橙色 (590 〜 620 nm)，赤 (620 〜 750 nm) である。可視光を利用する光学顕微鏡の分解能の限界は，可視光の最短波長程度 (300 nm 程度) であり，それより小さなものは観察できない。その理由は第 13 章で回折・干渉現象に関連して明らかになる。

波長が 0.1 mm 以上の電磁波は総称して電波と呼ばれ，通信などに利用

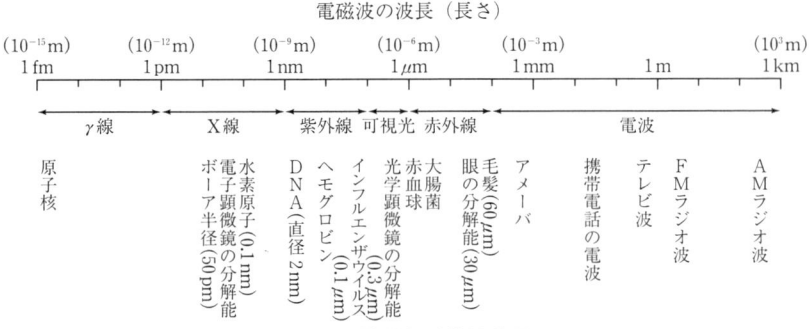

図12.2　電磁波の種類と波長

されている。X線の波長は1 nm 程度以下であり，原子・分子のサイズや結晶の格子定数と同じ長さとなるので，物質内の原子配列を反映した回折現象が起きる。これを利用して物質のミクロな構造を解析することができる。γ線は，原子核のエネルギーレベルを調べるのに利用される。

コヒーレンス

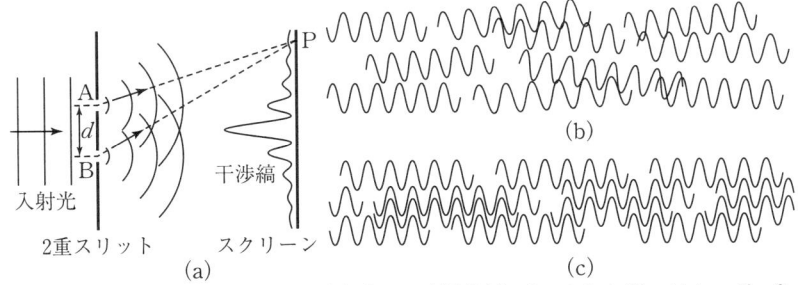

光は，図12.1に示したような振動電場と振動磁場が連なった波であるが，その波の長さは有限である。また，光を平面波や球面波にしたときの波面の横方向の拡がりも有限である。このことをヤングの2重スリットの干渉実験で説明すると，図12.3(a)に示すように，干渉性（**コヒーレンス**）を保ったまま波を2つに分割するためには，スリットAとBの間隔dは波面の横方向の拡がりより小さくしなければならない。dが大き過ぎると，スクリーン上で干渉縞は形成されない。また，スリットAからの波とスリットBからの波が干渉性を保っているためには，観測点Pまでの行路差$|\overline{BP}-\overline{AP}|$が波の進行方向の長さより小さい必要がある。行路差が波の長さより大きい範囲では，干渉縞はできない。このように波として有効な大きさ，つまり干渉性を維持できる範囲は有限である。それを表す長さとして，波の進行方向の長さを**縦コヒーレンス長**，進行方向と垂直な方向での波面の拡がりを**横コヒーレンス長**という。コヒーレンス長は**可干渉距離**ともいう。

図12.3 (a) ヤングの2重スリットの干渉実験 (b) 太陽光（非コヒーレント光） (c) レーザー光（コヒーレント光）の模式図

太陽光や電球からの光は，個々の原子が独立に短時間だけ光を放射し，それらが寄せ集まったものなので，その光を模式的に描くと，図12.3(b)

のようになる。つまり，それぞれの短い波がばらばらで伝播しており，それらは位相がそろっているわけでもなく，波長もわずかに異なる波が混ざりあっている。また，この光を平面波にしたとしても，伝播方向がわずかにずれている短い波の集合体となっている。このような光を**非コヒーレント光**といい，縦および横コヒーレンス長が極めて短い。一方，レーザー光は (c) に示すように，お互いに位相と波長をそろえて，しかも伝播方向も非常によくそろっているので，縦コヒーレンス長も横コヒーレンス長も非常に長い。レーザーというのは，誘導放射というメカニズムによって，多数の原子が同調して放射された光だからである。このような光を**コヒーレント光**という。太陽光や電球からの光の縦コヒーレンス長は $1\,\mu\mathrm{m}$ 程度であるが，He-Ne レーザー光の縦コヒーレンス長はおよそ 5 m にも及ぶ。

コヒーレンス長は，量子物理学の基礎となっているハイゼンベルグの**不確定性原理**から求められる。不確定性原理とは，光の進行方向を z 軸とすると，光の位置の不確定さ Δz と，その方向の光の運動量の不確定さ Δp_z の積がプランク定数 h 程度になる，ということである。同様に，z 軸に垂直方向（x 軸とする）の位置の不確定さ Δx とその方向の運動量の不確定さ Δp_x についても同じことがいえ，

$$\Delta x \cdot \Delta p_x \approx h \tag{12.4}$$

$$\Delta z \cdot \Delta p_z \approx h \tag{12.5}$$

と書ける。今，光は z 軸方向に進んでいるので，Δz および Δx は波としての長さおよび横方向の幅，すなわち縦コヒーレンス長および横コヒーレンス長を意味している。Δp_z は光の運動量 $p_z = h\nu/c$ のばらつきである。ここで，光の振動数を ν，光速度を c とする。Δp_x は，進行方向と垂直方向の運動量のばらつきであり，光が完全に平行ビームでないことに起因している。しかし，レンズなどを使って平行光にすれば，$p_x \ll p_z$ となり，光の運動量 $p \approx p_z$ としてよい。

まず，光波の縦コヒーレンス長 Δz を求めてみる。光源から放出されるときにすでに振動数 ν のわずかなばらつき $\Delta \nu$ をもっている。そうすると，運動量 $p = h\nu/c$ のばらつき $\Delta p (\approx \Delta p_z)$ は $\Delta p_z = h\Delta\nu/c$ と書ける。これと (12.5) 式と波長 $\lambda = c/\nu$ から

$$\text{縦コヒーレンス長：} \Delta z \approx \frac{c}{\Delta \nu} = \frac{\lambda^2}{\Delta \lambda} \tag{12.6}$$

となる。ここで，$\Delta \lambda$ は波長 λ のばらつきを表す。この縦コヒーレンス長の範囲でしか，位相がそろった波とみなせないのである。縦コヒーレンス長はエネルギーと時間との不確定性関係からも導くことができる。原子が光を放射する時間 Δt が短いので，それによる振動数の不確定さ $\Delta \nu \approx 1/\Delta t$ が有限の値を持つ。これが波長の不確定さ $\Delta \lambda$ につながる。

　一方，光波の横コヒーレンス長は，光を平行光にしたとき，どれだけ厳密に平行光になるかということから決まる。つまり，平行光にしたつもりでも，実際はわずかに異なる方向に進行する平面波の重ね合わせとなってしまう。その進行方向のずれの角（光の開き角という）を β とすると，$\beta = \Delta p_x/p_z$ なので，(12.4) 式から

$$\text{横コヒーレンス長：} \Delta x \approx \frac{c}{\beta \nu} = \frac{\lambda}{\beta} \tag{12.7}$$

となる。完全な平面波がつくれないのは，現実の光源が完全な点光源ではないことに起因している。豆電球の発光部分は有限の大きさを持ち，太陽も十分遠方にあるとはいえ，点光源とはみなせない。だから，縦および横コヒーレンス長はともに光源の性質（エネルギーのばらつきやサイズ）によって決まってしまう。

12.2　光の本質は波動か粒子か

ケプラーからフェルマー

　光の本質が何なのか，物理学の歴史を繙くと，極めて興味深い史実を多数発見する。雲間から漏れる太陽光や雨戸の隙間から差し込む日差しを見て，光の直進性にもとづく**光線**という概念を持つのはまったく自然である。この概念を利用して光の屈折や反射の現象が，ケプラー（1571 〜 1630）によって本格的に研究され，レンズによる結像作用の実験から望遠鏡の発明につながった。同時期のガリレオ（1564 〜 1642）はケプラーの発明した望遠鏡を天文学に応用し，数々の発見をした。屈折の法則は 1620 年ごろスネル（1591 〜 1626）によって実験的に発見され，デカルト（1596 〜

1650) によって現在知られている形の (10.36) 式に書き表された。

　光の直進，反射，屈折，逆進という現象を，1つの原理によって統一したのがフェルマー (1601 ～ 1665) であり，光線という概念にもとづく**幾何光学**の理論体系を完成させた。**フェルマーの原理**とは，光は光学的距離が最短になる経路，あるいは進むのにかかる時間が最小になる経路を通る，というものである。変分の書き方で表現すれば，点 A から発した光が点 B へ到達するとき，その光がたどる経路は，位置 (x, y, z) での屈折率を $n(x, y, z)$ と書くと，

$$\delta \int_A^B n(x, y, z) ds = 0, \quad \text{あるいは} \quad \delta \int_A^B \frac{ds}{v(x, y, z)} = 0 \quad (12.8)$$

となる。積分は経路に沿った線積分である。ここで，光の速度 v は真空中の光速度を c として，$v(x, y, z) = c/n(x, y, z)$ と書ける。この原理からたとえばスネルの法則が導かれる (章末問題 12.1 参照)。

ホイヘンスからニュートン

　幾何光学の範囲では，光の本質を議論する必要がなかったが，デカルトは，光を微粒子の運動になぞらえて反射や屈折の法則を説明した。この粒子的な描像では，あとで述べるように，空気中より水中の方が光の速さが大きいという結論になってしまうが，それは実験的に否定されることになる。17 世紀後半になって，光の回折や複屈折現象の発見，ニュートン (1643 ～ 1727) によるプリズムの分光現象の発見，フック (1635 ～ 1703) による薄膜の色の発見 (薄膜の厚さや見る角度によって異なる色が見える：章末問題 12.2 参照) がなされ，光の本質に関する議論が始まった。

　真空がエーテルという媒質で満たされていて，光とはエーテルを伝わる波であると言ったのはフックであるといわれるが，光の波動説の基礎をつくったのはホイヘンス (1629 ～ 1695) である。彼は 10.4 節で述べたように，波動の概念で反射・屈折の法則を説明した。ただ，彼は光をエーテルの圧縮伸張の弾性的な縦波と考えていた。

　1672 年にニュートンが行ったプリズムによる光の分光実験によって，光の性質の理解が飛躍的に進んだ。太陽光を三角プリズムに透過させて，虹色のスペクトルを得ることは，ニュートン以前にも行われていたが，プ

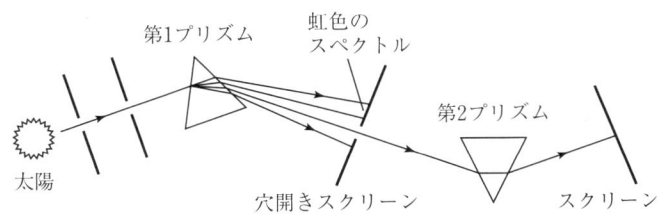

図12.4　ニュートンのプリズムによる太陽光の分光実験

リズムは白色光に色をつけるはたらきがあると，誤った解釈がされていた。白色光が最も純粋であり，色のついた光は白色光が「染められている」と信じられていたのである。ニュートンは，図12.4に示すように，第1のプリズムで白色光を虹色スペクトルに分解した後，その一部，たとえば青色の光のみを細いスリットで選んで第2のプリズムに通した。そうすると，青色の光はプリズムを透過しても青色のままだったことから，従来の解釈が誤っていることを実証した。逆に，このことから白色光はさまざまな色の光が混ざったものであるという解釈に至った。しかし，ニュートンは光の直進性を説明するために粒子説をとっており，当時，波動説を唱えていたフックと対立した。

ヤングからフレネル

ニュートン以後，100年近く，彼の粒子説が彼の権威とともに信奉されてきたが，19世紀初頭，ヤング（1773～1829）によって波動説が復活した。図12.3(a)に示した有名な2重スリットの実験で干渉現象を発見したり，ニュートンが行ったニュートン環の実験データを解析したりして，光の色は振動数によって決まるとして，各色の光の振動数と波長の値をはじめて導出した。その後，フレネル（1788～1827）はヤングの干渉現象を定式化し，ホイヘンスの原理と結合させて光の波動論の基礎を築いた。また，方解石による複屈折の現象を研究し，偏光の概念に気づいて，エーテルを弾性体とみなし，光はエーテルを伝わる横波であるという考えに至った。

フーコー

ヤングとフレネルによって強化された波動説の決定的な勝利は，1850

第12章 波と量子

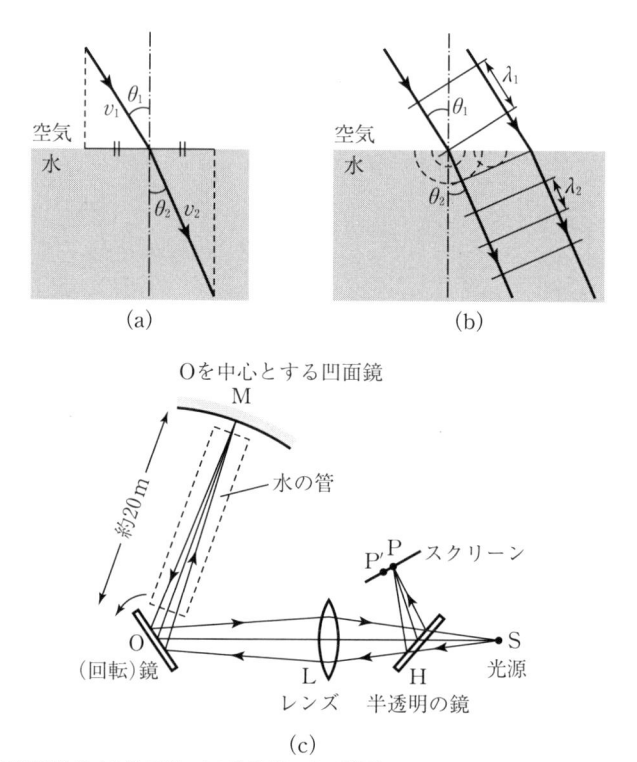

図12.5 屈折現象の (a) 粒子説　(b) 波動説による説明　(c) フーコーによる光速度の測定実験

年のフーコー (1819 〜 1868) による水中での光速度の測定実験によってもたらされた。実は,水中での光速が空気中より速いか遅いかがわかれば,光が粒子なのか波動なのか明らかにできると,すでにヤングによって指摘されていた。

空気中から水中に光が入るとき,図 12.5(a) に示すように,入射角 θ_1 より屈折角 θ_2 の方が小さい。この現象を粒子説で説明すると,光は水面でそれに垂直方向に加速されると考える。そうすると,空気中および水中での光の速さをそれぞれ v_1, v_2 と書くと,図 12.5(a) からわかるように,水面に平行な速度成分は変わらないので,

$$v_1 \sin \theta_1 = v_2 \sin \theta_2 \tag{12.9}$$

よって,スネルの法則 (10.36) 式から,水の屈折率を n とすると, $n >$

1 なので，

$$\frac{v_2}{v_1} = n, \quad \text{よって，} \quad v_2 > v_1 \tag{12.10}$$

となる。このような屈折の解釈はデカルトによってはじめてなされていた。一方，波動説に立つと，(10.36) 式から，逆に $v_2 < v_1$ となる。これは図 12.5(b) に示すように，水中では波長が $1/n$ に短くなっているためである。

空気中での光速度の測定は，1849 年にフィゾー ($1819 \sim 1896$) によって，回転歯車を使った光の反射実験で成し遂げられた。

翌年，フーコーは，図 12.5(c) のような回転鏡を使った装置で，水中および空気中での光速度を測定し，水中での方が遅いことを実証した。光源 S から出た光は，半透鏡 H とレンズ L を通過し，鏡 O で反射されて凹面鏡 M 上に集束される。その後，反射されて同じ経路を逆にたどって，半透鏡 H で反射されてスクリーン上の点 P に集光される。ここで，鏡 O を高速で矢印の向きに回転させると，凹面鏡 M で反射されて戻ってきた光が再び鏡 O で反射されるときには，わずかに鏡 O の角度が変化している。そのため，スクリーン上での集束点が P から P′ に移動する。鏡 O と凹面鏡 M の間に水の管を設置しておき，そこに水を入れたり抜いたりし，点 P′ の位置がどのように移動するか観測して，水中と空気中の光速度の違いを検出することができた。

ファラデーからマクスウェル

ファラデー ($1791 \sim 1867$) は，電磁気学に電気力線や磁力線を導入したり，従来は無縁と思われていた光学と電磁気学とを関連づけようとした。マクスウェル ($1831 \sim 1879$) はファラデーに刺激され，電磁波説にたどり着いた。自身が構築したマクスウェル方程式から，電磁現象が波動として空間を伝播する可能性を示し，その伝播速度が (12.3) 式で与えられることを理論的に発見した。その値がフィゾーによって測定された光の速度に一致することから，光はマクスウェル方程式から導き出された電磁的な波であると結論した (1861 年)。その後の 1888 年に，ヘルツ ($1857 \sim 1894$) が電磁波の存在を実験で示した。

アインシュタインからミリカン，コンプトン

1900年，プランク (1858〜1947) は，灼熱の高温物体 (溶鉱炉の中の溶融した鉄など) から出る光 (熱輻射) の波長分布から，エネルギー量子の仮説を提唱した。アインシュタイン (1879〜1955) は，この仮説を光にまで適用して**光量子仮説**を立て，光は**光子**という粒子的性質を持つと仮定した。光は，その振動数を ν とすると，プランク定数 h を使って $h\nu$ と書かれるエネルギーを持ち，光速度 c を使って $h\nu/c$ と書かれる運動量を持つ粒子のように振る舞う，というのが光量子仮説である。これによって，当時，マクスウェルの理論では説明できなかった光電効果の現象を定量的に説明することができた。

しかし，ヤングの干渉実験やマクスウェルの電磁波理論によって光の波動性はゆるぎない概念として定着していたので，当時の科学者の多くはアインシュタインの光量子仮説には否定的だった。

そこでミリカン (1868〜1953) は，さまざまな波長の紫外線を金属に照射し，光電効果で金属表面から飛び出してくる電子のエネルギー (の最大値) E を測定した。光量子仮説によれば，$E = h\nu - W$ と書ける。ここで W は，金属の仕事関数と呼ばれる物質固有の特性値であり，金属内部の電子が外に飛び出すのに必要なエネルギー (の最小値) を意味している。さまざまな ν の光を使い，それぞれの光で得た光電子の E を測定し，E 対 ν のグラフを描き，その直線の傾きから h の値を求めた。その値は，プランクが求めたプランク定数の値にぴったり一致することがわかった。

光量子仮説を実証するもう1つの実験が**コンプトン散乱**である。光量子が粒子として電子と衝突するとき，エネルギーと運動量の保存則を使うと，衝突前の光の波長 λ_i と衝突後の光の波長 λ_s の関係が，

$$\lambda_\mathrm{s} - \lambda_\mathrm{i} = \frac{h}{mc}(1 - \cos\phi) \tag{12.11}$$

と書ける。この式は高校物理の教科書にも書いてあるので，ここでは導出しない。ここで角度 ϕ は光量子の散乱角であり，m は電子の質量である。コンプトン (1892〜1962) は，この理論式を図12.6(a) に示す実験によって実証した。X線管から発生したX線をグラファイト (黒鉛) 粉末に照射し，そこから散乱されてくるX線の波長を，分光結晶 (方解石) によるブラッ

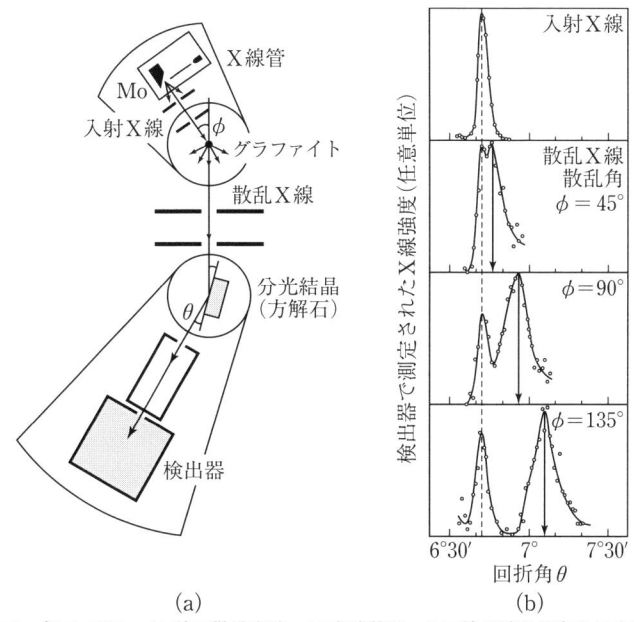

図12.6　コンプトンが行ったX線の散乱実験　(a)実験装置　(b)X線の波長分布を示す実験データ
（A.H.Compton,Physical Review 21,483;22,409(1923)）

グ反射を利用して測定した．その際，グラファイトからの散乱角 ϕ をいくつか変えて測定した結果が (b) に示してある．散乱角 ϕ をある値に設定したまま，方解石からのブラッグ回折角 θ を掃引し，その方向に回折されてくる X 線の強度を検出器で測定した結果である．そのため横軸が θ になっているが，それは，ブラッグの公式 $2d \sin\theta = \lambda$ から X 線の波長 λ に対応している（d はブラッグ回折を起こす方解石の原子面間隔で $d = 0.30355$ nm）．X 線管から放射される X 線を直接測定すると，一番上の図のように，$\theta = 6°42'$ にピークを持つスペクトルが得られる．これは，X 線管の陽極金属に使われているモリブデン（Mo）の K_α 線といわれる特性 X 線であり，ブラッグの公式から計算すると，その波長は $\lambda_i = 0.0708$ nm となる．その X 線がグラファイトによって散乱されると，高回折角側にもう1つのピークが現れ，そのピークを与える回折角 θ が，散乱角 ϕ の増加とともに大きくなっているのがわかる．このピークが，(12.11) 式で与えられる散乱後の波長 λ_s に対応する．実際，(12.11) 式から各散乱角 ϕ

に対応する λ_s を計算し，さらにブラッグの公式からその波長に対応する回折角 θ を計算した値が，図中の矢印で示されている。これは，観測されたピークに完全に一致している。このように，このコンプトン効果が光量子仮説を実証した実験となる。

ちなみに，散乱角 ϕ を変えても $\theta = 6°42'$ にいつもピークが観測されている。これは，X線が電磁波として電子によって散乱された場合であり，**トムソン散乱**と呼ばれる。これは，グラファイトの中の電子がX線の振動電場によって揺さぶられて振動電流が生じ，その振動電流によって，それと同じ振動数を持つ電磁波が発生したことによる。このようにして再放射された電磁波の振動数（または波長）は，入射X線のそれと同じである。だから，波長の変わらない散乱X線となって検出されたのである。よって，トムソン散乱は弾性散乱といえ，波長が変化してしまうコンプトン散乱は非弾性散乱といえる。実際の散乱では，コンプトン散乱とトムソン散乱が同時に起こっており，それは光（X線）の波動性と粒子性が同時に観測されていることを意味している。

もう1つ，光の波動性と粒子性を同時に見ることができる実験を紹介しておく。図 12.7 には，非常に弱い光を用いたヤングの2重スリットの実験結果を示す。光が非常に弱いため，光子が1個ずつ2重スリットに照射されると考えてよい。検出器は，1個1個の光子がどこに到着したのか検出できる「位置敏感型検出器」である。(b) がその検出器の出力結果であり，1個1個の輝点が検出した1個1個の光子を表している。この画像から，光は1個，2個，3個，…と数えられる「粒子」として検出されていること

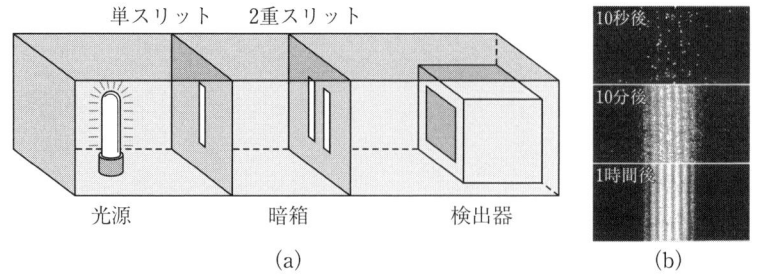

図12.7 (a) 非常に弱い光によるヤングの2重スリットの干渉実験 (b) 単一光子検出器による干渉縞の形成過程を観測した結果 (土屋裕, et al., テレビジョン学会誌36(11),1010(1982)より転載)

がわかる．到着する光子の数が少ないときには，規則性がなくランダムな位置に光子が到着しているように見えるが，光子の数が増加してくると次第に縞模様が見えてくる．これが，2重スリットによる干渉縞である．波としての性質は，多数の光子の分布として表れていることがわかる．

このように，光は，電磁波という波動性と同時に光子という粒子性も併せ持つ，というのが現在の解釈である．ここでの粒子性は，デカルトやニュートンが考えたような粒子ではなく，量子物理学的な性質である．だから，フーコーが測定した水中での光速度の結果と矛盾するわけではなく，フーコーの実験では粒子性が顔を出していないだけなのである．個々の現象では，粒子性と波動性のどちらか一方の性質が強く出て，他方の性質が隠れてしまうことが多い．図 12.7 に示した実験は非常にまれな現象で，両方の性質が同時に見えるのである．

この考え方をさらに拡張して，ド・ブロイ (1892 〜 1987) は，粒子と考えられてきた電子も粒子性と波動性の両方を併せ持つと仮定し，物質波の概念を提唱した (1923 年)．ここから量子力学が構築されていったのだが，この物質波はどのような波なのか，その実体を表現することはできない．この物質波はあくまで物質の「波動性」を表すだけであり，何か実体のあるものが振動して，それが伝播しているわけではない．詳細は 12.4 節で述べる．

12.3　ドップラー効果

道路脇に立っているときに救急車が目の前を通り過ぎていくと，そのサイレンの音の高さが急に変化するのを体験しているだろう．救急車が近づいてくるときには音が高く聞こえ，自分の前を通り過ぎた瞬間に音の高さが低くなる．このように音源と観測者が相対運動していると，音源が発する振動数とは異なる振動数の音として観測者に聞こえる．この効果を**ドップラー効果**という．この効果は音だけなく光でも起こる．また，(超) 音波や電波を運動する物体に当てて，はね返ってきたときの振動数のシフトを測定して，その運動体の速さを測定することができ，これは，自動車の速度違反取り締まりや野球のピッチャーの投げるボールの速度を測るスピ

第 12 章 波と量子

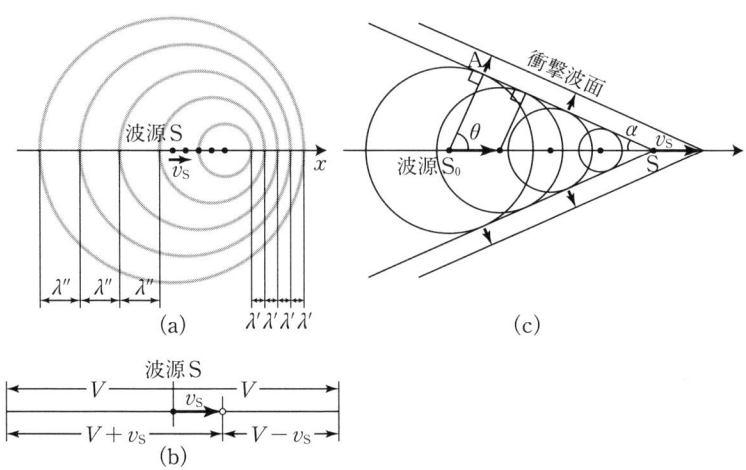

図12.8 ドップラー効果 (a) (音源の移動速度)<(音速)の場合 (b) 波長の変化の説明図 (c) (音源の移動速度)＞(音速) の場合に生じる衝撃波

ードガンとして利用されている。また，波源の移動する速度が波の伝播速度より大きい場合には，衝撃波という特殊な現象が起きる。光の場合の衝撃波はチェレンコフ放射光といい，2002 年のノーベル物理学賞を受賞した小柴昌俊博士らがつくった宇宙線 (ニュートリノ) 検出器などに利用されている。

図 12.8(a) に示すように，音源 S が振動数 f の音を発し続けながら速さ v_S で動いている場合を考える。音速を V とし，$v_S < V$ とする。ここで注意すべきことは，音がひとたび音源から発せられれば静止した空気中を伝播するので，音速は音源の速さにかかわらず一定値であるということである。図 12.8(a) に描いた波面は同位相の波面であり，この図から，音源の前方では波長が短くなり (λ' とする)，後方では長くなる (λ'' とする) ことがすぐにわかるであろう。(b) に示すように 1 つの波面は 1 秒間に V だけ進むが，音源は v_S だけ進む。その間に f 個の波面が入っているので，音源の前方では距離 $V - v_S$ の間に f 個の波面が入り，音源の後方では距離 $V + v_S$ の間に f 個の波面が入る。したがって，それぞれの波長 λ' と λ'' は

$$\lambda' = \frac{V - v_\mathrm{S}}{f} = \left(1 - \frac{v_\mathrm{S}}{V}\right)\lambda, \ \lambda'' = \frac{V + v_\mathrm{S}}{f} = \left(1 + \frac{v_\mathrm{S}}{V}\right)\lambda \qquad (12.12)$$

と書ける。ここで，$\lambda = V/f$ であり，音源が静止しているときの波の波長である。よって，移動している音源の前方または後方で静止している観測者が音を聞くと，音速 V は変わらないので，それぞれの振動数 f'，f'' は，

$$\text{音源が近づく場合：} f' = \frac{V}{\lambda'} = \frac{V}{V - v_\mathrm{S}} f \qquad (12.13)$$

$$\text{音源が遠ざかる場合：} f'' = \frac{V}{\lambda''} = \frac{V}{V + v_\mathrm{S}} f \qquad (12.14)$$

今度は，音源が進んでいく前方にいる観測者 O が，速さ v_O で音源から遠ざかっている場合を考えてみる。波長は観測者が運動していても変わらないので，(12.12) 式で与えられる λ' の波が観測者に届く。しかし，音波の速度が V ではなく相対速度 $V - v_\mathrm{O}$ になる。なぜなら，空気と観測者の間に生じた相対速度によって実効的な音速が変わったからである。よって，(12.13) 式の代わりに

$$f' = \frac{V - v_\mathrm{O}}{\lambda'} = \frac{V - v_\mathrm{O}}{V - v_\mathrm{S}} f \qquad (12.15)$$

となる。普通，v_S，$v_\mathrm{O} \ll V$ なので，上式は

$$f' = \frac{1 - v_\mathrm{O}/V}{1 - v_\mathrm{S}/V} f \approx \left(1 - \frac{v_\mathrm{O}}{V}\right)\left(1 + \frac{v_\mathrm{S}}{V}\right) f \approx \left(1 - \frac{v_\mathrm{O} - v_\mathrm{S}}{V}\right) f \qquad (12.16)$$

と近似できる。よって，v_O と v_S の大小関係，つまり波源と観測者との相対速度 $v_\mathrm{O} - v_\mathrm{S}$ によって，観測される音の振動数が上がるか下がるかが決まる。

波源の移動速度が波の伝播速度より大きい場合 ($v_\mathrm{S} > V$)，波の様子は一変する。大気中を飛ぶ超音速旅客機や水面上を走る高速船の付近には，**衝撃波**と呼ばれるパルス的な波ができる。図 12.8(c) に示すように，波源が移動しながら次々に各点で波を発生させるが，それらの波の波頭が円錐形の波面を形成し，これが図の矢印の方向に進む。円錐の側面上では波頭が重なり合うので，振幅が著しく大きくなる。これが，超音速旅客機が飛行する際に聞こえる爆発音のような大きな音となる。波源が S_0 にあったときに発生した波の波面は，t 秒後には半径 $\overline{\mathrm{S}_0\mathrm{A}} = Vt$ の球面となる。そ

の間に波源は点 S まで移動するので，$\overline{S_0S} = v_S t$ である。よって，円錐の半頂角 α は $\alpha = \sin^{-1}(V/v_S)$ である。$v_S = V$ のときには $\alpha = 90°$ となり，衝撃波の波面が波源の進行方向に垂直となる。衝撃波の進行方向は，波源の運動方向に対して図中に示した角度 θ であり，$\theta = \cos^{-1}(V/v_S)$ となる。空気中の音速はおよそ 340 m/s（時速 1200 km）であり，このスピードをマッハ 1 という。現在は運航をとりやめているが，イギリスとフランスが共同開発した超音速旅客機コンコルドはマッハ 2 で飛んでいた。普通のジェット機のスピードは時速 900 km 程度である。

光のドップラー効果

　(12.15) 式を導いたとき，観測者が (空気に対して) 速さ v_O で運動している場合，音速は実効的に $V - v_O$ になることを考慮した。その結果が (12.15) 式の分子に反映されている。分母は波源の移動によって波の波長が変化したこと ((12.12) 式) に由来していた。光の場合を考えると，**光速度不変の原理**によって，光速は観測者の運動とは無関係に一定値となるので，(12.15) 式の分子にある波の速さ V は光速度 c の一定値のままであるはずである。つまり，(12.15) 式は光の場合，観測者の移動速度にかかわらず

$$f' = \frac{c}{c - v_S} f \tag{12.17}$$

となる。つまり，光の場合には光源の移動のみが振動数の変化を引き起こす。しかし，この式は相対性理論から導かれる結果

$$f' = \sqrt{\frac{c + v_S}{c - v_S}} f \tag{12.18}$$

の近似式でしかない。実際，$v_S \ll c$ として (12.18) 式をテイラー展開すると (12.17) 式に帰着する。

　(12.18) 式はローレンツ変換を導入することで導かれるが，詳細は相対性理論の教科書にゆずり，ここでは結論だけを簡単に記す。特殊相対性理論によると，ある座標系 K と，それに相対速度 v で運動している座標系 K′ の両方で光速が等しいと観測されるためには (光速度不変の原理)，時間の進み方および長さがローレンツ変換されなければならないという。系

12.3 ドップラー効果

K での座標および時間を (x, t) と書き，系 K′ でのそれらを (x', t') と書くと，$(x, t) \leftrightarrow (x', t')$ の変換は

$$x' = \frac{x - vt}{\sqrt{1 - v^2/c^2}}, \quad x = \frac{x' + vt'}{\sqrt{1 - v^2/c^2}} \tag{12.19}$$

$$t' = \frac{t - vx/c^2}{\sqrt{1 - v^2/c^2}}, \quad t = \frac{t' + vx'/c^2}{\sqrt{1 - v^2/c^2}} \tag{12.20}$$

と書ける。そうすると，K 系において静止している光源から発せられた，たとえば正弦波形の電磁波 $\sin(\omega t - kx)$ を，K′ 系で静止している観測者が観測すると，

$$\begin{aligned}
\omega t - kx &= \omega \frac{t' + vx'/c^2}{\sqrt{1 - v^2/c^2}} - k \frac{x' + vt'}{\sqrt{1 - v^2/c^2}} \\
&= \frac{\omega - kv}{\sqrt{1 - v^2/c^2}} \cdot t' - \frac{k - v\omega/c^2}{\sqrt{1 - v^2/c^2}} \cdot x' \\
&\equiv \omega' t' - k' x'
\end{aligned} \tag{12.21}$$

よって，K′ 系で観測される振動数 $f'(= \omega'/2\pi)$ は，$k = \omega/c$ を使うと，(12.18) 式になる ($v_S = -v$ である)。また，(12.21) 式で定義される ω' と k' を使うと，$\omega'/k' = c$ となり，K 系でも K′ 系でも光の速さは c であることが確かめられる。

光のドップラー効果を利用すると，たとえば，恒星などの天体からの光の波長スペクトル（実際には特定の原子による吸収線の波長）を調べ，理論値とのズレ（ドップラーシフト）から，地球とその天体との相対速度を算出することができる。遠ざかる光源からの光は波長が長くなり（**赤方偏移**），近づく光源からの光は波長が短くなる（**青方偏移**）。また，プラズマからの発光のドップラーシフトを調べると，プラズマの温度を測定することができる。プラズマ中のイオンは，電子と結合するときに，原子種固有の特定波長の光を発する。しかし，プラズマ中ではイオンが高速で飛び回っているので，発した光の振動数がドップラー効果によってわずかにずれる。イオンの飛び回る速度は温度が高いほど速いので，振動数のずれが大きくなる。しかも，イオンが飛ぶ方向は全くランダムなので，観測される振動数が高くにも低くにもなり，結局，振動数に一定の幅が生じる。このスペクトルの Doppler broadening（特定波長のスペクトルの幅が拡がる）効果から，プラズマの温度を見積ることができる。

星やプラズマ中のイオンでも，多くの場合，発光体の移動速度は光速より遅いので上述の議論が成り立つ。しかし，水など屈折率 n の大きな物質内での光速度（正確には位相速度）は c/n なので，c より小さな値となる（水中では $0.75c$ 程度）。したがって，発光体の移動速度が光速度を超える場合がある。たとえば，宇宙線など光速に近い速度を持つ粒子が水中に入ってきて発光すると，光源の移動速度が光速を超え，音波のときに述べた衝撃波に相当する光波が発生する。これを**チェレンコフ放射**という。荷電粒子が物質内を通過すると，物質内の原子の電子状態がいったん励起された後，脱励起する（基底状態に戻る）ときに光を発する。だから荷電粒子の軌跡に沿って光源が移動することになり，図 12.8(c) に示すような状況になる。ある時刻に点 S_0 で放射された光は，t 秒後には半径 $\overline{S_0 A} = ct/n$ の球面の波面をつくる。一方，この荷電粒子は t 秒後には点 S まで移動しているので，$\overline{S_0 S} = v_S t = \beta ct$ となる。ここで $\beta \equiv v_S/c$ とした。よって，チェレンコフ光が出る方向は荷電粒子の進行方向に対して角度 $\theta = \cos^{-1}(1/n\beta)$ の方向である。したがって，この角度を測定することによって，この粒子の速度 v_S を求めることができる。

12.4　物質波

12.2 節で述べたように，アインシュタインは，光子のエネルギー E および運動量 p が，その振動数 ν と波長 λ，光速度 c を用いて，

$$E = h\nu, \quad p = \frac{E}{c} = \frac{h\nu}{c} = \frac{h}{\lambda} \tag{12.22}$$

と関係付けられることを示した。もともと波であると考えられてきた光は，上式で与えられるエネルギー，および運動量を持つ粒子としての性質も，持つのだった（光量子仮説）。ド・ブロイは逆に考えて，もともと粒子であると考えられてきた電子や原子など物質粒子も，波動としての性質を持つのではないかと考えた。そこで，上式を逆にして

$$\nu = \frac{E}{h}, \quad \lambda = \frac{h}{p} \tag{12.23}$$

の関係式を考えた。ここで，$E = mc^2$, $p = mv$, $m = m_0/\sqrt{1-\beta^2}$, m_0

は電子の静止質量，$\beta = v/c$ であり，電子は速さ v で運動しているとする。そこで，この波の位相速度 v_ϕ を計算すると，

$$v_\phi = \lambda \cdot \nu = \frac{E}{p} = \frac{c}{\beta} \qquad (12.24)$$

となる。電子の速度 v は光速を超えられないので $\beta < 1$ となり，その結果，位相速度 v_ϕ は光速度 c を超えることになる。ド・ブロイのオリジナル論文を見ると，この位相波を non-material wave と呼び，エネルギーや情報を伝えることができる波ではなく，物理的に実体のないものとした。しかし，この波の干渉効果によって電子が進むべき方向が決定されるとした。この考え方は，その後シュレーディンガーやボーアが確立させたいわゆるコペンハーゲン解釈とは異なる。このような non-material wave が電子に伴っているのではなく，電子そのものが**物質波**として伝わるというのである。その速度は群速度 v_g であり，光速度を超えることはない。

　1923 年のド・ブロイによる電子の波動性の予言は，1927 年にダヴィッソンとガーマーによって，また 1928 年に G.P. トムソンや菊池正士によって，**電子回折**という形で実験的に証明された。しかし，この言い方は史実を正確に反映していない。ダヴィッソンらはド・ブロイが理論を発表する前から，結晶に電子線を当てたときに特定の方向に強く反射される現象の実験結果を報告していた。その実験結果を説明するために，ド・ブロイは電子の波動性というアイディアを導入し，X 線回折と同様の回折現象だと解釈したのである。

　ダヴィッソンらの実験によって，結晶に電子線を照射すると，X 線回折の場合と同じ回折パターンが得られたので，電子線は X 線と同程度の波長を持つ波であり，規則的な原子配列によってブラッグ回折することが実験的に示された。電子回折の実験を行うには，一定波長の電子線を試料結晶に照射し，試料によって散乱された電子線の方向と強度を記録できるようにする。電子の波長 λ は，ド・ブロイの (12.23) 式を使うと，

$$\lambda = \frac{h}{p} = \frac{h}{\sqrt{2meV}} \qquad (12.25)$$

で与えられる。ここで，h はプランク定数，p は電子の運動量，m は電子の質量，e は電気素量，V は電子線の加速電圧である。具体的な数値を入

れると，

$$\lambda[\text{Å}] = \left(\frac{150.412}{V[\text{ボルト}]}\right)^{1/2} \qquad \text{(非相対論) (12.26)}$$

$$= \left(\frac{150.412}{V[\text{ボルト}]}\right)^{1/2} \times (1 - 4.89 \times 10^{-7} \times V) \quad \text{(相対論) (12.27)}$$

となる。たとえば，150 V で加速した電子線は 1 Å（= 0.1 nm）の波長を持つ。それは，結晶の格子定数（およそ 0.3 nm）と同程度かそれ以下になるので回折現象が起きるのである。

電子波の波としての拡がり，つまりコヒーレンス長は光波の場合と同じく，(12.6) 式および (12.7) 式で表される。電子線源（針状の金属）から電子波を取り出すときにすでにエネルギーがばらついているので，電子波の波長のばらつき $\Delta\lambda$ はゼロにはできない。もちろん電子線の加速電圧が不安定な場合にも $\Delta\lambda$ を大きくする原因となる。電子波の開き角 β は，電子線源のサイズによって決まる。理想的な点源はつくれないので，どうしても β はゼロにはできない。現在最もコヒーレンスの優れた電子波で，縦コヒーレンス長が 1.3 μm 程度，横コヒーレンス長が 60 μm 程度である。光にたとえれば太陽光のような非コヒーレント波であり，レーザー光のようなコヒーレント波の電子波はまだつくれない。

図 12.9 は，代表的な半導体であるシリコン（Si）結晶から撮った電子回折パターンを示す。ブラッグ回折で生じたスポットがたくさん観察されている。(a) は，薄い結晶を電子線が透過する際に回折・干渉してできたパターンである。(b)(c) は結晶表面から反射した電子波が回折・干渉して形成されたパターンである。このような回折パターンは，回折格子からの回折として説明でき，とりもなおさず電子の波動性を示していることになる。現在では，このようなスポットの配列とスポットの明るさを詳しく測定して理論計算と比較することによって，結晶内部あるいは結晶表面での原子の配列を求めている。

電子の波動性と粒子性を同時に示した実験がある。それは光の代わりに電子波を使ったヤングの 2 重スリットの実験である。電子線ホログラフィ顕微鏡という装置を使うが，その詳細は参考文献[1] にゆずる。その観察

---

1) たとえば，拙著『見えないものをみる』東京大学出版会 (2008).

12.4 物質波

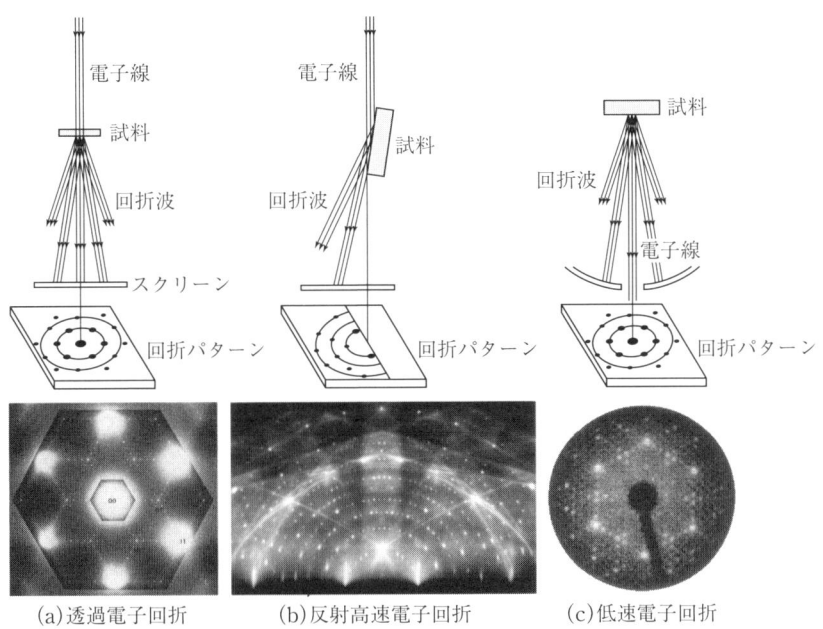

(a)透過電子回折 (b)反射高速電子回折 (c)低速電子回折

図12.9 電子回折パターン　試料結晶に対する電子線の入射方向や回折パターンを観察する方向によって，さまざまな形の電子回折法が考案されている。試料はシリコン単結晶。(a)はK.Takayanagi,et al.,Surface Science 164 367(1985),(c)はK.Oura,et al.,*Surface Science-An Introduction*,(Springer,Berlin,2003)より転載。

(a) 10　(b) 100　(c) 3000　(d) 20000　(e) 70000

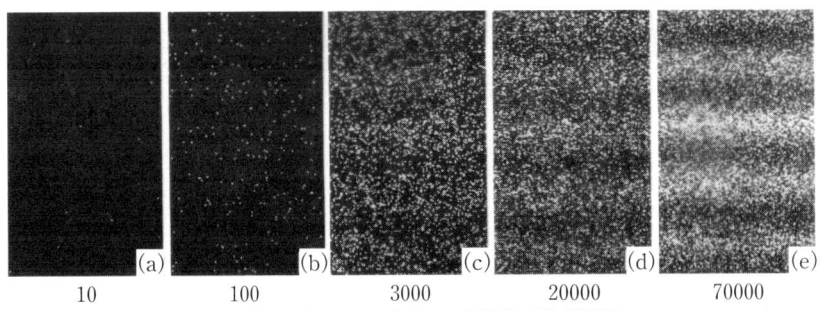

図12.10 電子波によるヤングの2重スリット実験での干渉縞の形成過程(A.Tonomura,et al., American Journal of Physics 57,117(1989)から転載)。画面に到達した電子の総数はおよそ(a)10,(b)100, (c)3000, (d)20000, (e)70000個。この干渉縞の形成過程のムービーが日立基礎研究所のホームページで閲覧できる (http://www.hitachi.co.jp/rd/research/em/movie.html)。

結果が図 12.10 に示されている。これは，干渉縞を観察するスクリーンの位置に 1 個 1 個の電子を検出できる位置敏感型検出器を置いて，到着した個々の電子を検出して干渉縞ができていく過程を撮影したビデオからとったスナップショット写真である。画面上の輝点 1 個が検出器に到達した電子 1 個である。(a)～(c) に示すように，検出器に到着する電子の数が少ないときには電子はバラバラな位置に到着しているように見えるが，(d)(e) に示すように，電子の数が増えるにしたがって徐々に干渉縞の濃淡が現れてくる。この濃淡は光の実験でいう明暗の干渉縞であり，電子の波動関数から計算される確率分布を表している。まさに電子が波である証拠である。しかし，1 個 1 個の電子は 1 つの輝点として検出されており，あきらかに粒子である。検出器に到達して検出された瞬間に電子は波から粒子に変身して粒子として検出される (「波動関数の収縮」と呼ばれる)。しかし，電子が点として検出される位置の分布は，波動関数で計算される確率分布にしたがっているのである。画像全体に拡がっていた 1 個 1 個の電子の波動関数が，検出された瞬間にある 1 点に「収縮」して粒子となるのである。この波動関数の変化はシュレーディンガー方程式では記述できないもので，光の速度より早く瞬時に，そして非因果的に起こるのである。このへんの問題が，いわゆる「観測問題」といわれているテーマであり，量子力学の解釈をめぐる中心的課題として現在に至るまで議論の絶えないテーマとなっているが，この本では深入りするのはやめておく。

1 個 1 個の電子の波動関数を知っているにもかかわらず，われわれは 1 個 1 個の電子が検出器の画面のどこに到着するか予言することはできない。図 12.10 で到着した電子の数が少ない場合，その分布がまったくランダムのように見える。われわれが予言できるのは，多数個の電子を検出した場合に見えてくる，それらの到着位置の確率分布だけであり，それは波動関数で表される波の振幅の絶対値の 2 乗として計算できるのである。電子の「波」と言っているのは，1 個 1 個の電子の波動関数であり，確率の波であるが，1 個の電子だけでは何の役にも立たず，同じ波動関数を持つ多数個の電子を扱ってはじめて意味を持つのである。このような意味を承知していれば，電子波の干渉は (太陽光のような) 非コヒーレントな光の干渉と同じ形式で記述できる。

この実験結果は，光によるヤングの2重スリット実験（図 12.7）とまったく同じであることに気づくだろう。光の場合にも電子の場合にも，波動性・粒子性の2重性を如実に表した実験である。しかし，波動の意味は両者で異なることに注意する必要がある。光は電磁波という場の振動であるが，電子の波動性は上述のような確率の波であり，実体のない波といわざるを得ない。

原子波による2重スリットの実験

物質波は電子に限らない。原子も波動性を持つことが図 12.11 に示した実験によって実証された。低温に冷却されたガスボンベから噴出したヘリウム (He) 原子のビームをスリット s_1 に通し，横コヒーレンス長を長くする。次にこのビームを2重スリット s_2 に照射して，後方のスクリーン C 上で検出する。He 原子を検出するには，He 原子を励起状態にしておき，それがスクリーンに到着したときに発生する2次電子を検出するという方法をとっている。(b) は2重スリットの電子顕微鏡像である。(c) が測定結果であり，スクリーン上で「明暗」の干渉縞がはっきりと観察されており，原子の波動性が示された。

例題12.1 ヘリウム原子の波による2重スリットの実験

図 12.11 に示した実験で，(1) ガスボンベの温度が 100 K のときのヘリウム原子のド・ブロイ波長を求めよ。(2) その原子波が第1のスリット

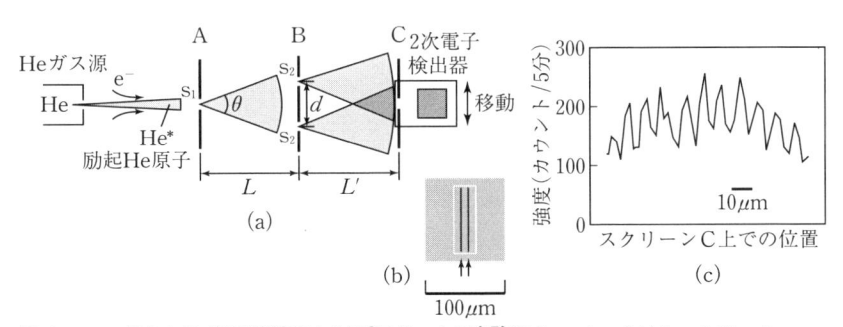

図12.11 ヘリウム(He)原子の波による2重スリットの実験(O.Carnal and J.Mlynek,Phys.Rev. Lett.66,2689(1991)より転載) (a) 実験装置の模式図（入射スリットs_1の幅が2μm, 2重スリットs_2の幅が1μmで間隔dが8μm。$L=L'=64$cm) (b) 2重スリットの電子顕微鏡写真（2つの矢印で示されているところがスリット） (c) スクリーンC上で観測されたHe原子の数の場所依存性。

s_1(スリット幅が $2\,\mu m$) を通過したとき，その後方 $L = 64\,cm$ に置かれた2重スリットによる干渉縞がスクリーンC上で観察されるために必要な2重スリットの間隔 d の上限を求めよ．

解 (1) ヘリウム原子の質量を $m(= 6.65 \times 10^{-27}\,kg)$，速度を v とすると，熱エネルギーが運動エネルギーになっているので，エネルギー等分配則より，$mv^2/2 = 3k_B T/2$ と書ける．ここで，k_B はボルツマン定数，ガスの温度を T とした．これより，$v = 790\,m/s$ となる（音速より速い）．よって，波長 λ は

$$\lambda = \frac{h}{mv} = \frac{h}{\sqrt{3k_B Tm}} = 0.13\,nm \tag{12.28}$$

(2) 第1スリット s_1 の幅を Δx とすると，不確定性関係 (12.4) 式から，$\Delta x \cdot \Delta p \approx h$ と書ける．ここで，Δp は，進行方向に垂直方向の運動量の不確定性である．スリット s_1 を通過したあとのビームに開き角を θ とし，ビームの運動量を $p(= mv)$ すると，$\Delta p = p \cdot \theta$ と書ける．よって，$\theta = \lambda/\Delta x \approx 6.5 \times 10^{-5}\,rad$ となる．これから，この扇形に拡がった波の波面は，2重スリットの位置までくると横幅 $L \cdot \theta = 40\,\mu m$ に拡がる．これを横コヒーレンス長 (12.7) 式で考えてみる．ビームの開き角 β は，2重スリットの位置から第1のスリット s_1 を見込む角度なので，$\beta = \Delta x/L = 3 \times 10^{-6}\,rad$ となる．よって，横コヒーレンス長 $= \lambda/\beta = 40\,\mu m$ となり，上で求めた値と同じになっている．つまり，原子波の横コヒーレンス長が $40\,\mu m$ なので，2重スリットの間隔 d は $40\,\mu m$ 以下にする必要がある．

章末問題

12.1 フェルマーの原理

フェルマーの原理からスネルの法則を導け．

12.2 シャボン玉膜

シャボン玉を見ると虹色が見え，その色合いが見る角度によって変わるのがわかる．これは薄膜による干渉効果である．薄膜に光が入ってきた場合，薄膜の表面で反射された光と裏面で反射された光が，干渉するのである．平らな薄膜（厚さ d，屈折率 n とする）を考え，

入射角 θ で波長 λ の光が入ってきたとする．干渉によって反射光が強め合う条件を求めよ．

12.3 偏光板

z 軸方向に伝播する楕円偏光の光の電場ベクトルの x および y 成分は，それぞれ

$$E_x = A \cos\left\{2\pi\left(\frac{z}{\lambda} - \nu t\right)\right\}, \ E_y = B \sin\left\{2\pi\left(\frac{z}{\lambda} - \nu t\right)\right\} \quad (12.29)$$

と書ける．この光を偏光板に当てる．その偏光板の軸は，x 軸から y 軸の方へ角度 θ だけ回転した方向である．透過した光は直線偏光になり，その電場ベクトルは，偏光板の軸方向の成分

$$E_\theta = C \cos\left\{2\pi\left(\frac{z}{\lambda} - \nu t\right) + \delta\right\} \quad (12.30)$$

だけとなる．$C\ (>0)$ と $\tan\delta$ を，$A, B,$ および θ を用いて書き表せ．また，透過した光の強度は，入射光の何パーセントか．

12.4 2重スリットによる連星の観測

(1) 図 12.12(a) に示すように，ヤングの 2 重スリット (間隔を d，それぞれのスリットの幅は無視できるぐらい狭い) の後方 l の距離にスクリーンを置く．地球から遠く離れた 2 つの星から同じ波長 λ の光がやってくる．一方の星からの光の入射角を θ，他方を $-\theta$ とする．このとき，スクリーン上で観測される光の強度は，それぞれの星からの光がつくる干渉縞の強度の和で与えられる．d を 0 から徐々に大きくしながら観測を行うと，スクリーン上に明暗の縞模様が出現し，ちょうど $d = d_0$ になったとき，はじめて明線と暗線の位置が重

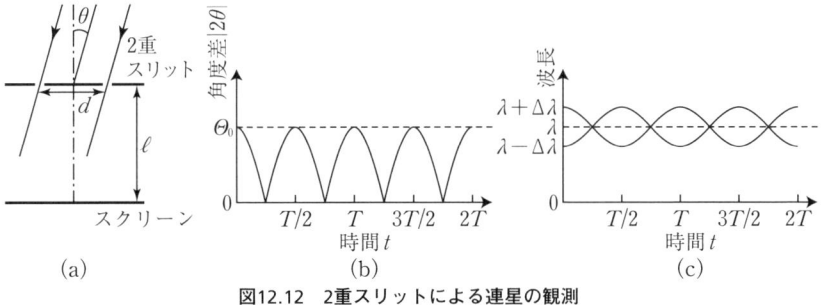

(a) (b) (c)

図12.12　2重スリットによる連星の観測

なって縞模様が消滅した。これから，地球からの2つの星の角度差 2θ を求めよ。

(2) この角度差の時間変化を測定したら，図 12.12(b) に示すように，$|2\theta| = \Theta_0|\cos(2\pi t/T)|$ という関係にしたがって時刻 t とともに周期的に変化した。これは，この2つの星が連星をなし，互いに万有引力で引き合って周回運動をしているためである。さらに，この光の波長 λ の時間変化を測定したら，図 12.12(c) に示すように，$\lambda \pm \Delta\lambda \cos(2\pi t/T)$ と変化していた。このとき，連星の円運動の半径 r，および地球からこの連星までの距離 L を Θ_0, λ, $\Delta\lambda$, T を用いて表せ。ただし，光速度を c とし，星の運動は光速度に比べて十分遅いとしてよいので，光のドップラー効果について非相対論的な近似式 (12.17) 式を用いてよい。

12.5 超音速旅客機

超音速旅客機が高度2万 m をマッハ2で飛行している。これが図 12.13(a) に示すように，$t = 0$ のときに観測者の頭上真上にあった。空気中の音速は一様で 335 m/s であるとする。

(1) この人に衝撃波による音が聞こえるまでに，どれだけ時間がかかるか。

(2) 衝撃波が聞こえたとき，旅客機はどこにいるか。

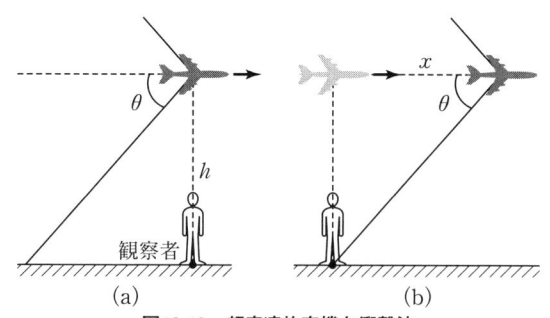

図12.13 超音速旅客機と衝撃波

第 13 章

光の波動性から，凸レンズによって物体のフーリエ変換を得ることができる。また，凸レンズの分解能には限界があることも，波動性に起因している。

回折とフーリエ変換

　第 10 章で述べたホイヘンスの原理を定量的に表現するため，フレネル-キルヒホッフの回折理論を述べる。多少，数学的な技巧を必要とするが，結果は直感的にも理解できる。また，そこからフレネル回折およびフラウンホーファー回折の現象を導く。とくに，フラウンホーファー回折は，X線回折や電子回折で見られるもので，試料物体の像のフーリエ変換が回折パターンとなる。ここでもフーリエ変換が登場してくる。第 9 章で学んだフーリエ変換は，時間と周波数（振動数）を関係付けたが，ここでのフーリエ変換は，空間座標（長さ）と空間周波数（波数）の間を関係付ける。物体の像は実空間（長さの次元）のものであり，回折パターンは逆空間（または波数空間，長さの逆数の次元）のものである。

　また，小学生の頃から慣れ親しんできた凸レンズが，光波に対してどのような作用をするのかを波動の考え方から考え直してみる。凸レンズはフーリエ変換器であることがわかるだろう。また，光を光線として考える幾何光学では，レンズによってどんな小さなものでも見えることになるが，実際は光の波動性のために分解能には限界があることも示す。この章で述べる内容は，光を波として扱う波動光学の基礎的事項となる。

13.1 ホイヘンスの原理からフレネル-キルヒホッフの回折理論へ

　一般的な数式の展開に入る前に，簡単な例を使ってホイヘンスの原理からフレネルの干渉理論を述べてみる。図 13.1(a) に示すように，波の波長 λ 程度の幅 a のスリットを考える。これに垂直に平面波を照射し，スリットの後方の十分離れた点 P で回折波を観測する。ホイヘンスの原理によれば，スリットの開口部 AB の間の至るところから，素元波である球面波 $e^{i\bm{k}\cdot(\bm{r}-\bm{x})}/|\bm{r}-\bm{x}|$ が出る。ここで，素元波が出る点の位置を $\bm{x}$ で表しており，それはスリットの開口部に位置する。$\bm{r}$ は観測点 P の位置ベクトルである。

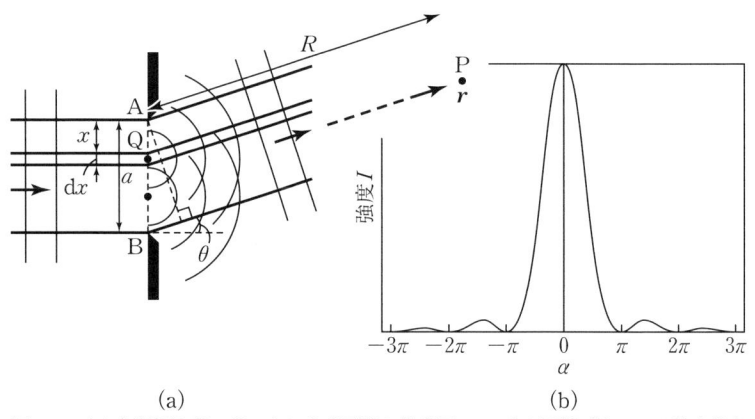

図13.1　(a) 有限幅の単スリットによる回折の模式図　(b) その回折パターンの強度分布

　スリットの開口部と観測点 P との間の距離を R とすると，$R \gg a, \lambda$ なので，$\bm{x}$ によらずに $|\bm{r}-\bm{x}| \approx R$ と近似できる。しかし，指数関数の位相の部分では，経路の長さの差が波の波長程度になると，大きな位相の変化となるので，正確に行路差による位相差を考慮する必要がある。点 A から x だけ離れた点 Q から出た素元波は，点 A から出た素元波に比べて観測点 P までの行路が $x\sin\theta$ だけ長い。よって，位相が $(2\pi x/\lambda)\sin\theta$ だけ遅れる。ここで，点 P で観測される波の振幅 $\xi(\mathrm{P})$ は，開口部のすべての点から出る素元波を足し合わせることによって得られ，次の積分で書ける。波の波数を k と書くと，

$$\xi(P) = C\int_0^a \frac{\exp\left(ikR - 2\pi ix\dfrac{\sin\theta}{\lambda}\right)}{R}\,dx$$

$$= -\frac{C\lambda e^{ikR}}{2\pi iR\sin\theta}\left(e^{-2\pi i\frac{a\sin\theta}{\lambda}} - 1\right) \tag{13.1}$$

ここで，C は入射波の振幅に比例する定数である。よって，P 点で観測される波の強度 I は振幅の絶対値の 2 乗に比例するので，

$$I(\mathrm{P}) = |\xi(\mathrm{P})|^2 = \frac{C^2\lambda^2}{\pi^2 R^2 \sin^2\theta}\sin^2\left(\frac{\pi a\sin\theta}{\lambda}\right) \tag{13.2}$$

$\alpha \equiv (\pi a\sin\theta)/\lambda$ と置いて (13.2) 式をグラフ化したものが，図 13.1(b) である。これが有限幅の単スリットによる回折パターンである。中心で最大強度となり，$\alpha = n\pi\,(n = 0, \pm 1, \pm 2, \cdots)$ を満たす角度 θ の方向，つまり，$\sin\theta = n\lambda/a$ を満たす θ の方向で強度がゼロとなる。これを満たす領域は放射状に拡がる直線群になり，波動の節線という。

回折と不確定性原理

図 13.1(b) から，幅 a の狭いスリットを光が通過すると，$\alpha = \pi\,(n = 1)$ を満たす角度 θ の範囲に光が扇形状に拡がっていることがわかる。これより，$\theta = \sin^{-1}(\lambda/a)$ となる。一方，不確定性関係 (12.4) 式から，狭いところを通ると進行方向が不確定になることがいえる。この単スリットの場合，位置の不確定さは $\Delta x = a$ となるので，光の進行方向に垂直方向の運動量の不確定さ Δp は，光が拡がる角度を θ とすると，$\Delta p \approx p\cdot\sin\theta$ と書ける。光の運動量 p は (12.22) 式で与えられているので，$\Delta p = (h/\lambda)\sin\theta$ となる。よって，(12.4) 式から $\sin\theta = \lambda/a$ となり，上で波の回折として考えたときの光の拡がり角度と同じになる。つまり，**不確定性関係は波の回折現象と同じことであり，光でも電子でも，その波動性に由来している**のである。

例題13.1 **2 重スリットの回折パターン**

図 13.2(a) に示すように，幅 a のスリット 2 つが間隔 b で空いている 2 重スリットの場合の回折パターンを，(13.1) 式および (13.2) 式と同様に

第13章 回折とフーリエ変換

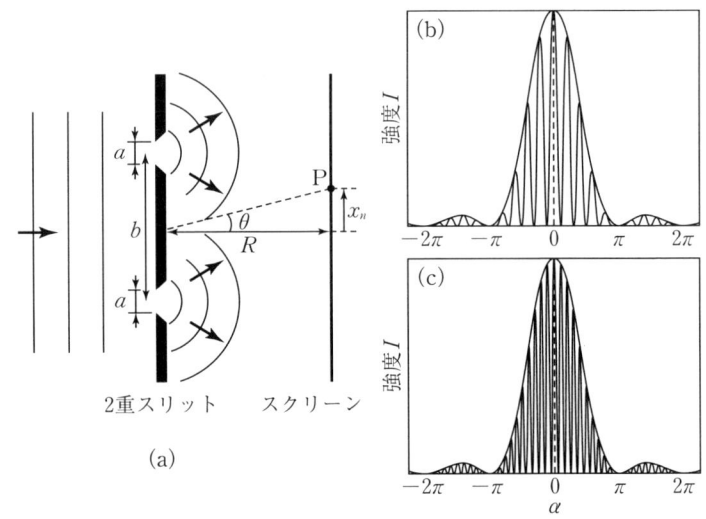

図13.2 (a) 有限幅の2重スリットによる回折の模式図　(b) その回折パターンの強度分布：$b=5a$の場合　(c) $b=10a$の場合（ともに横軸は$\alpha=\pi a\sin\theta/\lambda$である）

計算せよ。

解　(13.1) 式の積分を $x=0\sim a$ および $x=b\sim b+a$ の範囲で積分すればよい。

$$\xi(\mathrm{P}) = C\left\{\int_0^a + \int_b^{b+a}\right\}\frac{\exp\left(ikR - 2\pi ix\dfrac{\sin\theta}{\lambda}\right)}{R}\,\mathrm{d}x$$

$$= -\frac{C\lambda e^{ikR}}{2\pi iR\sin\theta}\left(e^{-2\pi i\frac{a\sin\theta}{\lambda}} - 1\right)\left(e^{-2\pi i\frac{b\sin\theta}{\lambda}} + 1\right) \quad (13.3)$$

よって，強度は上式の絶対値の2乗なので，

$$I(\mathrm{P}) = |\xi(\mathrm{P})|^2 = \frac{4C^2\lambda^2}{\pi^2 R^2\sin^2\theta}\sin^2\left(\frac{\pi a\sin\theta}{\lambda}\right)\cos^2\left(\frac{\pi b\sin\theta}{\lambda}\right) \quad (13.4)$$

これをグラフにすると，図 13.2(b)(c) となる。細かな多数のピークは2重スリットによる干渉縞である（**ヤングの2重スリットの実験**）。その包絡線（細い実線）は単スリットの回折パターン（図 13.1）であり，2重スリ

ットによる干渉縞の強度は，この単スリットによる回折強度で制限されている。スリットの幅 a をゼロにする極限をとれば，2重スリットによる一様な強度分布を持つ干渉縞のみとなる。細かなピークの位置は，(13.4) 式の中の $\cos^2(\cdots) = 1$ のところなので，$b\sin\theta = n\lambda$ ($n = 0, \pm 1, \pm 2, \cdots$) を満たす θ の方向にいわゆる明線が現れる。その位置はスクリーン上で，

$$x_n = R\tan\theta \approx R\sin\theta = \frac{\lambda R}{b}n \tag{13.5}$$

よって，明線と明線の間隔（つまり (b)(c) の細かなピーク間の間隔）s は

$$s = \frac{\lambda R}{b} \tag{13.6}$$

となる。つまり，**2つのスリットの間隔 b を大きくすると明線間隔が狭くなる**ことがわかる。

以上の議論を一般化すると，図 13.3 を使って次のようにいえる。ある時刻での1次波の波面 S 上の点 Q から，素元波である球面波 e^{ikR_Q}/R_Q が出る。R_Q は点 Q と観測点 P との間の距離である。一般に1次波の振幅は場所によって異なるので，点 Q から出る素元波の振幅は，その点での1次波の振幅 $A(\mathrm{Q})$ に比例する。よって，P点で観測される素元波の合成波 $\xi(\mathrm{P})$ は，時間変化 $\exp(-i\omega t)$ を省略して書くと，

$$\xi(\mathrm{P}) = \frac{1}{i\lambda}\iint_{\text{波面 S}} A(\mathrm{Q})\frac{e^{ikR_Q}}{R_Q}\left(\frac{1+\cos\theta}{2}\right)dS \tag{13.7}$$

と書ける。ここで因子 $(1+\cos\theta)/2$ は，図 13.3 で定義された角度 θ（点

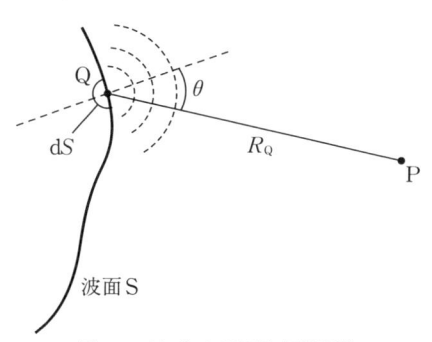

図13.3 フレネルの回折・干渉理論

Qにおける波面の法線方向と$\overrightarrow{\mathrm{QP}}$の方向がなす角)を用いて,素元波の強度の角度依存性を示している。これはキルヒホッフの回折理論から出せるが,ここでは簡単のために天下り的に用いた。素元波の強さは,1次波の波面に垂直方向に前進する向き($\theta = 0$)に最も強く,後退する向き($\theta = \pi$)でゼロとなる。この因子によって,後退波が生じてしまうというホイヘンスの原理の欠点を除くことができる(図10.5参照)。また,積分の前の係数$1/i\lambda$もキルヒホッフの回折理論から出る。

1次波がP点に向かって進む方向以外は強度が弱い場合,θが小さいところだけで(13.7)式の積分を行えばよい。そのときには,$\theta \approx 0$と近似できるので,(13.7)式は

$$\xi(\mathrm{P}) = \frac{1}{i\lambda} \iint_{\text{波面 S}} A(\mathrm{Q}) \frac{e^{ikR_\mathrm{Q}}}{R_\mathrm{Q}} \mathrm{d}S \tag{13.8}$$

と簡単化できる。つまり,中心軸(光軸)から離れてあまり波が拡がらないという場合の近似であり,これを**近軸近似**という。これが最も簡単にホイヘンスの原理を式で表した形である。波面上の各点で発生した素元波である球面波$e^{ikR_\mathrm{Q}}/R_\mathrm{Q}$を,その点での1次波の振幅$A(\mathrm{Q})$を重みとして波面全体にわたって足し合わせる,ということをこの式が表している。

13.2　フレネル回折とフラウンホーファー回折

図13.4に示すように,試料物体を通り過ぎた直後の1次波面上,あるいは物体の像面上での1次波面の任意の点を$\mathrm{Q}(x_0, y_0)$とする。簡単のために,近軸近似を用いる。その波を十分離れた地点$\mathrm{P}(x, y, z)$ ($z \gg x, y, x_0, y_0$)で観測することを考える。近軸近似の範囲内なので,点Pは中心軸(z軸)の近傍にある。よって,(13.8)式の指数関数の中のR_Qを次の近似式で置き換え,分母のR_Qは単にzで置き換える。

$$R_\mathrm{Q} = \sqrt{z^2 + (x-x_0)^2 + (y-y_0)^2} = z\left[1 + \left(\frac{x-x_0}{z}\right)^2 + \left(\frac{y-y_0}{z}\right)^2\right]^{1/2}$$

$$\approx z + \frac{1}{2z}\left[(x-x_0)^2 + (y-y_0)^2\right] \tag{13.9}$$

なので,

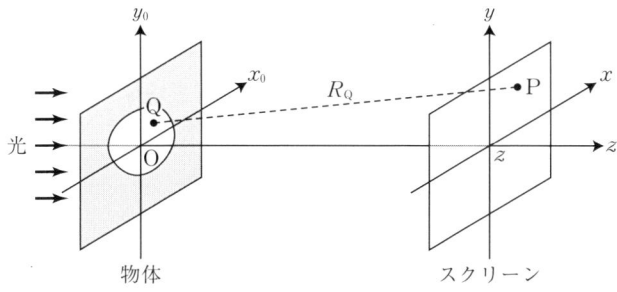

図13.4 フレネル回折とフラウンホーファー回折の模式図

$$\xi(\mathrm{P}) = \frac{e^{ikz}}{i\lambda z} \iint A(x_0, y_0) \exp\left\{\frac{ik}{2z}\left[(x-x_0)^2 + (y-y_0)^2\right]\right\} \mathrm{d}x_0 \mathrm{d}y_0 \tag{13.10}$$

となる。積分は試料物体直後の1次波面上 ($z=0$ の面上) で行う。これは，(13.8) 式の球面波を放物面波で近似したことに相当し，これを**フレネル回折**近似 (または near-field 近似) という。(13.10) 式の指数関数を cos 関数と sin 関数で書くと，有名なフレネル積分の式となる。

次の関数 $h(x, y, z)$ を定義すると，

$$h(x, y, z) \equiv \frac{e^{ikz}}{i\lambda z} e^{i\frac{k}{2z}(x^2+y^2)} \tag{13.11}$$

(13.10) 式は，たたみ込み積分で書ける [1]。

$$\xi(x, y, z) = A(x, y) * h(x, y, z) \tag{13.13}$$

$h(x, y, z)$ は**伝播関数**と呼ばれ，波が距離 z だけ伝播した後の波 $\xi(x, y, z)$ を求めるには，元の波 $A(x, y)$ と伝播関数とのたたみ込み積分を計算すればよいことを意味している。

さらに遠方で観測すると，試料物体 (またはその像) の大きさ (x_0 や y_0 の範囲) が距離 z に比べて小さく見えるので，$z^2 \gg (x_0^2 + y_0^2)_{\max}$ となり，(13.10) 式の指数関数の中の x_0^2 と y_0^2 を無視し，

---

[1] 関数 $f(x)$ と $g(x)$ のたたみ込み積分は，次の積分で定義される。

$$f(x) * g(x) \equiv \int_{-\infty}^{\infty} f(x_0) g(x-x_0) \mathrm{d}x_0 = \int_{-\infty}^{\infty} f(x-x_0) g(x_0) \mathrm{d}x_0 \tag{13.12}$$

第13章 回折とフーリエ変換

$$\xi(x,y,z) = \frac{\exp[ikz + \frac{ik}{2z}(x^2+y^2)]}{i\lambda z}$$
$$\times \iint A(x_0, y_0) \exp\left\{-\frac{ik}{z}[x_0 x + y_0 y]\right\} dx_0 dy_0 \quad (13.14)$$

と近似できる。よって，観測される波の強度分布 $I(x,y)$ は上式の絶対値の2乗なので，

$$I(x,y) = \left|\frac{1}{\lambda z}\iint A(x_0, y_0)\exp\left\{-\frac{ik}{z}[x_0 x + y_0 y]\right\} dx_0 dy_0\right|^2 \quad (13.15)$$

積分は，物体またはその像 $A(x_0, y_0)$ の2次元フーリエ変換になっているので，この強度分布は，物体またはその像のフーリエ変換の絶対値の2乗であることがわかる。遠方の波動場をこのように表すこと**をフラウンホーファー回折**近似（または far-field 近似）という。フレネル回折では素元波を放物面波で近似していたが，フラウンホーファー回折では平面波で近似していることが上式の被積分関数を見るとわかる。十分遠方では，波面の曲率は無視できるからである。

例題13.2 長方形の開口を持つつい立て

図 13.5(a) に示すように，辺の長さが a, b の長方形の開口を持つつい立てに光を当てたとき，十分遠方に置かれたスクリーン上で観察されるパターンを求めよ。開口部の大きさは $x_0 = -a/2 \sim a/2$, $y_0 = -b/2 \sim b/2$ とする。

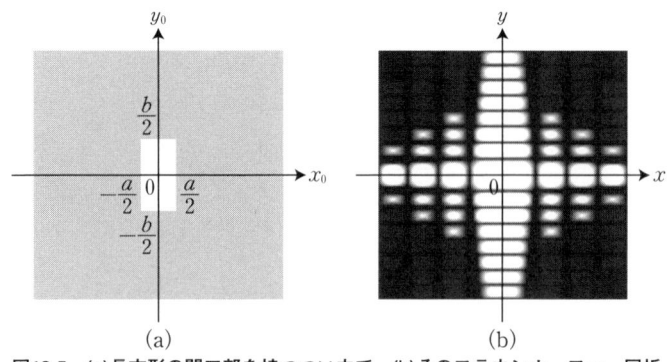

(a) (b)

図13.5 (a)長方形の開口部を持つつい立て (b)そのフラウンホーファー回折パターン($b=2a$の場合)

解 この場合，物体（また像）の関数 $A(x_0, y_0)$ が

$$A(x_0, y_0) = \begin{cases} 1 & (-a/2 < x_0 < a/2 \text{ かつ}, -b/2 < y_0 < b/2 \text{ の範囲}) \\ 0 & (\text{それ以外の範囲}) \end{cases} \quad (13.16)$$

と書けるので，(13.15) 式に代入して計算すると，

$$\int_{-\infty}^{\infty} dx_0 \int_{-\infty}^{\infty} dy_0 A(x_0, y_0) \exp\left\{-\frac{ik}{z}[x_0 x + y_0 y]\right\}$$

$$= \int_{-\frac{a}{2}}^{\frac{a}{2}} dx_0 \int_{-\frac{b}{2}}^{\frac{b}{2}} dy_0 \exp\left\{-\frac{ik}{z}[x_0 x + y_0 y]\right\}$$

$$= -\frac{(2z)^2}{k^2 xy} \sin\left(\frac{kax}{2z}\right) \sin\left(\frac{kby}{2z}\right) \quad (13.17)$$

よって，つい立てから距離 z のところにあるスクリーン上の強度分布は

$$I(x, y) = \left(\frac{ab}{\lambda z}\right)^2 \left(\frac{\sin\left(\frac{kax}{2z}\right)}{\frac{kax}{2z}}\right)^2 \left(\frac{\sin\left(\frac{kby}{2z}\right)}{\frac{kby}{2z}}\right)^2 \quad (13.18)$$

となる。これを図にすると，図 13.5(b) となる。実際，長方形の開口部にレーザー光を当てて十分遠方で観測した回折パターンは，この図のとおりとなる。 ∎

13.3　レンズとフーリエ変換

光を波として考えて，凸レンズのはたらきを定式化してみる。図 13.6(a) に示すように，焦点距離 f の凸レンズの焦点の位置から出た発散光は，凸レンズによって平行光に変換される。波で表現すれば，球面波が平面波に変換されたことになる。中心軸（光軸）を z 軸とし，発散光の光源の位置を $z = 0$ とする。z 軸に垂直方向に x 軸および y 軸をとり，レンズの位置 ($z = f$) の面での (x, y) 座標を (x_1, y_1) とすると，レンズに入射する直前の波は球面波なので，$z = f$ の面上で

$$\xi_{入射}(x_1, y_1, f) = \frac{e^{ik\sqrt{x_1^2 + y_1^2 + f^2}}}{\sqrt{x_1^2 + y_1^2 + f^2}} \quad (13.19)$$

と書ける[2]。ここで，k は波の波数である。この球面波がレンズを透過すると，平面波

第13章 回折とフーリエ変換

図13.6
(a) (b) 凸レンズのはたらき
(c) 集光の限界
(d) スリットによる波の回折

$$\xi_{透過}(x_1, y_1, f) = \frac{e^{ikf}}{\sqrt{x_1^2 + y_1^2 + f^2}} \tag{13.21}$$

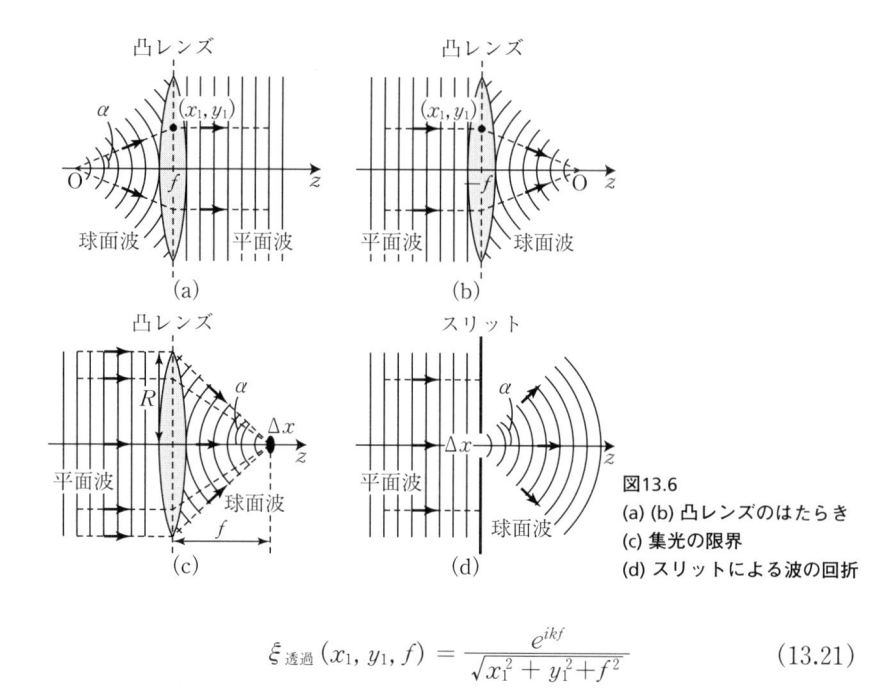

として出ていく(分母は,波の振幅がレンズの前後で等しくなるために必要)。よって,レンズを透過した効果を関数 $F(x_1, y_1)$ で書き表すと

$$\xi_{透過}(x_1, y_1, f) = F(x_1, y_1) \cdot \xi_{入射}(x_1, y_1, f) \tag{13.22}$$

となるので,

$$F(x_1, y_1) = \exp[ik(f - \sqrt{x_1^2 + y_1^2 + f^2})] \approx \exp\left[-i\frac{k}{2f}(x_1^2 + y_1^2)\right] \tag{13.23}$$

---

2) 伝播関数 (13.11) 式とのたたみ込み積分で計算しても同じ結果を得る。球面波の光源は点なので $\delta(x, y)$ と書き,そこから発した波が距離 f だけ伝播すると

$$\xi_{入射}(x_1, y_1, f) = \delta(x, y) * \frac{e^{ikz}}{i\lambda z} e^{i\frac{k}{2z}(x^2 + y^2)} \Big|_{x = x_1, y = y_1, z = f}$$

$$= \int_{-\infty}^{\infty} dx_0 \int_{-\infty}^{\infty} dy_0 \cdot \delta(x_1 - x_0, y_1 - y_0) \frac{e^{ikf}}{i\lambda f} e^{i\frac{k}{2f}(x_0^2 + y_0^2)}$$

$$= \frac{1}{i\lambda f} e^{ik\left[f + \frac{x_1^2 + y_1^2}{2f}\right]} \tag{13.20}$$

となるが,$f \gg \sqrt{x_1^2 + y_1^2}$ なので,指数関数の位相部分の $[\cdots]$ は $\sqrt{f^2 + x_1^2 + y_1^2}$ の近似とみなせる。結局,(指数関数の前の係数を除けば) (13.19) 式と同じ球面波となる。

を得る。最後の近似は，通常は $x_1, y_1 \ll f$ なので，平方根の中をテイラー展開して1次の項までとっている。この式から，**凸レンズは，光軸からの距離の2乗 $x_1^2 + y_1^2$ に応じて，通過する波に位相変化を与えるはたらきをしている**ことがわかる。これは，レンズの厚さが中心軸からの距離に応じて変化していることに起因する。だから，レンズに入る直前の波にこの関数を乗じればレンズを透過した直後の波となる。その意味で，$F(x, y)$ は凸レンズの**透過関数**という。

レンズへの入射角 $\alpha (\ll 1)$ は $\alpha = \sqrt{x_1^2+y_1^2}/f$ で定義されるので（図 13.6(a) 参照），凸レンズのはたらきを表す透過関数 (13.23) 式は，

$$F(\alpha) = \exp(-i\frac{kf}{2}\alpha^2) \tag{13.24}$$

と書き直せる。レンズは，入射角 α に応じて通過する波に位相変化を与えるはたらきをするともいえる。

凸レンズは，図 13.6(b) に示すように，平行光を焦点に集束させる，つまり，平面波を集束する球面波に変換するはたらきもする。これを，上述の透過関数 $F(x, y)$ を使って記述できるのだろうか。レンズの位置を $z = -f$，焦点の位置を $z = 0$ にとる。レンズに入射する平面波 $\xi_{入射}(x, y, z) = \exp(ikz)$ はレンズの位置で $\exp(-ikf)$ と書ける。これがレンズを透過すると，レンズの透過関数 (13.23) 式を乗じて，

$$\xi_{透過}(x_1, y_1) = \xi_{入射}(x_1, y_1) \cdot F(x_1, y_1) = \exp\left[-ik\left\{f + \frac{x_1^2+y_1^2}{2f}\right\}\right] \tag{13.25}$$

となる。ここで $f \gg \sqrt{x_1^2+y_1^2}$ なので，指数関数の位相部分の $\{\cdots\}$ は $\sqrt{f^2+x_1^2+y_1^2}$ の近似とみなせる。よって，上式は

$$\xi_{透過}(x_1, y_1, -f) = \exp\left[-ik\sqrt{f^2+x_1^2+y_1^2}\right] \tag{13.26}$$

と書ける。この波の波面は，原点 $z = 0$ を中心にした同心円となるので，球面波であることがわかる。しかも指数関数の位相に負号がついているので，原点から発散する球面波ではなく，原点に集束する球面波になっていることを意味している[3]。よって，凸レンズのはたらきを表す透過関数 (13.23) 式は図 13.6(a) と (b) の両方を正しく記述していることになる。

第 13 章　回折とフーリエ変換

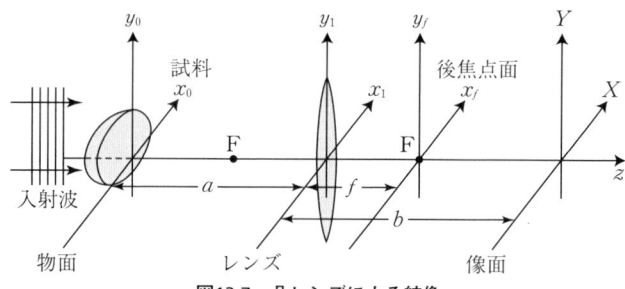

図13.7　凸レンズによる結像

レンズによる結像

　凸レンズは，透過関数 (13.23) 式で表される位相変化を波に対して与えていることがわかった。これを利用すると，凸レンズによる拡大（縮小）像の形成過程も波の考え方を用いて記述することができる。図 13.7 に示すように，ある試料物体に光を照射し，その後方 a の距離にレンズ（焦点距離 f）を置き，さらにその後方 b の距離にスクリーンを置いて，試料の像をスクリーン上に結ぶとする。中心軸（光軸）を z 軸とし，それに垂直な面を xy 平面とする。物体の面（**物面**）の位置を $z = 0$ とし，その面上の座標を (x_0, y_0) とする。レンズ面 ($z = a$) 上の座標を (x_1, y_1)，スクリーン（**像面**，$z = a + b$ の位置）上の座標を (X, Y) とする。レンズの後ろ側の焦点を通る面 ($z = a + f$ の位置) を**後焦点面**といい，その面上で

---

3)　ここでも伝播関数 (13.11) 式とのたたみ込み積分で計算して，焦点に集束する波であることを確かめられる。計算を簡便にするために，(13.26) 式の代わりに (13.25) 式を用いて，この波が距離 f だけ伝播した後の波を次のように計算する。

$$\xi_{透過}(x_1, y_1, -f) * \frac{e^{ikf}}{i\lambda f} e^{i\frac{k}{2f}(x_1^2 + y_1^2)}$$

$$= \frac{e^{ikf}}{i\lambda f} \int_{-\infty}^{\infty} dx_0 \int_{-\infty}^{\infty} dy_0 \cdot e^{-ik\left\{f + \frac{x_0^2 + y_0^2}{2f} - \frac{k}{2f}[(x-x_0)^2 + (y-y_0)^2]\right\}}$$

$$= \frac{1}{i\lambda f} e^{\frac{ik}{2f}(x^2 + y^2)} \int_{-\infty}^{\infty} dx_0 \, e^{-i\frac{kx}{f}x_0} \int_{-\infty}^{\infty} dy_0 \, e^{-i\frac{ky}{f}y_0}$$

$$= \frac{2\pi f}{ik} \delta(x, y) e^{\frac{ik}{2f}(x^2 + y^2)} \tag{13.27}$$

となり，原点 $x = y = 0$ のみ強度を持つ集束波となっていることがわかる。この計算では，デルタ関数の積分表現

$$\delta(x) = \frac{1}{2\pi} \int_{-\infty}^{\infty} dk \cdot e^{ikx} \tag{13.28}$$

を用いた。

の座標を (x_f, y_f) と書くことにする。

　光が試料物体を透過した直後の波,つまり,物面での波を $\xi_0(x_0, y_0)$ とする。その波が,距離 a だけ伝播してレンズの前面までやってきて,$\xi_{入射}(x_1, y_1)$ となる。その波は,(13.11) 式で定義された伝播関数 $h(x, y, a)$ とのたたみ込み積分で書ける。

$$\xi_{入射}(x_1, y_1) = \xi_0(x, y) * h(x, y, a)|_{x=x_1,\ y=y_1}$$

$$= \int dx_0 \int dy_0 \cdot \xi_0(x_0, y_0) h(x_1 - x_0, y_1 - y_0, a) \qquad (13.29)$$

その波がレンズを透過すると,レンズの透過関数 (13.23) 式が乗ぜられてレンズ通過直後の波 $\xi_{透過}(x_1, y_1)$ となる。

$$\xi_{透過}(x_1, y_1) = F(x_1, y_1) \cdot \xi_{入射}(x_1, y_1) = F \cdot [\xi_0 * h] \qquad (13.30)$$

その波が距離 f だけ伝播して後焦点面に到達すると,$\xi_f(x_f, y_f)$ になる。

$$\begin{aligned}
\xi_f(x_f, y_f) &= \{F \cdot [\xi_0 * h]\} * h \\
&= \iint_{-\infty}^{\infty} dx_1 dy_1 \iint_{-\infty}^{\infty} dx_0 dy_0 \xi_0(x_0, y_0) h(x_1 - x_0, y_1 - y_0, a) \\
&\quad \times F(x_1, y_1) h(x_f - x_1, y_f - y_1, f) \\
&= -\frac{e^{ik(a+f)}}{af\lambda^2} \iint_{-\infty}^{\infty} dx_1 dy_1 \iint_{-\infty}^{\infty} dx_0 dy_0\, \xi_0(x_0, y_0) \\
&\quad \times e^{i\frac{k}{2a}\{(x_1-x_0)^2 + (y_1-y_0)^2\}} \cdot e^{-i\frac{k}{2f}(x_1^2 + y_1^2)} \cdot e^{i\frac{k}{2f}\{(x_f-x_1)^2 + (y_f-y_1)^2\}} \\
&= -\frac{e^{ik(a+f)}}{af\lambda^2} e^{i\frac{k}{2f}(x_f^2 + y_f^2)} \iint_{-\infty}^{\infty} dx_0 dy_0 \xi_0(x_0, y_0) e^{i\frac{k}{2a}(x_0^2 + y_0^2)} \\
&\quad \times \left[\int_{-\infty}^{\infty} dx_1 \cdot e^{i\frac{k}{2a}x_1^2} e^{-ik(\frac{x_f}{f} + \frac{x_0}{a})x_1} \cdot \int_{-\infty}^{\infty} dy_1 \cdot e^{i\frac{k}{2a}y_1^2} e^{-ik(\frac{y_f}{f} + \frac{y_0}{a})y_1}\right]
\end{aligned}$$
(13.31)

ここで,ガウス積分の公式

$$\frac{1}{\sqrt{2\pi}} \int_{-\infty}^{\infty} e^{-bx^2} \cdot e^{-ikx} dx = \frac{1}{\sqrt{2b}} e^{-\frac{k^2}{4b}} \qquad (13.32)$$

を使うと,上式の x_1 および y_1 に関する積分が実行できて,

$$\xi_f(x_f, y_f) = \frac{e^{ik(a+f)}}{if\lambda} \exp\left[i\frac{k}{2f}\left(1 - \frac{a}{f}\right)(x_f^2 + y_f^2)\right]$$

$$\times \iint_{-\infty}^{\infty} dx_0 dy_0 \cdot \xi_0(x_0, y_0) \exp\left[-i\frac{k}{f}(x_0 x_f + y_0 y_f)\right] \quad (13.33)$$

となる。よって後焦点面で観察される波の強度分布 $I_f(x_f, y_f)$ は $\xi_f(x_f, y_f)$ の絶対値の 2 乗なので,

$$I_f(x_f, y_f) = |\xi_f(x_f, y_f)|^2$$
$$= \frac{1}{(f\lambda)^2}\left|\iint_{-\infty}^{\infty} dx_0 dy_0 \cdot \xi_0(x_0, y_0) \exp\left[-i\frac{k}{f}(x_0 x_f + y_0 y_f)\right]\right|^2 \quad (13.34)$$

となる。つまり,試料物体 $\xi_0(x_0, y_0)$ の 2 次元フーリエ変換の絶対値の 2 乗が,後焦点面で観察される波の強度分布となっている。これが,凸レンズによって物面 (x_0, y_0) ⟶ 後焦点面 (x_f, y_f) に関して 2 次元フーリエ変換操作が起こることの数学的根拠となる。フーリエ変換パターンは**回折パターン**とも呼ばれる。

この式とフラウンホーファー回折の (13.15) 式とは,まったく同じ形をしていることがわかる。つまり,レンズを使わないときには,試料物体のフーリエ変換であるフラウンホーファー回折パターンは十分遠方で観察されるが,レンズを使うとレンズの後ろ f の距離の面上にフラウンホーファー回折パターンが観察できる。その意味で**凸レンズはフーリエ変換器**といえる。

(13.33) 式で表される波をさらに距離 $(b-f)$ だけ伝播させ,スクリーンに到達させて像面での波 $\xi_i(X, Y)$ を求めてみる。

$$\xi_i(X, Y) = \xi_f(x_f, y_f) * h(x, y, (b-f)) \quad (13.35)$$

$$= \iint_{-\infty}^{\infty} dx_f dy_f \cdot \xi_f(x_f, y_f) h(X - x_f, Y - y_f, (b-f))$$

$$= -\frac{e^{ik(a+b)}}{\lambda^2 f(b-f)} \exp\left[i\frac{k}{2(b-f)}(X^2 + Y^2)\right] \iint_{-\infty}^{\infty} dx_0 dy_0 \xi_0(x_0, y_0)$$

$$\times \iint_{-\infty}^{\infty} dx_f dy_f \exp\left[i\frac{kab}{f(b-f)}\left(\frac{1}{a} + \frac{1}{b} - \frac{1}{f}\right)(x_f^2 + y_f^2)\right]$$

$$\times \exp\left[-ik\left\{\frac{X}{b-f} + \frac{x_0}{f}\right\}x_f - ik\left\{\frac{Y}{b-f} + \frac{y_0}{f}\right\}y_f\right] \quad (13.36)$$

ここで

$$\frac{1}{a} + \frac{1}{b} = \frac{1}{f} \quad (13.37)$$

を満たすように b を調節すれば，x_f および y_f の積分は (13.28) 式の形になってデルタ関数となるので，

$$\xi_i(X, Y) = -\frac{(2\pi)^2 e^{ik(a+b)}}{\lambda^2 f(b-f)} \left(\frac{f}{k}\right)^2 \exp\left[i\frac{k}{2(b-f)}(X^2 + Y^2)\right]$$
$$\times \iint_{-\infty}^{\infty} dx_0 dy_0 \xi_0(x_0, y_0) \cdot \delta\left(x_0 + \frac{f}{b-f}X\right)\delta\left(y_0 + \frac{f}{b-f}Y\right)$$
$$= -\frac{(2\pi)^2 f e^{ik(a+b)}}{\lambda^2 k^2 (b-f)} \exp\left[i\frac{k}{2(b-f)}(X^2 + Y^2)\right]$$
$$\times \xi_0\left(-\frac{f}{b-f}X, -\frac{f}{b-f}Y\right) \tag{13.38}$$

ここで (9.9) 式のデルタ関数の性質を利用した。また，(13.37) 式より，$(b-f)/f = b/a$ なので，$M \equiv b/a$ として，$2\pi/\lambda = k$ なので上式は

$$\xi_i(X, Y) = \frac{e^{ik(a+b)}}{M(kf)^2} \exp\left[i\frac{k}{2Mf}(X^2 + Y^2)\right]\xi_0\left(-\frac{X}{M}, -\frac{Y}{M}\right) \tag{13.39}$$

となる。よって，像面で観察される波の強度分布 $I_i(X, Y)$ は $\xi_i(X, Y)$ の絶対値の 2 乗なので，

$$I_i(X, Y) = \frac{1}{M^2(kf)^4}\left|\xi_0\left(-\frac{X}{M}, -\frac{Y}{M}\right)\right|^2 = \frac{1}{M^2(kf)^4}I_0\left(-\frac{X}{M}, -\frac{Y}{M}\right) \tag{13.40}$$

すなわち像面で観察される強度分布 $I_i(X, Y)$ は，物面での強度分布 $I_0(x_0, y_0)$ の座標を $-M$ 倍に拡大した状態で再現されていることになる（負号は倒立した像になることを意味している）。これが，レンズによる拡大 ($M < 1$ のときには縮小) 像である。(13.35) 式が示すように，後焦点面から像面への波の変換は，伝播関数とのたたみ込み積分で書かれ，それはとりもなおさず 2 次元フーリエ変換である。つまり，**物面から出た波は凸レンズによって一度フーリエ変換された波が後焦点面にでき，さらにもう一度フーリエ変換されて像面に到達する**のである。後者のフーリエ変換は前者のフーリエ変換の逆変換ではなく，2 回 (正) フーリエ変換されるので，倒立した実像になってしまう。

13.4　レンズの分解能

　図 13.6(b) および (13.26) 式で示されたように，平面波（平行光）は理想的な凸レンズによって 1 点（焦点）に集束される．しかし，これは，光を古典的な波として考えている古典物理学の範囲での話であり，実際には量子物理学の基礎となる不確定性原理によって制限を受け，厳密に 1 点には集束しない．つまり，1 点に集束するということは位置の不確定性がゼロになるわけで，そうすると不確定性原理により，運動量の不確定性が無限大になってしまう．そんなことはありえないので，1 点に集束するのではなく，有限な領域に絞られるだけである．

　今，図 13.6(c) に示したように，光が絞られる範囲の拡がりを光軸（z 軸）に垂直方向（x 軸とする）に Δx とする．光の集束角を α とすると，図からわかるように，0 から α の間のいろいろな角度で光が集束してくるので，x 軸方向の光の運動量の不確定性 Δp_x は，

$$\Delta p_x = \left(\frac{h\nu}{c}\right)\sin\alpha \tag{13.41}$$

と書ける．よって，波の波長を λ とすると，不確定性関係 (12.4) 式から

$$\Delta x = \frac{\lambda}{\sin\alpha} \tag{13.42}$$

となる．よって，なるべく小さなスポットに集束させるには，光の波長 λ を短くするか，集束角 α を大きくする必要がある．これがブルーレイと呼ばれる DVD システムの記録用に，赤色光ではなく青色光が用いられる理由である．画像や音声情報はすべて 0 か 1 のデジタル信号として DVD ディスクに記録されるが，光を極微のスポット状に絞って DVD 媒体に照射して 0 または 1 の記録をする．そのスポットサイズが小さいほど単位面積当たりに多数の情報を記録できるので，波長の短い光を使って記録するほうがよいことになる．そのために，広く普及している赤色発光ダイオードではなく，波長のより短い青色の光を出す発光ダイオードが記録装置に使われているのである．

　実は，レンズで平面波を集束して Δx の領域まで絞る過程（図 13.6(c)）は，図 13.6(d) で示したスリットによる波の回折現象の逆過程であること

に気づく。スリットの幅が Δx のときに，スリット通過後の波の拡がり角度が α となることは，図 13.1 に関して述べていた。

図 13.6(c) に示したように，レンズの焦点距離を f，レンズの半径を R とすると，$\sin\alpha \approx \tan\alpha = R/f$ なので，(13.42) 式は

$$\Delta x = \frac{f}{R}\lambda = \frac{\lambda}{\text{N.A.}} \tag{13.43}$$

と書ける。なるべく小さなスポットを得るには光の波長を短くするほかに，焦点距離が短く半径の大きなレンズを使う必要がある，という結論になる。上式で N.A. とは，N.A. $= R/f$ で定義される指数であり，レンズの性能を表す。この値（開口数，Numerical Aperture）が大きいほど光を小さなスポット状に絞れる。また，次に述べるように，このことは，分解能の良いレンズを意味する。

今度は，レンズによって物体の拡大像を得る場合を考えてみる。ここでは，図 13.8(a) に示すように，被写体をヤングの 2 重スリットとしよう。この 2 つのスリット A，B の像をスクリーン上に映し出すことを考える。2 重スリットとレンズの距離を a，レンズとスクリーンとの距離を b，レンズの焦点距離を f とすると，レンズの公式 (13.37) 式を満たす b の距離にスクリーンを置くとピントの合った像が得られる。その際，2 重スリット A，B の間隔を d とすると，スクリーン上でのそれぞれの像 A′，B′ の間隔 D は $D = d \cdot (b/a)$ となり，倍率 b/a で拡大される。よって，(13.37) 式から，a を f に近づけると，それにつれて b が大きくなり，倍率 b/a をいくらでも大きくすることができる。つまり，どんなに小さな間隔 d でも，レンズを使えば眼に見える大きさの拡大像を得ることができることになる。これは一見，レンズの分解能には限界がないということを意味している。しかし，この考え方は，前述の不確定性原理によって修正される。

図 13.8(b) に示すヤングの 2 重スリット実験を例にして考えてみよう。(a) の場合のレンズの位置にスクリーンを置く。これは，図 13.2 で，各スリットの幅を十分小さいとすると，スクリーン上で観察される干渉縞の間隔 s は，(13.6) 式より，

$$s = \lambda \cdot \frac{a}{d} \tag{13.44}$$

第13章 回折とフーリエ変換

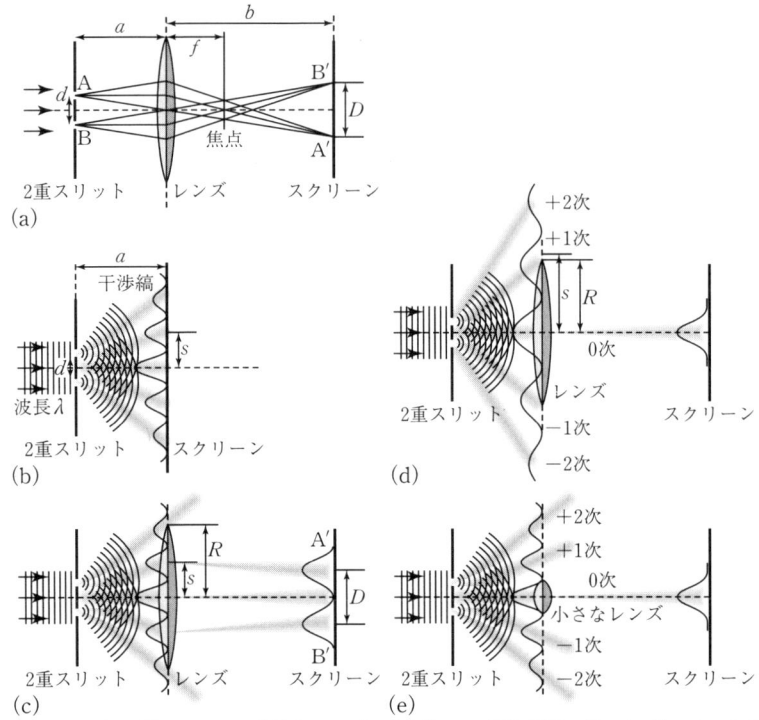

図13.8 ヤングの2重スリットの実験とレンズの分解能 (a) 幾何光学で描いた2重スリットのレンズによる結像 (b) ヤングの2重スリットによる干渉縞の形成 (c) 波動描像で描いた2重スリットのレンズによる結像 (d) スリット間隔が小さい場合の2重スリットの結像 (e) 小さなレンズを使ったときの2重スリットの結像

と書ける。よって，(a) のレンズの位置にもこの干渉縞ができているはずなので，それを考えて (a) の状況を描くと (c) となる。つまり，レンズの位置には干渉縞ができているので，s がレンズの半径 R に比べて小さいときには，(c) に示すように，透過光（0次の回折光）とともに ± 1 次の回折光がレンズを通過する。そうすると，0次および ± 1 次の回折光の干渉によってスクリーン上では2本の明線が形成される。これがとりもなおさずスリットの像であり，2本のスリットが分解して観察できていることを意味する。

ここで，2重スリットの間隔 d をどんどん小さくしていったときに，スクリーン上でのスリット像が2本の明線として分解できる限界を求めてみ

る。d を小さくすると，(b) で示した干渉縞の間隔 s が d に反比例して大きくなっていく。そうすると，(d) に示すように±1次の回折光がもはやレンズを通過できなくなる。つまり，レンズを通過してスクリーンに到達するのは0次の回折光だけになる。この状況は，2つのスリットではなく単一スリットを通ってきた光の状況と同じである。そうすると，スクリーン上では1本の明線しか観察されない。つまり，もはや2つのスリットを分解できないことになる。つまり，2つのスリットの間隔の情報は±1次の回折光が担っているのであり，0次の回折光だけでは d の情報が伝わらない。よって，レンズの半径を R とすると，$s = R$ となるところが分解能の限界であるといえる。(13.44) 式で $s = R$ とすると，このレンズで分解できる最小の距離 d を Δx と書くと，$\Delta x = (a/R)\lambda$ と求められる。多くの場合，なるべく大きな倍率を得るため，$a \approx f$ と設定するので，結局，分解能の限界は，(13.43) 式で与えられることになる。

この式が意味する重要なことがいくつかある。まず，上述の議論から分解能と倍率は関係ないことがわかる。倍率 b/a を上げれば分解能も上がる，つまりレンズで拡大すればするほど細かいものが見えると直感的には思えるが，それは正しくない。性能の悪いレンズを使って倍率を上げても，ボーッとした拡大像しか得られないのである。

それでは分解能の高い，つまり「性能の良い」レンズとはどのようなものか？ それは，(13.43) 式でなるべく小さな Δx が得られるレンズである。半径 R が大きく，焦点距離 f が短いレンズということになる。つまり，(13.43) 式で定義されたレンズの開口数が大きいほど，分解能の高い像が得られる。カメラのレンズのカタログなどに「NA値」などという名前で載っている指数である。携帯電話についている小さなレンズのカメラで撮った写真と，プロカメラマンが大口径のレンズのついたカメラで撮った写真では，分解能がまったく違う。図13.8(e) に示すように，直径の小さなレンズでは，スリットの間隔 d がそれほど小さくなくても，±1次の回折光がレンズからはずれてしまい，結果として2つのスリットを分解して観察できないことから理解できる。このことは，カメラや顕微鏡だけでなく望遠鏡にも当てはまり，直径数mにも及ぶ大口径の天体望遠鏡が良い性能だといわれるのは，この理由からである。

第 13 章　回折とフーリエ変換

　また，(13.43) 式から分解能 Δx は使用している波の波長 λ 程度に制限されるといえる。これを**回折限界**という。だから，なるべく小さな Δx を得るには，レンズの性能を別にすれば，なるべく短い λ の波を使う必要がある。電磁波を使うなら可視光より紫外線，さらには X 線を使った顕微鏡の方が原理的には高い分解能を得ることができる。電子顕微鏡の場合には，(12.26) 式から電子線の加速電圧を高くして，波長の短い電子波を使った方が高分解能を得ることができるのは，このためである。

章末問題

13.1　多重スリット（回折格子）による回折

(1) 図 13.9(a) に示すように，周期が a，開口部の幅が b の多重スリットが N 個並んだ衝立がある。このつい立てを表す透過関数 $A(x_0, y_0)$ は，

$$A(x_0, y_0) = \begin{cases} 1 & (na - b \leq x_0 \leq na, \ n = 1, 2, \cdots N) \\ 0 & ((n-1)a < x_0 < na - b, \ n = 1, 2, \cdots N) \end{cases} \quad (13.45)$$

と書ける。これに垂直に光を照射した場合，十分遠方で生じるフラウンホーファー回折パターンを求めよ。また，$b = a/10$ として，$N = 3$ の場合と $N = 30$ の場合のグラフを描け。

(2) 図 13.9(b) に示すように，(a) とは相補的な開口部を持つ「スリット」の場合に，十分遠方で生じるフラウンホーファー回折パターンを求めよ。

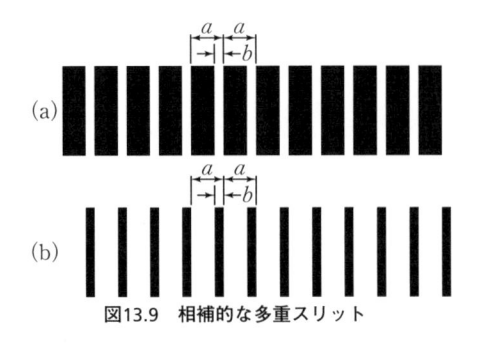

図13.9　相補的な多重スリット

13.2 回折格子の分解能

回折格子に白色光を入れると虹色に分解される。その波長を分解する分解能を計算してみる。簡単のため，図13.9(a)に示す回折格子で，スリットの幅bが無視できるぐらい小さい場合を考える。

(1) スリット（開口部）がN個の場合，n次の回折光の幅を求めよ。つまり，n次の回折光の両脇で強度がゼロになる方向の角度を計算し，その間の角度差を求めよ。

(2) この回折格子に波長λ_1の光とλ_2の光を入れて，それぞれの1次の回折光付近だけを考える。後方のスクリーン上で波長λ_2の光の1次回折光の強度が極大になる位置が，波長λ_1の光の1次回折光のすぐ隣で強度がゼロになる位置より離れていれば，波長λ_1とλ_2の光を分離できる。そのために必要なスリットの数Nを求めよ。

(3) 1 mm当たり500本の線を引いた回折格子を用いてナトリウムD線の$\lambda_1 = 589.0$ nmと$\lambda_2 = 589.6$ nmの2つの光を分離したい。上問の結果を用いると，ナトリウムD線の光を，この回折格子のどれぐらいの幅に照射する必要があるか計算せよ。

13.3 斜め回折格子

図13.10(a)に示すような，斜めスリットがN個並んだ回折格子のフラウンホーファー回折パターンを計算せよ。ただし，スリット（開口部）の幅は無視できるくらい狭いとする。

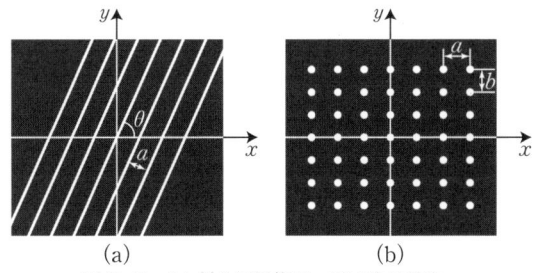

図13.10 (a) 斜め回折格子 (b) 2次元結晶

13.4 2次元結晶

図13.10(b)に示すように，間隔aおよびbで長方格子状に並んだピンホール列のフラウンホーファー回折パターンを計算せよ。ただし，

ピンホールは，x 軸方向に N_1 個，y 軸方向に N_2 個あり，個々のピンホールの大きさは無視できるくらい小さいとする。

13.5 ゾーンプレート

図 13.11 のように，中心から半径が $r_n = \sqrt{n} \cdot r_0$ ($n = 1, 2, 3, \cdots$) の円形の細い開口部を持つつい立てがある。このつい立てを xy 平面，それに垂直方向を z 軸とする。z 軸に沿って伝播してきた波長 λ の平面波の光が，このつい立てを透過すると，1 点に集束することを示し，その位置を求めよ。つまり，これは凸レンズと同じはたらきをする。それぞれの円形のスリットの幅，およびつい立ての厚さは無視できるぐらい小さいとする。

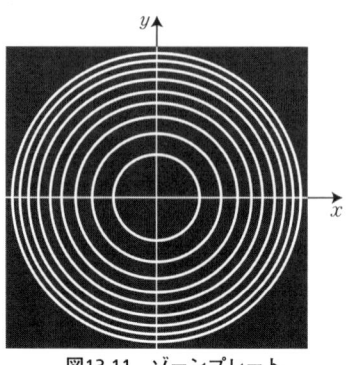

図13.11　ゾーンプレート

13.6 フレネルのバイプリズム

図 13.12 のように，頂角が 2θ の二等辺三角形の底面を持つ三角柱のガラス（屈折率 n）をフレネルのバイプリズムという。波長 λ の光に対するこのバイプリズムの透過関数は，次のように書ける。

$$F(x, y) = \exp\left(-\frac{2\pi i \delta |x|}{\lambda}\right) \tag{13.46}$$

(1) z 軸に沿って入射してきた平面波 $\xi_i = \exp\{i(kz - \omega t)\}$ がプリズムを透過した後の波を考えて，δ を θ および n を使って表せ。

(2) このバイプリズムから距離 R に置いたスクリーン上で観察されるパターンを求めよ。

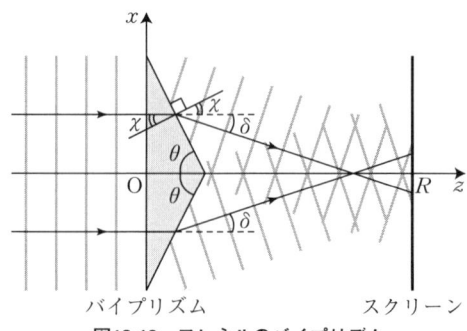

図13.12　フレネルのバイプリズム

章末問題解答

第2章

2.1 浮力と重力のつり合いから $mg = Sl\rho g$。よって，この円柱の運動方程式は，
$$m\frac{d^2x}{dt^2} = mg - S(l+x)\rho g = -S\rho g \cdot x \tag{2a}$$
(2.2) 式と同じ形になったので，固有振動数，および周期は
$$\omega = \sqrt{\frac{S\rho g}{m}}, \quad T = 2\pi\sqrt{\frac{m}{S\rho g}} \tag{2b}$$

2.2 糸の張力の水平成分は，$mg\tan\theta \approx mg\theta$，遠心力は円運動の半径が $L\sin\theta$ なので，$m\cdot L\sin\theta\omega^2$。よって，$\omega = v/L\sin\theta$ なので，$mg\theta = m\cdot L\theta(v/L\theta)^2$。よって，$v = \sqrt{gL}\,\theta$ となり，円運動の周期は
$$T = \frac{2\pi}{\omega} = \frac{2\pi L\theta}{v} = 2\pi\sqrt{\frac{L}{g}} \tag{2c}$$

2.3(1) 右側の液面が z だけ上がると，左側の液面は z だけ低くなるので，重力のバランスは $2\rho Sgz$ だけ崩れて下向きの力がはたらく。よって，液体全体の運動方程式は
$$\rho SL\frac{d^2z}{dt^2} = -2\rho Sgz \tag{2d}$$
よって，単振動の式になるので，固有角振動数と周期は
$$\omega = \sqrt{\frac{2g}{L}}, \quad T = 2\pi\sqrt{\frac{L}{2g}} \tag{2e}$$

(2) 左右の空気柱の圧力を P_1, P_2 とすると，ボイル - シャルルの法則より，$P_0 S l_0 = P_1 S(l_0 + z) = P_2 S(l_0 - z)$。よって，$z \ll l_0$ なので，$P_1 = P_0 l_0/(l_0 + z) \approx P_0(1 - z/l_0)$，$P_2 \approx P_0(1 + z/l_0)$ となる。よって，この力が加算されるので，液体全体の運動方程式は，

$$\rho SL \frac{d^2z}{dt^2} = -2\rho Sgz + S(P_1 - P_2) = -2S\left(\rho g + \frac{P_0}{l_0}\right)z \tag{2f}$$

よって，単振動の式になるので，振動数および周期は

$$\omega = \sqrt{\frac{2}{L}\left(g + \frac{P_0}{\rho l_0}\right)}, \quad T = 2\pi\sqrt{\frac{\rho L l_0}{2(\rho g l_0 + P_0)}} \tag{2g}$$

(3) 同様に，ポアソンの法則より

$$P_0(Sl_0)^\gamma = P_1\{S(l_0+z)\}^\gamma = P_2\{S(l_0-z)\}^\gamma \tag{2h}$$

$$\therefore P_1 = P_0\left(1+\frac{z}{l_0}\right)^{-\gamma} \approx P_0\left(1-\gamma\frac{z}{l_0}\right), \quad P_2 \approx P_0\left(1+\gamma\frac{z}{l_0}\right) \tag{2i}$$

$$\therefore \frac{d^2z}{dt^2} = -\frac{2}{L}\left(g + \frac{\gamma P_0}{\rho l_0}\right)z \tag{2j}$$

$$\therefore \omega = \sqrt{\frac{2}{L}\left(g + \frac{\gamma P_0}{\rho l_0}\right)}, \quad T = 2\pi\sqrt{\frac{\rho L l_0}{2(\rho g l_0 + \gamma P_0)}} \tag{2k}$$

(4) $P_0 = 1$ 気圧 $= 1013$ hPa $= 1013 \times 100$ N/m^2。水の密度 $\rho = 1$ g/cm$^3 = 10^3$ kg/m^3 なので，管が開放のときには $T = 1.0$ s, 管が閉じていて等温過程のときには $T = 0.30$ s, 断熱過程のときには $T = 0.25$ s となる。

2.4 円筒状の床の最下点から床面に沿って s の距離だけ転がったとき，円筒状の床の曲率中心からの角度を θ とすると $s = R\theta$。そのとき，球が角度 ϕ だけ回転したとすると，$s = r\phi$。よって，$\phi = \theta R/r$。球の運動方程式は，$md^2s/dt^2 = -mg\sin\theta - F$, ここで F は床からの摩擦力。一方，球の回転運動の方程式は，球の慣性モーメントが $(2/5)mr^2$ なので，$(2/5)mr^2 \cdot d^2\phi/dt^2 = rF$。よって，この2つの運動方程式から F を消去すると，$(7R/5)d^2\theta/dt^2 = -g\sin\theta$ となるので，θ が小さいとすると単振動の式になり，固有振動数は $\sqrt{5g/7R}$ となる。摩擦のない滑らかな床面上での単振動（回転がない）の場合の固有振動数 $\sqrt{g/r}$ に比べて15%ほど小さい。

2.5 電子が全体的に x だけ変位したとすると，右側表面に現れる電荷は単位面積当たり $-enx$。これがつくる電場は，ガウスの定理から $enx/2\varepsilon_0$ となる。左側表面には同じ電荷の量だが正電荷が現れるので，それがつくる電場も同じ大きさで同じ向きになる。よって，電場は全部で $E = enx/\varepsilon_0$ となる。この電場から電子が受ける力が単振動の復元力になるので，電子の運動方程式は

$$m\frac{d^2x}{dt^2} = -\frac{ne^2}{\varepsilon_0}x \tag{2l}$$

よって，単振動の (2.2) 式と見比べると与えられた角振動数 ω が得られる。

第3章

3.1 (1) (3.1) 式と同じ。 (2) 4 Ns/m (3) $Q = 1$ (4) $\exp(-20\pi/\sqrt{3}) = 1.8 \times 10^{-6}$ となり，ほとんど止まっている。

3.2 (1) $Q = 512\pi/\log_e 2 = 2320$ (2) $Q = 4640$

3.3 (1) $8\pi^4\nu^3 A^2 Ke^2/c^3$ (2) $mc^3/2\pi\nu Ke^2$ (3) $(Q\log_e 2)/2\pi$ (4) 1×10^{-8} 秒

3.4 運動方程式は

$$m\frac{d^2x}{dt^2} = -\kappa x - F \quad \left(\frac{dx}{dt} > 0 \text{ のとき}\right), \quad m\frac{d^2x}{dt^2} = -\kappa x + F \quad \left(\frac{dx}{dt} < 0 \text{ のとき}\right) \tag{3a}$$

ここで，$F = a\kappa$ と定数 a を導入し，さらに，$\xi = x \pm a$ と原点をずらした座標を導入すると，ξ についての単振動の式になるので，結局

$$x(t) = A_1 \cos \omega_0 t + A_2 \sin \omega_0 t - a \quad \left(\frac{dx}{dt} > 0 \text{ のとき}\right) \tag{3b}$$

$$x(t) = A_1 \cos \omega_0 t + A_2 \sin \omega_0 t + a \quad \left(\frac{dx}{dt} < 0 \text{ のとき}\right) \tag{3c}$$

初期条件から，最初の半周期は (3c) が適用され，$A_1 = x_0 - a, A_2 = 0$ が得られる。よって，はじめの半周期 $0 \leq \omega_0 t \leq \pi$ では

$$x(t) = (x_0 - a)\cos \omega_0 t + a \quad (0 \leq \omega_0 t \leq \pi \text{ において}) \tag{3d}$$

次の半周期では速度が正なので，(3b) が適用される。その「初期条件」は，$\omega_0 t = \pi$ で (3d) 式から決められるので，結局 $A_1 = x_0 - 3a$, $A_2 = 0$ となるので，

$$x(t) = (x_0 - 3a)\cos \omega_0 t - a \quad (\pi \leq \omega_0 t \leq 2\pi \text{ において}) \tag{3e}$$

以下同様に

$$x(t) = (x_0 - 5a)\cos \omega_0 t + a \quad (2\pi \leq \omega_0 t \leq 3\pi \text{ において}) \tag{3f}$$

$$x(t) = (x_0 - 7a)\cos \omega_0 t - a \quad (3\pi \leq \omega_0 t \leq 4\pi \text{ において}) \tag{3g}$$

図 3a に示すように，振幅が 1 周期ごとに $4a$ ずつ直線的に減衰していくのが特徴である。振幅が $-a <$ 振幅 $< a$ の範囲に入ったとき，摩擦力がばねの復元力に勝り，振動は停止する。

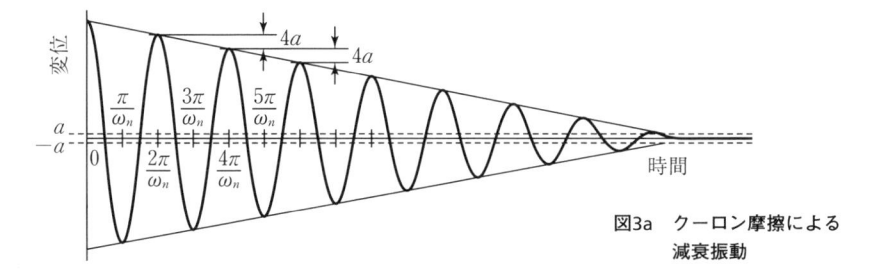

図3a　クーロン摩擦による減衰振動

第 4 章

4.1 (1) 周期 $= \pi/5\sqrt{3} = 0.36$ s　(2) 1.3 cm

4.2 (1) $x(t) = A\cos(\omega t - \alpha)$, ただし，$\omega_0 = \sqrt{g/l}$ と置いて

$$A = \frac{(g/l)\xi_0}{\sqrt{(\omega_0^2 - \omega^2)^2 + (2\gamma\omega)^2}}, \quad \alpha = \arctan\frac{2\omega\gamma}{\omega_0^2 - \omega^2}$$

(2) (3.9) 式より，$50\gamma T = 1$ で $T = 2\pi\sqrt{l/g} = 2.0$ s なので，$\gamma = 0.01$ s^{-1} 。

(3) 振幅 $= (g\xi_0/l)/\sqrt{(\omega_0^2 - \omega^2)^2 + (2\gamma\omega)^2}$ だから $\omega = \omega_0 \equiv \sqrt{g/l}$ のときの振幅は，$(g\xi_0/l)/2\gamma\omega_0 = 15.7$ cm

4.3 (1) $x(t) = \frac{F_0}{m\omega^2}(1 - \cos\omega t)$　(2) (4.9) 式と (4.10) 式で $\omega_0 = 0$ と置いたものだか

ら，$A = F_0/m\omega\sqrt{(\omega^2 + (b/m)^2}$, $\tan\delta = -b/m\omega$

4.4(1) 2.5 周期　(2) 3.3 W

4.5(1) 強制振動の解 (4.11) 式および (4.10) 式を使って，運動エネルギー $(1/2)m(dz/dt)^2$，およびポテンシャルエネルギー $(1/2)\kappa z^2 = (1/2)m\omega_0^2 z^2$ を計算してみればわかる。

(2) $\omega = \omega_0$ のときのエネルギー $\langle W \rangle$ は，(1) で述べた方法で計算すると $\langle W \rangle = F_0^2/(8m\gamma^2)$ となる。これを (4.15) 式で $\omega = \omega_0$ として計算すると $\langle P \rangle = F_0^2/(4m\gamma)$ となる。よって，$\langle P \rangle = 2\gamma \langle W \rangle$ となる。

第 5 章

5.1 $\kappa_1/m = \kappa_1'$，$\kappa_2/m = \kappa_2'$ と書くと，(5.18) 式に対応する連立方程式は

$$\begin{pmatrix} \kappa_1' + \kappa_2' - \omega^2 & -\kappa_2' \\ -\kappa_2' & \kappa_2' - \omega^2 \end{pmatrix} \begin{pmatrix} a_1 \\ a_2 \end{pmatrix} = 0 \tag{5a}$$

となる。よって，係数行列の行列式 $= 0$ から固有振動数は

$$\omega = \frac{\sqrt{\kappa_1 + 2\kappa_2 + 2\sqrt{\kappa_1\kappa_2}} \pm \sqrt{\kappa_1 + 2\kappa_2 - 2\sqrt{\kappa_1\kappa_2}}}{2\sqrt{m}}$$

となる。$+$ のとき，おもりの変位は同位相で，$-$ のとき逆位相となっている。

5.2 左側のおもりの変位を x_1，右側のおもりの変位を x_2 とすると，それぞれのおもりの運動方程式は，

$$m\frac{d^2 x_1}{dt^2} = -\kappa x_1 + \kappa'(x_2 - x_1) - 2mb\frac{dx_1}{dt} + F\cos\omega t \tag{5b}$$

$$m\frac{d^2 x_2}{dt^2} = -\kappa x_2 - \kappa'(x_2 - x_1) - 2mb\frac{dx_2}{dt} \tag{5c}$$

基準座標を $Q_1 = (x_1 + x_2)/2$，$Q_2 = (x_1 - x_2)/2$ とすると，それぞれに対する方程式は完全に変数分離される。それを解くと，$\omega_1 = \sqrt{\kappa/m}$，$\omega_2 = \sqrt{(\kappa + 2\kappa')/m}$ と置くと，

$$Q_1 = \frac{1}{\sqrt{(\omega_1^2 - \omega^2)^2 + 4b^2\omega^2}} \cdot \frac{F}{2m}\cos(\omega t - \delta_1), \quad \delta_1 = \tan^{-1}\left(\frac{2b\omega}{\omega_1^2 - \omega^2}\right)$$

$$Q_2 = \frac{1}{\sqrt{(\omega_2^2 - \omega^2)^2 + 4b^2\omega^2}} \cdot \frac{F}{2m}\cos(\omega t - \delta_2), \quad \delta_2 = \tan^{-1}\left(\frac{2b\omega}{\omega_2^2 - \omega^2}\right)$$

x_1 および x_2 を ω の関数としてグラフ化すると，$\omega = \omega_1$ と ω_2 に共振ピークができることがわかる。その間の ω の範囲で x_2/x_1 が 1 より大きくなり，その外の周波数の範囲では 1 より著しく小さくなる。つまり，$\omega_1 < \omega < \omega_2$ の範囲でのみ，振動が効率よく伝播する。このような機構を一般に帯域フィルターという。

5.3 図 5a(a) に示すように，それぞれのおもりの変位を x_1 および x_2，横糸の張力を T，それぞれの部分の長さを図 5a(b) に示すとおりとする。横糸との結び目 A' 点と B' 点との変位の差が $(x_1 - x_2) \cdot (y/l)$ なので，A' 点にはたらく張力 T の振動方向の成分は

$$-\frac{(x_1 - x_2)y}{(D - 2\varepsilon)l}T \approx -mg\frac{\varepsilon}{Dl}(x_1 - x_2) \tag{5d}$$

と書ける。よって，左のおもりの，AB 軸のまわりの回転運動の方程式は

$$ml^2\frac{d^2}{dt^2}\left(\frac{x_1}{l}\right) = -mg\frac{x_1}{l}l - mg\frac{\varepsilon y}{Dl}(x_1 - x_2) \tag{5e}$$

右のおもりの変位 x_2 についても，同様な運動方程式が成り立つ。これらは，(5.1) 式および (5.2) 式と同じ形なので，辺々の和および差をとって基準モードを求めると，2 つの基準振動の角振動数

$$\omega_1 = \sqrt{\frac{g}{l}},\ \omega_2 = \omega_1\sqrt{1 + \frac{2\varepsilon y}{Dl}} \tag{5f}$$

が得られる。ω_1 は，図 5a(c) に示すように，2 つのおもりを同位相で振らせた場合の角振動数であり，これは単振り子の角振動数と同じである。なぜなら，横糸がつねに振動面に直角なので，横糸の張力は復元力にならないため，横糸の影響が現れない。しかし，図 5a(d) に示すように，2 つのおもりをお互いに逆位相で振らせた場合には，横糸の張力が振動面方向に成分を持つようになるので，それが復元力に加わり，振動数は高くなり，上で求めた ω_2 となる。この 2 つの振動が基準振動になって，任意の振動はそれらの重ね合わせで表される。

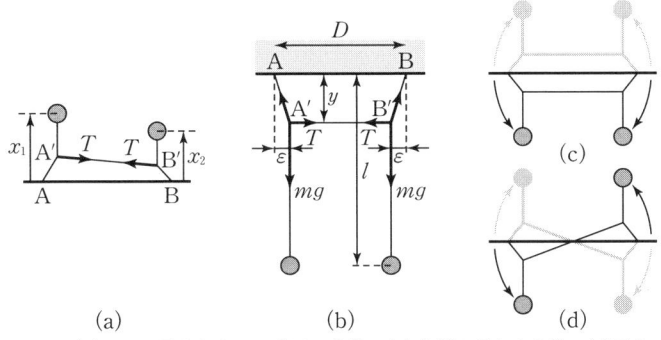

図 5a　(a) 上から見たときのおもりの変位　(b) 各部の長さの定義　(c) 同位相，および (d) 逆位相の基準振動

5.4　台車が持つ加速度 d^2x/dt^2 のために，振り子のおもりには水平方向に慣性力 $F_a = -m \cdot d^2x/dt^2$ がはたらいている。また，おもりの x 座標は $x + L\sin\theta$ と書ける。よって，台車およびおもりの x 軸方向の運動方程式は，θ が十分小さいとして，それぞれ

$$M\frac{d^2x}{dt^2} = -\kappa x + F_p\theta,\ m\left(\frac{d^2x}{dt^2} + L\frac{d^2\theta}{dt^2}\right) = -F_p\theta \tag{5g}$$

と書ける。よって，上式の辺々を足すと

$$(M+m)\frac{d^2x}{dt^2} + \kappa x + mL\frac{d^2\theta}{dt^2} = 0 \tag{5h}$$

となる。一方，振り子の支点まわりの慣性モーメントは mL^2 なので，その回転運動方程式は

$$mL^2\frac{d^2\theta}{dt^2} = -Lmg\theta - Lm\frac{d^2x}{dt^2} \tag{5i}$$

と書ける。基準振動を求めるので，$x = X\exp(i\omega t),\ \theta = \Theta\exp(i\omega t)$ と置いて，(5h) 式と (5i) 式に代入すると，

$$\begin{pmatrix} -(M+m)\omega^2 + \kappa & -mL\omega^2 \\ -mL\omega^2 & mL(g-L\omega^2) \end{pmatrix} \begin{pmatrix} X \\ \Theta \end{pmatrix} = 0 \tag{5j}$$

固有振動数は，この行列式＝0から計算できて，それは

$$\omega^2 = \frac{1}{2}\left[\frac{g}{L}\left(1+\frac{m}{M}\right) + \frac{\kappa}{M} \pm \sqrt{\left\{\frac{g}{L}\left(1+\frac{m}{M}\right)+\frac{\kappa}{M}\right\}^2 - 4\frac{\kappa}{M}\cdot\frac{g}{L}}\right] \tag{5k}$$

となる．とくに，$m \ll M$ のとき，

$$\omega^2 = \frac{1}{2}\left[\frac{g}{L} + \frac{\kappa}{M} \pm \left|\frac{g}{L} - \frac{\kappa}{M}\right|\right] = \frac{g}{L}, \frac{\kappa}{M} \tag{5l}$$

となり，単振り子の固有振動数と台車のばね振動子の固有振動数に帰着する．

$$\omega^2 = g/L \text{ のとき}, \quad \frac{X}{\Theta}\frac{1}{g} = -\frac{1}{(g/L)-(\kappa/M)}\frac{m}{M}$$
$$\omega^2 = \kappa/M \text{ のとき}, \quad \frac{X}{\Theta}\frac{1}{g} = \left(\frac{g}{L}-\frac{\kappa}{M}\right) \Big/ \left(\frac{g}{L}\frac{\kappa}{M}\right) \tag{5m}$$

となるから，高い固有振動数の基準振動は逆位相（X と Θ が異なる符号），低い固有振動数の基準振動は同位相（X と Θ が同じ符号）となっている．

5.5 それぞれのコンデンサーにある瞬間貯まっている電荷を Q_1, Q_2, Q_3 と書くと，左側の閉回路および右側の閉回路でそれぞれキルヒホッフの第2法則を適用して，

$$L\frac{dI_1}{dt} = \frac{Q_1}{C} - \frac{Q_2}{C}, \quad L\frac{dI_2}{dt} = \frac{Q_2}{C} - \frac{Q_3}{C} \tag{5n}$$

また，コンデンサーの電荷の時間変化と電流との関係から

$$\frac{dQ_1}{dt} = -I_1, \quad \frac{dQ_2}{dt} = I_1 - I_2, \quad \frac{dQ_3}{dt} = I_2 \tag{5o}$$

よって，この2つの関係式を合わせると，

$$L\frac{d^2I_1}{dt^2} = -\frac{1}{C}I_1 + \frac{1}{C}(I_2 - I_1) \tag{5p}$$

$$L\frac{d^2I_2}{dt^2} = -\frac{1}{C}(I_2 - I_1) - \frac{1}{C}I_2 \tag{5q}$$

この連立微分方程式は (5.1) 式および (5.2) 式とまったく同じ形なので，2つの基準振動数を $\omega_1 = 1/\sqrt{LC}$, $\omega_2 = \sqrt{3}/\sqrt{LC}$ として，(5.11) 式および (5.12) 式の形で解が求められる．ω_1 の基準振動では $I_1 = I_2$, ω_2 の基準振動では $I_1 = -I_2$ となる．

第6章

6.1(1) 図 6.3(a) の形にするために弦にした仕事が，振動のエネルギー

$$E = \int_0^a 2T \cdot \frac{x}{\sqrt{(L/2)^2 + x^2}}\,dx \approx \frac{2Ta^2}{L} \tag{6a}$$

(2) 変位 $z(x,t)$ は，(6.43) 式の $m=1$ の項と $m=3$ の項だけをとって

$$z(x,t) = \frac{8a}{\pi^2}\sin\left(\frac{\pi}{L}x\right)\cos\left(\frac{\pi}{L}\sqrt{\frac{T}{\sigma}}\cdot t\right) - \frac{8a}{9\pi^2}\sin\left(\frac{3\pi}{L}x\right)\cos\left(\frac{3\pi}{L}\sqrt{\frac{T}{\sigma}}\cdot t\right) \tag{6b}$$

と書ける。よって，振動の全エネルギーは，(6.28) 式より，

$$E = \frac{160}{9\pi^2} \cdot \frac{Ta^2}{L} \approx 1.80 \frac{Ta^2}{L} \tag{6c}$$

と，時間によらない一定値となる。計算の途中で，$m = 1$ の項と $m = 3$ の項が独立になり，それぞれのエネルギーの和を計算することになる。この答と (6a) 式を比べると，$m = 1$ の項と $m = 3$ の 2 つの基準振動モードだけで全エネルギーの約 9 割を占めていることがわかる。

(3) 初期状態の形に戻るためにはすべての基準振動の成分がもとに戻る必要がある。最も周期が長いのが基本モードなので，求める周期は T_1 である。(6.16) 式より，

$$T_1 = \frac{2\pi}{\omega_1} = 2L\sqrt{\frac{\sigma}{T}} \tag{6d}$$

6.2 (1) $400 \text{ Hz} = \sqrt{T/\sigma}/2L$ なので，$T = 6400 \text{ N}$ だから，おもりは 653 kg。波の速さ $v = f\lambda = 400 \times 2 = 800 \text{ m/s}$。

(2) (1) の 1/4 なので，163 kg。

(3) 弦の振動の振動数は $f = 200 \text{ Hz}$ になるので，波長 $\lambda = v/f = 400/200 = 2 \text{ m}$ となり，よって，腹が 1 個の定在波となる。

6.3 (1) は奇関数なので，正弦関数の級数となり，(2) は偶関数なので，余弦関数の級数で展開できる。

$$f(x) = \frac{2l}{\pi}\left(\sin\frac{\pi x}{l} - \frac{1}{2}\sin\frac{2\pi x}{l} + \frac{1}{3}\sin\frac{3\pi x}{l} - \frac{1}{4}\sin\frac{4\pi x}{l} + \cdots\right) \tag{6e}$$

$$f(x) = \frac{4}{\pi}\left(\frac{1}{2} + \frac{1}{1\cdot 3}\cos\frac{\pi x}{l} - \frac{1}{3\cdot 5}\cos\frac{2\pi x}{l} + \frac{1}{5\cdot 7}\cos\frac{3\pi x}{l} - \cdots\right) \tag{6f}$$

6.4 (1) 角周波数 ω の正弦波に対するコンデンサーのインピーダンスは $1/i\omega C$ なので，端子 3, 4 間の電圧は，入力電圧をインピーダンス比で分割することにより，級数の各項に対して，

$$\frac{A_n R}{R + (1/in\omega_0 C)} e^{in\omega_0 t} \tag{6g}$$

よって，

$$V(t) = \sum_{-\infty}^{\infty} \frac{A_n}{\sqrt{1 + (1/n\omega_0 RC)^2}} e^{i(n\omega_0 t + \delta_n)} \tag{6h}$$

と書ける，ただし，位相のずれ δ_n は

$$e^{i\delta_n} = \left(1 + i\frac{1}{n\omega_0 RC}\right)/\sqrt{1 + (1/n\omega_0 RC)^2} \tag{6i}$$

(2) $\omega_0 \ll 1/RC$ の場合，$\delta_n \approx \pi/2$ と近似できるから，$V(t) \approx iRC\omega_0 \sum nA_n \exp(in\omega_0 t)$ となる。一方，$E(t)$ を項別に微分すれば，$dE(t)/dt = i\omega_0 \sum nA_n \exp(in\omega_0 t)$ となる。よって，見比べると，

$$V(t) \approx RC\frac{dE(t)}{dt} \tag{6j}$$

となる，つまり，出力が入力の微分形となっている。

第 7 章

7.1(1) $z(x, t) = 0.03 \sin\{(\pi/2)x - 40\pi t\}$ (2)$\lambda = 4$ m, $T = 1/20$ s (3)$1/3$ m (4)$2\pi/5$

7.2(1) $f = 1.5$ Hz, $+x$ の向きに進む場合；$\lambda = 16/(16n - 1)$m ($n = 1, 2, 3, \cdots$), $v = 24/(16n - 1)$ m/s。$-x$ の向きに進む場合；$\lambda = 16/(16n + 1)$m ($n = 0, 1, 2, \cdots$), $v = 24/(16n + 1)$ m/s。

(2) 与えられた条件では $+x$ 向きに進行する波も $-x$ 向きに進行する波も考えられるので，(1) の結果のように 2 通り考えられる。

7.3(1) 速さは $u/2$, $+x$ の向き。 (2)$v_z(0) = 4a^3ux/(a^2 + 4x^2)^2$。

7.4(1) $\partial^2 z/\partial t^2 + \Gamma \partial z/\partial t - v^2 \partial^2 z/\partial x^2 = 0$。ここで $\Gamma \equiv \beta/\sigma$, $v \equiv \sqrt{T/\sigma}$ である。

(2)$z(x, t) = \exp(-\kappa x)\cos(Kx - \omega t)$。ここで，$K = \pm\sqrt{\omega(\omega + \sqrt{\omega^2 + \Gamma^2})/2}\,/v$, $\kappa = \Gamma \omega/v\sqrt{2\omega(\omega + \sqrt{\omega^2 + \Gamma^2})}$ である。つまり，振幅が $\exp(-\kappa x)$ で減衰しながら進む。

第 8 章

8.1(1) $z(x, t) = 2A\cos(x/2 - t/2) \cdot \sin(9x/2 - 19t/2)$ (2)1 m/s (3)2π m

8.2 反射波 $z_r(x, t) = B\sin(k_1 x + \omega t + \varepsilon_1)$，透過波 $z_t(x, t) = C\sin(k_2 x - \omega t + \varepsilon_2)$ と書ける（振幅なので B と C はともに正）。ここで張力を T とすると，$k_1 = \omega\sqrt{\sigma_1/T}$, $k_2 = \omega\sqrt{\sigma_2/T}$。$x = 0$ で波の振幅と振幅の x 微分が等しいという境界条件から $\varepsilon_2 = 0$，および次の結果を得る。

$$k_1 > k_2 \quad (\sigma_1 > \sigma_2) \text{ なら } \varepsilon_1 = 0, \quad k_1 < k_2 \quad (\sigma_1 < \sigma_2) \text{ なら } \varepsilon_1 = \pi \tag{8a}$$

$$\frac{B}{A} = \left|\frac{\sqrt{\sigma_1} - \sqrt{\sigma_2}}{\sqrt{\sigma_1} + \sqrt{\sigma_2}}\right|, \quad \frac{C}{A} = \frac{2\sqrt{\sigma_1}}{\sqrt{\sigma_1} + \sqrt{\sigma_2}} \tag{8b}$$

8.3(1) $Z_2/Z_1 = 1/3$ (2) 張力を $1/9$ にすればよい。

8.4(1) 入射音波を $\xi_1 = A_1 \exp\{i(k_1 z - \omega t)\}$, 反射音波を $\xi_2 = A_2 \exp\{i(-k_1 z - \omega t + \alpha)\}$, 水中への透過音波を $\xi_3 = A_3 \exp\{i(k_2 z - \omega t)\}$ とする。波数 $k_1 = \omega/v_1$, $k_2 = \omega/v_2$ である。境界条件は，$z = 0$ で

$$\xi_1 + \xi_2 = \xi_3, \quad K_1\left(\frac{\partial \xi_1}{\partial z} + \frac{\partial \xi_2}{\partial z}\right) = K_2 \frac{\partial \xi_3}{\partial z} \tag{8c}$$

なので，上記の波の表式を代入して計算すると，$\alpha = \pi$ なので，

$$\text{透過率 } \frac{A_3}{A_1} = \frac{2\rho_1 v_1}{\rho_1 v_1 + \rho_2 v_2}, \quad \text{反射率 } \frac{A_2}{A_1} = \frac{\rho_2 v_2 - \rho_1 v_1}{\rho_1 v_1 + \rho_2 v_2} \tag{8d}$$

(2) $A_3/A_1 = 5.8 \times 10^{-4}$。

第 9 章

9.1 (a) $A(\omega) = (4z_0/\pi t_0 \omega^2)(e^{i\omega t_0/4} \cdot \sin(\omega t_0/4))^2$ なので，スペクトル密度は
$$|A(\omega)|^2 = \left(\frac{4z_0}{\pi t_0 \omega^2}\right)^2 \sin^4\left(\frac{\omega t_0}{4}\right) \tag{9a}$$

(b) $\omega_0 \equiv \pi/t_0$ と置いて，$A(\omega) = -z_0\omega_0(1+e^{i\pi\omega/\omega_0})/2\pi(\omega^2 - \omega_0^2)$ なので，スペクトル密度は
$$|A(\omega)|^2 = \frac{(\omega_0 + \omega_0\cos(\pi\omega/\omega_0))^2 + (\omega_0\sin(\pi\omega/\omega_0))^2}{4\pi^2(\omega^2-\omega_0^2)^2}z_0^2 \tag{9b}$$

9.2 $\omega = n\omega$ で $A/2$，$\omega = (n \pm 1)\omega$ で $B/4$ の線スペクトルとなる。前者が搬送波の周波数に対応し，後者がそれにのった音声信号の周波数成分に対応する。

9.3 測定時間を Δt とすると，角振動数 ω の不確定さ $\Delta \omega$ との間には，バンド幅定理より $\Delta t \cdot \Delta \omega = 2\pi$。よって，$\Delta \omega/\omega = 0.01 \cdot \alpha$ なので，$\Delta t = (2\pi/\omega)/(0.01 \cdot \alpha)$。

9.4 $U(k,t)$ の t についての 2 階微分を計算してみると，波動方程式 (7.10) 式を使い，計算の途中で部分積分を 2 回行って，
$$\frac{\partial^2 U(k,t)}{\partial t^2} = \frac{1}{2\pi}\int_{-\infty}^{\infty}\frac{\partial^2 z(x,t)}{\partial t^2}e^{-ikx}dx = \frac{1}{2\pi}\int_{-\infty}^{\infty}v^2\frac{\partial^2 z(x,t)}{\partial x^2}e^{-ikx}dx$$
$$= -\frac{v^2}{2\pi}\int_{-\infty}^{\infty}\frac{\partial z(X,T)}{\partial x}(-ik)e^{-ikx}dx = \frac{v^2}{2\pi}(-ik)^2\int_{-\infty}^{\infty}z(x,t)e^{-ikx}dx$$
$$= -k^2v^2U(k,t) \tag{9c}$$
これは，$U(k,t)$ の t を変数とする単振動の式になったので，
$$U(k,t) = U(k,0)e^{\pm ikvt} \tag{9d}$$
一方，初期条件 (9.48) 式より，$f(x)$ のフーリエ変換を $F(k)$ と書くと，
$$U(k,0) = \frac{1}{2\pi}\int_{-\infty}^{\infty}f(x)e^{-ikx}dx \equiv F(k) \tag{9e}$$
なので，$U(k,t) = F(k)e^{\pm ikvt}$ と書ける。よって，$U(k,t)$ の逆変換をとって，$z(x,t)$ を求めてみると，
$$z(x,t) = \int_{-\infty}^{\infty}U(k,t)e^{ikx}dk = \int_{-\infty}^{\infty}F(k)e^{ik(x \pm vt)}dk$$
$$= \int_{-\infty}^{\infty}\left[\frac{1}{2\pi}\int_{-\infty}^{\infty}f(x')e^{-ikx'}dx'\right]e^{ik(x \pm vt)}dk$$
$$= \frac{1}{2\pi}\int_{-\infty}^{\infty}dk\int_{-\infty}^{\infty}f(x')e^{ik(x-x' \pm vt)}dx' = \int_{-\infty}^{\infty}f(x')\delta(x-x' \pm vt)dx'$$
$$= f(x \pm vt) \tag{9f}$$
を得る。計算の途中で δ 関数の性質 (9.9) 式を使った。

第 10 章

10.1 (1) 点 O での屈折角を θ_1 とし，空気の屈折率を $n_0 (= 1)$ すると，スネルの法則より

章末問題　解答

$$n_0 \sin\theta_0 = n_1 \sin\theta_1 \tag{10a}$$

となる。図10a に示すように，x 座標が $x \sim x + \Delta x$ の間の薄い層では，屈折率 $n(x)$ は一定とみなせる。

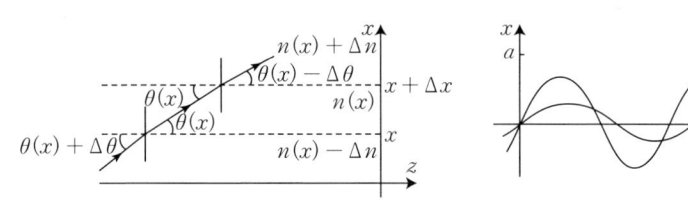

図10a　光ファイバー内を分割　　　　図10b　光線の軌道

そうすると，この薄い層の上下の境界面でスネルの法則を適用すると，

$$n_1 \sin\left[\frac{\pi}{2} - \theta_1\right] = \cdots = (n - \Delta n)\sin\left[\frac{\pi}{2} - (\theta + \Delta\theta)\right] = n \sin\left[\frac{\pi}{2} - \theta\right]$$

$$= (n + \Delta n)\sin\left[\frac{\pi}{2} - (\theta - \Delta\theta)\right] = \cdots \tag{10b}$$

となり，中心軸から順次，等号で結ばれているのがわかる。これは，$n\cos\theta$ が一定値（C とする）になっていることを意味している。よって，$n\cos\theta = n_1 \cos\theta_1$ と (10a) 式から $C = \sqrt{n_1^2 - \sin^2\theta_0}$ となる。

(2) (1)で求めた C と $n = n_1\sqrt{1 - a^2 x^2}$，および $\cos\theta = 1/\sqrt{1 + \tan^2\theta} = 1/\sqrt{1 + (\mathrm{d}x/\mathrm{d}z)^2}$ を $n\cos\theta = C$ に代入すると，

$$n_1\sqrt{1 - a^2 x^2} \cdot \frac{1}{\sqrt{1 + (\mathrm{d}x/\mathrm{d}z)^2}} = \sqrt{n_1^2 - \sin^2\theta_0} \tag{10c}$$

両辺を 2 乗して整理すると，

$$1 + \left(\frac{\mathrm{d}x}{\mathrm{d}z}\right)^2 = (1 - a^2 x^2) \cdot \frac{n_1^2}{n_1^2 - \sin^2\theta_0} \tag{10d}$$

両辺を z で微分して整理すると，

$$\frac{\mathrm{d}^2 x}{\mathrm{d}z^2} = -\frac{a^2 n_1^2}{n_1^2 - \sin^2\theta_0} x \tag{10e}$$

(3) この式は単振動の式 (2.2) 式と同じ形なので，その解は，

$$x = x_0 \sin(pz + \phi), \quad p \equiv \frac{a n_1}{\sqrt{n_1^2 - \sin^2\theta_0}} \tag{10f}$$

x_0 と ϕ は境界条件から決まる。まず，$z = 0$ のとき $x = 0$ なので，$\phi = 0$。また $z = 0$ で $\mathrm{d}x/\mathrm{d}z = \tan\theta_1$ なので，$x_0 = (1/p)\tan\theta_1$ となる。さらに，(10a) 式で θ_1 を消去すると，$x_0 = (1/a n_1)\sin\theta_0$ と書けるので，求める軌道は，

$$x = f(z) = \frac{\sin\theta_0}{a n_1} \sin\left(\frac{a n_1}{\sqrt{n_1^2 - \sin^2\theta_0}} \cdot z\right) \tag{10g}$$

(4) よって，軌道の 1 周期の長さ λ は $\lambda = 2\pi/p = 2\pi\sqrt{n_1^2 - \sin^2\theta_0}/a n_1$ なので，入射角 θ_0 が大きいほど，振幅が大きく，周期が短い正弦関数の軌道となる（図10b）。

(5) 正弦関数の振幅 x_0 がファイバーの径 a より小さい必要がある。つまり，$x_0 < a$ から，$\sin\theta_0 < a a n_1 \equiv \theta_{0M}$ となる。ちなみに，通常の光ファイバーでは θ_{0M} が 20 〜 30° になる。

10.2 (1) 波は反射板で反射されると y 方向だけが逆になるので,$\xi_2 = A_2 \exp[i(k_x x - k_y y - \omega t)]$ と書ける.よって管内の波は

$$\xi = \xi_1 + \xi_2 = (A_1 e^{ik_y y} + A_2 e^{-ik_y y}) e^{i(k_x x - \omega t)} \tag{10h}$$

$y = 0$ での境界条件より $A_2 = -A_1$ なので,$\xi = 2A_1 i \sin(k_y y) e^{i(k_x x - \omega t)}$ となる.一方,$y = d$ での境界条件から

$$k_y = \frac{n\pi}{d} \quad (n = 0, 1, 2, \cdots) \tag{10i}$$

$$\xi = 2A_1 i \sin\left(\frac{n\pi}{d} y\right) \cdot e^{i(k_x x - \omega t)} \tag{10j}$$

これは,y 軸方向には定在波状態になっており,$n = 1, 2, 3$ は,腹が 1,2,3 個の定在波である.それぞれの n の値に対する波動の様子をモードという.また,x 軸方向には位相速度 $v_\phi = \omega/k_x$ で進む平面波を意味している.

(2) x 軸方向に伝播するには $k_x > 0$ でなければならない.他方,$k_x^2 + k_y^2 = k^2$ なので,$k_x^2 = k^2 - k_y^2 > 0$.よって,$k = \omega/v$ および (10i) 式から,$\omega > n\pi v/d$ でなければならない.よって,遮断周波数 $\omega_c = n\pi v/d$ となる.

10.3 電場ベクトルおよびその x 微分が境界面で等しいと置いて,連立方程式を解けばよい.その結果,反射率$= (n_1 - n_2)^2/(n_1 + n_2)^2$,透過率$= 4n_1 n_2/(n_1 + n_2)^2$ となる.これは,(8.50) 式と (8.51) 式と同じ形であり,媒質のインピーダンス Z が屈折率であることを意味している.

10.4 $n_1^2 = n_0 n_2$,$n_1 d = \lambda/4$

第 11 章

11.1 (1) 断面積 1 で厚さ Δx の空気塊の運動エネルギー $K \cdot \Delta x = (1/2) \rho_0 \Delta x (\partial \xi/\partial t)^2 = (1/2) \rho_0 \Delta x \cdot \omega^2 A^2 \cos^2(kx - \omega t)$ となる.一方,ポテンシャルエネルギー W は圧力が p_0 から p になって空気が $(\partial \xi/\partial x) \Delta x$ だけ圧縮されたときの仕事を求めればよい.$W \cdot \Delta x = (1/2)(p - p_0)(\partial \xi/\partial x) \Delta x$.ここで,(11.17) 式から $p \propto V^{-\gamma} = (\rho/M)^\gamma \propto \rho^\gamma$ なので,(11.13) 式から

$$\frac{p}{p_0} = \left(\frac{\rho}{\rho_0}\right)^\gamma = \left(1 - \frac{\partial \xi}{\partial x}\right)^\gamma \approx 1 - \gamma \frac{\partial \xi}{\partial x} \tag{11a}$$

よって $W = (1/2) p_0 \gamma (\partial \xi/\partial x)^2$.ここで,(11.22) 式と $p_0 V = nRT$ から音速 $v = \sqrt{\gamma p_0/\rho_0}$ と書けるので,$W = (1/2) \rho_0 v^2 (\partial \xi/\partial x)^2$.これを計算すると,$v = \omega/k$ なので,$W = K$ となることがわかる.

(2) 時間平均すると,$\cos^2(kx - \omega t)$ が 1/2 になるので,全エネルギーの時間平均は $2\langle K \rangle = \rho_0 \omega^2 A^2/2$ となる.(10.22) 式参照.

11.2 (1) y の場所での波の速さを $v(y)$ と書くと,$y + dy$ の位置での速さは $v(y + dy)$ と書ける.微小時間 dt 経過した後の波面の回転角を $d\theta$ とすると,

$$\tan d\theta \approx d\theta = \frac{\{v(y + dy) - v(y)\} dt}{dy} = \frac{dv}{dy} dt \tag{11b}$$

よって,$d\theta/dt = dv/dy$ と書け,これの絶対値が円運動の角速度 ω である.その円運動の半径 R は,$v = R\omega$ より,$R = v/\omega = v/|dv/dy|$ と書ける.

231

(2) (11.22) 式より，音速 v を高度 z で微分すると，
$$\frac{\mathrm{d}v}{\mathrm{d}z} = \frac{\mathrm{d}v}{\mathrm{d}T} \cdot \frac{\mathrm{d}T}{\mathrm{d}z} = \frac{v}{2T} \cdot \frac{\mathrm{d}T}{\mathrm{d}z} \tag{11c}$$
よって，前問の結果から，求める式が得られる。音波の経路は，放射状の経路から，少し上に弧を描いた経路となる。

(3) 地上の音速から (11.22) 式を用いると，地上の温度は 280 K となる。また，飛行機が飛んでいる高度での気温は，地上より 30 K 低いことがわかる。よって，前問より，軌道半径 R は高度の関数として変化するが，簡単のために一定と仮定すると，真下に出た音の軌跡が半径 R の円弧を描くので，求める水平距離 Δx は $\Delta x = R - \sqrt{R^2 - h^2}$ と書ける。気温 T として地上の気温を入れて R を計算すると，$\Delta x = 120 \,\mathrm{m}$，$T$ として飛行機が飛んでいる高度の気温を入れると，$\Delta x = 140 \,\mathrm{m}$ となる。よって，およそ 130 m 程度水平にずれていることになる。

第 12 章

12.1 図 12a(a) に示すように，媒質 1 (屈折率 n_1) の中の点 A (座標を $(0, a)$ とする) から媒質 2 (屈折率 n_2) の中の点 B(b, c) にまで光が進むときの経路を，フェルマーの原理を用いて導いてみる。境界面上での任意の点を X$(x, 0)$ とすると，経路 A → X → B の光学距離 L は点 X の位置の関数として $L(x) = n_1\sqrt{x^2 + a^2} + n_2\sqrt{(b-x)^2 + c^2}$ と書ける。よって，(12.8) 式から，点 X の位置を少し動かしたときに L は極小値をとるはずなので，$\mathrm{d}L/\mathrm{d}x = 0$ となる条件を満たす。よって，
$$\frac{\mathrm{d}L}{\mathrm{d}x} = \frac{n_1 x}{\sqrt{x^2 + a^2}} - \frac{n_2(b-x)}{\sqrt{(b-x)^2 + c^2}} = n_1 \sin\theta_1 - n_2 \sin\theta_2 = 0 \tag{12a}$$
から，屈折の法則 (10.36) 式が得られる。反射の場合は図 12a(b) に示すように，点 A から境界面上での任意の点 X を経由して点 B までの光学距離 L は，$L(x) = n_1\sqrt{x^2 + a^2} + n_1\sqrt{(b-x)^2 + c^2}$ と書ける。よって同様に x で微分して，その微係数をゼロと置くと，(12a) で n_2 を n_1 に置き換えた式が得られる。その結果，$(b-x)/\sqrt{(b-x)^2 + c^2} = \sin\theta_3$ なので，反射の法則 (10.35) 式が得られる。

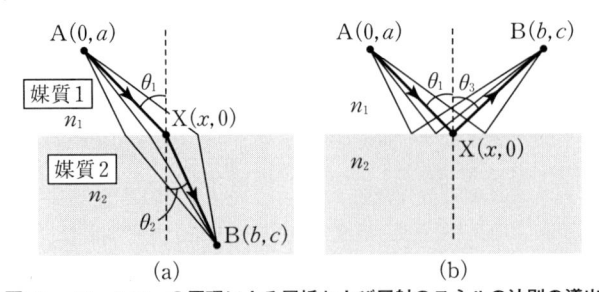

図12a　フェルマーの原理による屈折および反射のスネルの法則の導出

12.2 図12bに示すように，2つの光路の行路差は$n(\overline{AB}+\overline{BC})-\overline{AD}$であり，A点の反射のときには位相が$\pi$変わるが，B点での反射のときには位相は変わらないので，2つの光線の位相差は，$\sin\theta=n\sin\theta'$を使って，

$$\frac{2\pi}{\lambda}\left\{2n\frac{d}{\cos\theta'}-2d\tan\theta'\sin\theta\right\}-\pi=\frac{4\pi d}{\lambda}\sqrt{n^2-\sin^2\theta}-\pi \tag{12b}$$

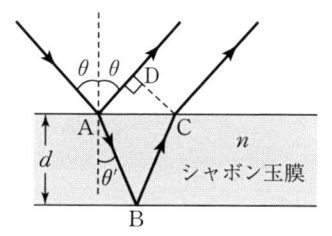

図12b　シャボン玉膜での光の干渉

反射光が強め合うのは，この位相差が2πの整数倍になる角度なので，mを整数として

$$\sin\theta=\sqrt{n^2-\left\{\frac{\lambda}{2d}\left(m+\frac{1}{2}\right)\right\}^2} \tag{12c}$$

を満たす角度θで，波長λの光が強く見える。角度が変われば波長が変わるので色が変わることがわかる。シャボン玉は曲率を持っているので，場所によってθが違うため，シャボン玉に虹色が同時に見えることになる。

12.3　$C=\sqrt{(A\cos\theta)^2+(B\sin\theta)^2}$，$\tan\delta=-(B/A)\tan\theta$．光の強度は電場ベクトルの振幅の2乗に比例する。求めるパーセントは，$100\cdot(A^2\cos^2\theta+B^2\sin^2\theta)/(A^2+B^2)$．

12.4(1) $2\theta=\lambda/2d_0$　(2) $r=cT\Delta\lambda/2\pi\lambda$，$L=r/\tan(\Theta_0/2)\approx 2r/\Theta_0=cT\Delta\lambda/\pi\lambda\Theta_0$

12.5(1) 旅客機の速度にかかわらず，(高さ)/(音速)$=59.7$ s　(2) $2\times 335\times 59.7=40$ km前方にいる。

第13章

13.1(1) 与えられた透過関数を(13.15)式に代入して計算すると，

$$I(x,y)=\left|\frac{1}{\lambda z}\sum_{n=1}^{N}\int_{-\infty}^{\infty}dy_0\int_{na-b}^{na}dx_0\exp\left\{-\frac{ik}{z}(x_0x+y_0y)\right\}\right|^2$$

$$=\frac{b^2}{4}\delta(y)\cdot F(x)\cdot L(x) \tag{13a}$$

ただし，$F(x)\equiv\dfrac{\sin^2\left(\dfrac{\pi b}{\lambda}\dfrac{x}{z}\right)}{\left(\dfrac{\pi b}{\lambda}\dfrac{x}{z}\right)^2}$，$L(x)\equiv\dfrac{\sin^2\left(N\dfrac{\pi a}{\lambda}\dfrac{x}{z}\right)}{\sin^2\left(\dfrac{\pi a}{\lambda}\dfrac{x}{z}\right)}$ (13b)

$x/z=\sin\theta$と置くと，関数$F(x)$は単スリットの場合の回折パターン(13.2)式と

章末問題　解答

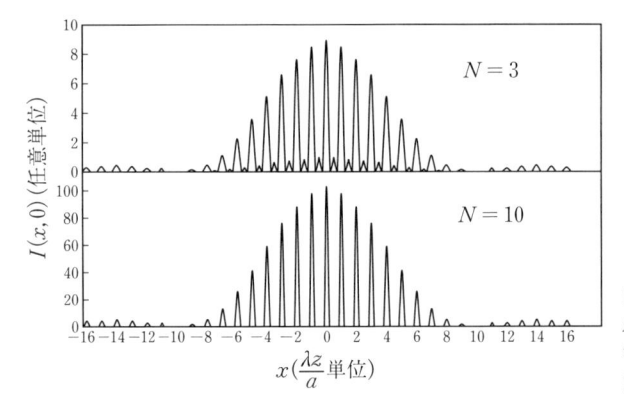

図13a
$N=3$の場合と$N=10$の場合の回折格子による回折パターン

同じであることに気付く。これは1個のスリットの幅bで特長付けられる。一方, 関数$L(x)$はスリット間の間隔aとスリットの総数Nで特長付けられる。この関数は, X線回折や電子回折で**ラウエ関数**と呼ばれるものであり, 結晶の単位格子の大きさと結晶の形(大きさ)の情報を持つ。関数$F(x)$の方は, 単位格子の構造を特長付けるので, **構造因子**に相当する。とくに, $N=2$の場合は, 三角関数の2倍角の公式を使うと, (13a)式は, 2重スリットの場合の(13.4)式と同じになる。回折パターンはx軸上のみに強度を持ち, その分布を図13aに示す。ピークは$L(x)$で決まり, そのピーク間隔はスリットの間隔aの逆数に比例し, 包絡線は$F(x)$で決まる。ピークの高さはN^2に比例し, ピークの幅は$1/N$に比例する。$N=3$の場合, サブピークが見えるが, それは両端のスリット(間隔$2a$)間の干渉による。$N=10$の場合のグラフでは小さすぎて見えないが, 一般にN個のスリットの場合, 2つのメインピークの間に$N-1$個の低いサブピークが存在する。それは, 両端のスリット(間隔$(N-1)a$)間の干渉に起因する。

(2) この場合の透過関数$A(x_0, y_0)$は(13.45)式の0と1を入れ替えたものなので, (1)と同様に計算すると, (13b)式で定義される$L(x)$を使って

$$I(x, y) = \frac{(a-b)^2}{4}\delta(y) \cdot F'(x) \cdot L(x) \tag{13c}$$

ただし, 関数$F'(x)$は

$$F'(x) \equiv \frac{\sin^2\left(\frac{\pi(a-b)}{\lambda}\frac{x}{z}\right)}{\left(\frac{\pi(a-b)}{\lambda}\frac{x}{z}\right)^2} \tag{13d}$$

で定義されると書ける。ここで, ラウエ関数より, $x=(\lambda z/a)n$ (nは整数)のときにピークとなり, xがこの値のときにしか強度を持たないので, このxの値を代入すると,

$$\sin\left(\frac{\pi(a-b)}{\lambda}\frac{x}{z}\right) = \sin\left(n\pi - \frac{\pi b}{\lambda}\frac{x}{z}\right) = (-1)^{n-1}\sin\left(\frac{\pi b}{\lambda}\frac{x}{z}\right) \tag{13e}$$

となるので, $F'(x) = F(x)$と(1)で求めた関数$F(x)$に等しくなる。よって, 回

折パターンは (1) の場合とまったく同じ強度分布を持つ。これは，とりもなおさず，10 章の 10 分補講で述べたバビネの原理である。

13.2 (1) ラウエ関数 (13b) 式より $x/z = \sin\theta$ と置くと，n 次の回折光の角度 θ_n は $\sin\theta_n = (\lambda/a)n$ であり，その両脇でラウエ関数がゼロになる角度 $\theta_n \pm \Delta$ は，$\sin(\theta_n \pm \Delta) = (\lambda/a)(n \pm 1/N)$ で与えられる。

(2) $\lambda_2 > \lambda_1$ とすると，
$$\frac{\lambda_2}{a} > \frac{\lambda_1}{a}\left(1 + \frac{1}{N}\right) \text{ なので，} N > \frac{\lambda_1}{\lambda_2 - \lambda_1} \tag{13f}$$

(3) (2) の結果より，$N > 982$ となるので，$982/500 = 1.96$ mm 以上の幅に照射する必要がある。

13.3 n 番目のスリットの開口部は $y_n = x \cdot \tan\theta + an/\cos\theta$ と書ける。よって，(13.15) 式はスリットの y 方向の幅を Δ と書くと

$$I(x, y) = \left| \frac{\Delta}{\lambda z} \sum_{n=1}^{N} \int_{-\infty}^{\infty} dx_0 \exp\left[-\frac{ik}{z}\left\{x_0 x + y\left(x_0 \tan\theta + \frac{an}{\cos\theta}\right)\right\}\right] \right|^2$$

$$= \left| \Delta \sum_{n=1}^{N} \exp\left(-\frac{ik}{z}\frac{ay}{\cos\theta}n\right)\delta(x + y\tan\theta) \right|^2$$

$$= \frac{\sin^2\left(\frac{kaN}{2z\cos\theta}y\right)}{\sin^2\left(\frac{ka}{2z\cos\theta}y\right)}\delta(x + y \cdot \tan\theta)\,\Delta^2 \tag{13g}$$

となる。N が十分大きいとして概略図を示すと図 13b(a) となる。スリットと直交する方向に回折点列ができる。

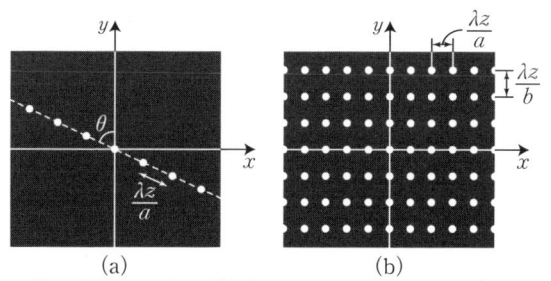

図13b　(a)斜め回折格子による回折パターン　(b)2次元結晶による回折パターン

13.4 透過関数は $A(x_0, y_0) = \sum_n \sum_m \delta(x_0 - an, y_0 - bm)$ ($n = 1, \cdots, N_1, m = 1, \cdots, N_2$) と書けるので，(13.15) 式は

$$I(x, y) = \left| \frac{1}{\lambda z} \sum_{n=1}^{N_1} \sum_{m=1}^{N_2} \exp\left\{-\frac{ik}{z}(anx + bmy)\right\} \right|^2$$

$$= \frac{1}{(\lambda z)^2} \frac{\sin^2\left(\frac{kax}{2z}N_1\right)}{\sin^2\left(\frac{kax}{2z}\right)} \frac{\sin^2\left(\frac{kby}{2z}N_2\right)}{\sin^2\left(\frac{kby}{2z}\right)} \tag{13h}$$

概略図を示すと図 13b(b) となる。この問題は結晶からの X 線回折や電子回折を

13.5 集束する点(焦点)は，対称性から考えて z 軸上にある．その焦点がこのつい立てから z の距離にあるとすると，各リングからの波が干渉して焦点で強め合うための条件を書くと

$$\sqrt{z^2 + r_{n+1}^2} - \sqrt{z^2 + r_n^2} = \lambda \tag{13i}$$

なので，これから $z = r_0^2 / 2\lambda$ を得る．

13.6 (1) 屈折の法則より

$$\frac{\sin(\theta + \delta)}{\sin\theta} = n \tag{13j}$$

θ および δ がともに小さいとすると，$\delta = (n-1)\theta$ と書ける．

(2) バイプリズム透過直後の波は時間部分を省略して書くと，

$$\xi = \begin{cases} \exp\left(ikz - \dfrac{2\pi i \delta x}{\lambda}\right) & (x > 0 \text{ の範囲}) \\ \exp\left(ikz + \dfrac{2\pi i \delta x}{\lambda}\right) & (x < 0 \text{ の範囲}) \end{cases} \tag{13k}$$

と書け，それぞれの領域で斜めに伝播する平面波である．平面波は伝播関数とのたたみ込み積分を計算するまでもなく平面波として伝播するので，$z = R$ のスクリーン上で両方の波が重なって干渉すると，そのパターン(強度分布)は，

$$\left| \exp\left(ikR - \frac{2\pi i \delta x}{\lambda}\right) + \exp\left(ikR + \frac{2\pi i \delta x}{\lambda}\right) \right|^2 \\ = 4\cos^2\left(\frac{2\pi \delta x}{\lambda}\right) \tag{13l}$$

と書ける．この干渉縞の間隔は $\lambda / 2\delta (= \lambda / 2(n-1)\theta)$ である．

参考文献

本書の執筆にあたり，参考にした図書を挙げておく．

[1] 有山正孝,『振動・波動』,裳華房 (1970)
[2] 長岡洋介,『振動と波』,裳華房 (1992)
[3] 藤原邦男,『振動と波動』,サイエンス社 (1979)
[4] 小形正男,『振動・波動』,裳華房 (1999)
[5] 戸田盛和,『振動論』,培風館 (1968).
[6] A.P. フレンチ (平松惇, 安福精一監訳)『MIT 物理 振動・波動』,培風館 (1986)
[7] Raymond A. Serway (松村博之訳)『科学者と技術者のための物理学 (Ib) 力学・波動』,学術図書出版社 (1995)
[8] 杉山忠男,『理論物理学への道標 上 力学/振動・波動/光学』,河合出版 (2005)
[9] 星崎憲夫, 町田茂,『基幹物理学』,てらぺいあ (2008)
[10] 小暮陽三,『ゼロから学ぶ振動と波動』,講談社 (2005)
[11] 佐藤文隆, 松下泰雄,『波のしくみ』,講談社ブルーバックス (2007)
[12] 背戸一登, 丸山晃市,『振動工学』,森北出版 (2002)
[13] N.H. フレッチャー, T.D. ロッシング (岸憲史, 久保田秀美, 吉川茂訳),『楽器の物理学』,シュプリンガー・フェアラーク東京 (2002)

本書で述べた波動現象は光学やホログラフィの基礎となるので，その参考書を挙げておく．

[14] 吉原邦夫,『物理光学』,共立出版 (1966)
[15] F.G.Smith, J.H.Thomson, (戸田盛和, 坂柳義巳, 和達三樹訳),『光学 I,II』,共立出版 (1976)
[16] マックス・ボルン, エミル・ウルフ, (草川徹, 横田英嗣訳)『光学の原理 I,II』,東海大学出版会 (1974)

本書で述べた回折や干渉現象は，X 線回折，電子回折および電子顕微鏡での結像の理論に応用できる．その参考書として次を挙げておく．

[17] 田中信夫,『電子ナノイメージング——高分解能 TEM と STEM による可視化』,内田老鶴圃 (2009)
[18] 長谷川修司,『見えないものをみる』,東京大学出版会 (2008)
[19] J.M.Cowley,『Diffraction Physics』, North-Holland Publishing (1981)

索引

アルファベット

AM 変調　137
AM ラジオ　112
LCR 回路　31
LC 回路　18
N.A.　215
P 波　168
Q 値　38
S 波　168
U 字管　25

あ

アインシュタイン　182
圧縮波　162
圧電効果　53
位相　7
位相速度　99, 112, 131
1 次元格子　73
一般化されたフックの法則　166
インピーダンス　107, 121, 122
インピーダンス・マッチング　122
うなり　59, 110
エネルギー　106
エネルギー流密度　106
エバネッセント波　146
円運動　8
円錐振り子　25
応力　166
大森の公式　169
音　162
音圧　134
音響モード　75
温室効果ガス　66

音速　164
音波　132, 162
音波のエネルギー　170

か

回折　150
回折格子　218
回折パターン　212
ガウス関数　127
可干渉距離　175
角振動数　8
過減衰　31
重ね合わせ　122
重ね合わせの原理　102
可視光　174
加速度計　46
楽器　135
過渡現象　40
角周波数　8
ガリレオ　22, 177
換算質量　16
慣性質量　24
基音　83
幾何光学　178
基準座標　60
基準振動　60
基準モード　60
基本モード　72, 83
球面波　141
球面波のエネルギー　142
共振　37
共振回路　42
強制振動　35
近軸近似　204
近接場　146
クォーツ時計　53

239

屈折の法則　145
屈折波　144
屈折率　145, 148
群速度　111, 131
結晶格子　68
ケプラー　177
原子波　195
減衰器　52
減衰振動　29
弦の運動方程式　82
弦の振動　80
コイル　18
光学モード　75
光子　182
格子振動　76
後焦点面　210
光線　177
光速度　174
光速度の測定　180
構造因子　233
高調波　83
光電効果　182
光量子仮説　182
固定端　114
コヒーレンス　175
コヒーレント光　176
固有振動数　8
コンデンサー　18
コンプトン　182
コンプトン散乱　182

さ

サイクロイド振り子　23
3次元での波動方程式　139
地震計　44
地震波　168

実体振り子　20
磁場　173
遮断周波数　155
シャボン玉膜　196
自由端　116
周波数　8
周波数スペクトル　134
重力質量　24
重力波　132, 158
衝撃波　187
初期条件　7
自励発振　50
進行波　97
深水波　159
振動現象　1
振動数　8
振幅　7
水晶振動子　53
垂直歪み　166
水面波　157
スネル　177
スネルの法則　145
スペクトル解析　134
スペクトル密度　134
ずれ応力　166
青方偏移　189
赤外活性　66
赤方偏移　189
節　84
節線　93
浅水波　161
せん断応力　166
せん断歪み　166
全反射　146
全反射臨界角　146
線密度　81, 117
相補的　153

像面　210
ゾーンプレート　220
素元波　150
疎密波　162

た

帯域フィルター　225
対称伸縮振動　64
たたみ込み積分　205
縦コヒーレンス長　175
縦振動　69
ダランベールの解　102
単振動　7
単振動のエネルギー　13
弾性　166
弾性体　166
弾性率　166
単振り子　9, 14
チェレンコフ放射　190
チェレンコフ放射光　186
超音速旅客機　198
調和振動　7
調和振動子　13
調和ポテンシャル　13
直交関係　87
定在波　98
デカルト　177
デシベル　134
デルタ関数　126
電気回路　18
電気共振　41
電子回折　191
電子波　192
電磁波　33, 172
電磁誘導　172
電子レンジ　67

電場　173
電波　173, 174
伝播関数　205
ド・ブロイ　185
等位相面　140
透過　117
透過関数　209
透過係数　120
等価原理　24
透過波　118
等価振り子の長さ　20
導波管　155
ドップラー効果　185, 188
ドップラーシフト　189
凸レンズ　207
トムソン散乱　184

な

ナブラ　139
波のエネルギー　106
波の強さ　107
2原子分子　15
虹　147
2次元結晶　219
2重スリット　184, 192, 202
2重振り子　61
2倍モード　72
入射面　144
ニュートン　178
音色　86

は

バイオリン　52, 134
倍音　83, 135
媒質　97

241

バイプリズム　220
白色光　179
波数　70, 84, 99
波数空間　129
波数ベクトル　140
パスカル　134
波束　130
波長　72
波動関数の収縮　194
波動現象　2
波動方程式　101, 139
ばね定数　6
バビネの原理　154
波面　140
腹　84
パラメーター励振　48
バリコン　43
パルス波　108, 125, 129
パルス波のフーリエ変換　136
反共振　44
反射　114
反射係数　120
反射の法則　145
反射波　104, 114, 144
反射防止膜　156
搬送波　112
反対称伸縮振動　65
半値全幅　39
バンド　73
バンド幅定理　136, 137
ピエゾ素子　53
光　148
光の波動性と粒子性　184
光ファイバー　154
非コヒーレント光　176
微分回路　95
表面張力　158

表面張力波　158
ファラデー　181
フィゾー　181
フーコー　180
フーコーの振り子　23
フーリエ級数　87
フーリエ係数　88
フーリエ成分　88
フーリエ変換　126
フェルマー　178
フェルマーの原理　178
フォノン　17, 77
不確定性関係　201
不確定性原理　137, 176
復元力　6
フック　178
フックの法則　5
物質波　191
物面　210
物理振り子　20
フラウンホーファー回折　206
プラズマ　27, 113
プランク　77, 182
ブランコ　47
振り子の等時性　10, 22
プリズム　147, 178
フレネル　179
フレネル回折　205
フレネルの干渉理論　200
分解能　218
分散　147
分散関係　72, 113, 132
分子振動　63
平面波　141
ヘルツ　181
変角振動　65
偏向　170

偏光板　197
ホイヘンス　178
ホイヘンスの原理　149, 200
ホイヘンス‐フレネルの原理　151
方向余弦　139
包絡線　130
保存力　11
ポテンシャルエネルギー　12

連星　197
連成ばね振動子　56
連成振り子　77
連続体の振動　79

わ

和音　111

ま

マクスウェル方程式　173
膜の振動　90
マシューの方程式　48
マッチング　122
ミリカン　182
メトロノーム　21
メルデの実験　95
モースポテンシャル　15
モード　72, 230

や

ヤングの2重スリット　175, 184, 192
歪み　166
要素波　150
横コヒーレンス長　175
横振動　69, 80

ら

ラウエ関数　233
ラプラシアン　139
臨界減衰　31
臨界制動　31
レーザー光　175
レンズ　207

243

著者紹介	長谷川 修司(はせがわしゅうじ)

1960年生まれ。
東京大学 大学院理学系研究科 物理学専攻 修士課程修了。理学博士。
現在、東京大学 大学院理学系研究科 物理学専攻 教授。

NDC424 253p 22cm

講談社基礎物理学シリーズ　2

振動・波動(しんどう・はどう)

2009年9月25日　第1刷発行
2022年8月20日　第9刷発行

著者	長谷川 修司(はせがわしゅうじ)
発行者	髙橋明男
発行所	株式会社 講談社
	〒112-8001 東京都文京区音羽 2-12-21
	販売　(03)5395-4415
	業務　(03)5395-3615
編集	株式会社 講談社サイエンティフィク
	代表　堀越俊一
	〒162-0825 東京都新宿区神楽坂 2-14　ノービィビル
	編集　(03)3235-3701
ブックデザイン	鈴木成一デザイン室
印刷所	株式会社KPSプロダクツ
製本所	大口製本印刷株式会社

KODANSHA

落丁本・乱丁本は購入書店名を明記の上、講談社業務宛にお送りください。送料小社負担にてお取替えいたします。なお、この本の内容についてのお問い合わせは講談社サイエンティフィク宛にお願いいたします。定価はカバーに表示してあります。
© Shuji Hasegawa, 2009
本書のコピー，スキャン，デジタル化等の無断複製は著作権法上での例外を除き禁じられています。本書を代行業者等の第三者に依頼してスキャンやデジタル化することはたとえ個人や家庭内の利用でも著作権法違反です。

JCOPY ＜(社)出版者著作権管理機構　委託出版物＞

本書の無断複写は著作権法上での例外を除き禁じられています。複写される場合は、その都度事前に(社)出版者著作権管理機構（電話 03-5244-5088, FAX 03-5244-5089, e-mail: info@jcopy.or.jp）の許諾を得てください。

Printed in Japan
ISBN 978-4-06-157202-7

21世紀の新教科書シリーズ！

講談社 基礎物理学シリーズ
全12巻

◎ 「高校復習レベルからの出発」と「物理の本質的な理解」を両立
◎ 独習も可能な「やさしい例題展開」方式
◎ 第一線級のフレッシュな執筆陣！ 経験と信頼の編集陣！
◎ 講義に便利な「1章＝1講義(90分)」スタイル！

A5・各巻:199～290頁
定価2,750～3,080円(税込)

ノーベル物理学賞 益川敏英先生 推薦！

[シリーズ編集委員]
二宮 正夫 京都大学基礎物理学研究所名誉教授 元日本物理学会会長
北原 和夫 東京工業大学名誉教授、国際基督教大学名誉教授 元日本物理学会会長
並木 雅俊 高千穂大学教授
杉山 忠男 元河合塾物理科講師

0. 大学生のための物理入門
並木 雅俊・著
215頁・定価2,750円

1. 力 学
副島 雄児／杉山 忠男・著
232頁・定価2,750円

2. 振動・波動
長谷川 修司・著
253頁・定価2,860円

3. 熱 力 学
菊川 芳夫・著
206頁・定価2,750円

4. 電磁気学
横山 順一・著
290頁・定価3,080円

5. 解析力学
伊藤 克司・著
199頁・定価2,750円

6. 量子力学 I
原田 勲／杉山 忠男・著
223頁・定価2,750円

7. 量子力学 II
二宮 正夫／杉野 文彦／杉山 忠男・著
222頁・定価3,080円

8. 統計力学
北原 和夫／杉山 忠男・著
243頁・定価3,080円

9. 相対性理論
杉山 直・著
215頁・定価2,970円

10. 物理のための数学入門
二宮 正夫／並木 雅俊／杉山 忠男・著
266頁・定価3,080円

11. 現代物理学の世界
トップ研究者からのメッセージ
二宮 正夫・編 202頁・定価2,750円

※表示価格には消費税(10%)が加算されています。
「2022年1月現在」

講談社サイエンティフィク www.kspub.co.jp

2つの量の関係を表す数学記号

記号	意味	英語	備考
$=$	に等しい	is equal to	
$\neq$	に等しくない	is not equal to	
$\equiv$	に恒等的に等しい	is identically equal to	
$\stackrel{\text{def}}{=}, \equiv$	と定義される	is defined as	
$\approx, \fallingdotseq$	に近似的に等しい	is approximately equal to	この意味で≃を使うこともある。≒は主に日本で用いられる。
$\propto$	に比例する	is proportional to	この意味で~を用いることもある。
$\sim$	にオーダーが等しい	has the same order of magnitude as	オーダーは「桁数」あるいは「おおよその大きさ」を意味する。
$<$	より小さい	is less than	
$\leq, \leqq$	より小さいかまたは等しい	is less than or equal to	≦は主に日本で用いられる。
$\ll$	より非常に小さい	is much less than	
$>$	より大きい	is greater than	
$\geq, \geqq$	より大きいかまたは等しい	is greater than or equal to	≧は主に日本で用いられる。
$\gg$	より非常に大きい	is much greater than	
$\rightarrow$	に近づく	approaches	

演算を表す数学記号

記号	意味	英語	備考
$a+b$	加算, プラス	a plus b	
$a-b$	減算, マイナス	a minus b	
$a \times b$	乗算, 掛ける	a multiplied by b, a times b	$a \cdot b$ と書くことと同義。文字式同士の乗算では ab のように省略するのが普通。
$a \div b$	除算, 割る	a divided by b, a over b	a/b と書くことと同義。
a^2	a の2乗	a squared	
a^3	a の3乗	a cubed	
a^n	a の n 乗	a to the power n	
$\sqrt{a}$	a の平方根	square root of a	
$\sqrt[n]{a}$	a の n 乗根	n-th root of a	
a^*	a の複素共役	complex conjugate of a	
$|a|$	a の絶対値	absolute value of a	
$\langle a \rangle, \bar{a}$	a の平均値	mean value of a	
$n!$	n の階乗	n factorial	
$\sum_{k=1}^{n} a_k$	a_k の $k=1$ から n までの総和	sum of a_k over $k=1$ to n	
$\prod_{k=1}^{n} a_k$	a_k の $k=1$ から n までの総乗積	product of a_k over $k=1$ to n	